Introduction aux

Relations internationales

Les bleus

collection dirigée par **Fabien Fichaux**

Introduction aux

Relations internationales

Anna Dimitrova

Enseignante-chercheur en relations internationales à l'ESCE – International Business School

Eddy Fougier

Chercheur associé à l'Institut de relations internationales et stratégiques et chargé d'enseignement en géopolitique à Audencia Nantes et à Sciences Po Aix-en-Provence

ellipses

La collection

dirigée par **Fabien Fichaux**

- *Premiers pas en comptabilité générale*, Jean-Guy Degos, Stéphane Ouvrard
- *Premiers pas en culture générale*, Philippe Solal
- *Premiers pas en économie*, Matthieu Grandclaude
- *Premiers pas en géopolitique*, Guillaume Lagane
- *Premiers pas dans l'histoire de France*, Christophe Verneuil
- *Premiers pas dans l'histoire du XXe siècle*, Christophe Verneuil
- *Premiers pas dans les grandes religions. Judaïsme*, christianisme, islam, Christophe Verneuil
- *Premiers pas en marketing*, Aurélie Tourmente
- *Premiers pas en mythologie*, Mélanie Bost-Fievet
- *Premiers pas en philosophie*, Pierre-Jean Dessertine, Philippe Solal
- *Premiers pas en mathématiques financières*, Jean-Guy Degos, Jean-Yves Degos
- *Premiers pas en culture générale*, Christophe Parent
- *Premiers pas en espagnol*, Odile Deschamps

ISBN 978-2-7298-85939

32, rue Bargue 75740 Paris cedex 15

www.editions-ellipses.fr

Sommaire

. À Mathys et à nos parents respectifs.

AVANT-PROPOS

« Printemps arabe », intervention occidentale en Libye, mort de Ben Laden, guerre en Syrie, intervention française au Mali, risque de prolifération nucléaire en Iran, menaces d'emploi de l'arme nucléaire par la Corée du Nord, utilisation d'armes chimiques en Syrie, tensions en Crimée et en Ukraine : les relations internationales s'invitent quotidiennement dans le journal télévisé et à la « Une » de la presse écrite. Ce sont néanmoins des sujets la plupart du temps très complexes qu'il est difficile de présenter de façon compréhensible dans un reportage de quelques minutes ou en quelques lignes dans un article de presse. L'objet de cet ouvrage d'introduction aux relations internationales est par conséquent de présenter et de décrypter de façon synthétique et accessible les principales thématiques internationales actuelles au-delà des raccourcis qui sont souvent opérés par les médias sur ces questions.

Les relations internationales correspondent aux relations qu'entretiennent un certain nombre d'acteurs en dehors d'un cadre strictement national et donc de fait à une échelle internationale. La création du terme « international » est généralement attribuée au philosophe anglais Jeremy Bentham dans un ouvrage publié en 1780 (on lui doit également la création de l'expression « droit international »). Pour lui, international signifiait « ce qui se passe entre nations » ou, en l'occurrence, entre États souverains. Ces acteurs sont, en effet, tout d'abord les États, qui sont considérés comme les principaux acteurs des relations internationales depuis très longtemps puisque l'on fait généralement remonter leur prédominance aux traités de Westphalie qui ont été signés en 1648. Ces traités ont érigé pour la première fois l'État-nation souverain comme base du droit international en lieu et place des autorités supranationales, en l'occurrence le Saint-Empire romain germanique. Les États sont des structures politiques dans lesquelles le gouvernement exerce une autorité sur une population déterminée et dans un territoire délimité par des frontières. Les États ont donc trois caractéristiques spécifiques, à savoir un gouvernement, une population et un territoire. Ils n'acceptent aucune autorité qui soit supérieure à la leur. C'est ce que l'on appelle le principe de souveraineté étatique, qui est l'un des principes de base du système international, au même titre que l'égalité souveraine des États, ceux-ci étant égaux en droit, ou encore les principes de non-ingérence et d'interdiction du recours à la force sur la scène internationale stipulant qu'aucun État n'a le droit d'intervenir dans les affaires intérieures d'un autre État et que les États ne peuvent recourir à la force, à l'exception notable de la légitime défense en cas d'agression armée. Il est tout de même à noter que ces deux principes ont été en partie compromis par l'émergence récente d'un droit d'ingérence humanitaire au nom d'une « responsabilité de protéger » les populations civiles. Malgré tout, au-delà de l'égalité formelle entre les États, il est évident que les déséquilibres de puissance et donc les rapports de force qui peuvent exister entre eux contribuent à structurer les relations internationales. De ce point de vue, les relations internationales sont en large partie des relations interétatiques dans lesquelles les deux personnages majeurs sont le diplomate et le militaire, c'est-à-dire celui qui négocie au nom des intérêts de l'État et celui qui les défend en recourant éventuellement à la force armée.

Néanmoins, les États ne sont plus depuis longtemps les seuls acteurs du système international. Il existe, en effet, au moins depuis le XIXe siècle, des organisations supranationales qui regroupent des États – on parle alors d'organisations interétatiques et, plus communément, d'organisations internationales – et d'autres acteurs en provenance de plusieurs pays. Ces organisations ont été mises en place en particulier suite aux deux conflits mondiaux du XXe siècle afin de prévenir tout nouveau conflit majeur. Ce fut le cas de la Société des Nations (SDN) après la Première Guerre mondiale, puis de l'Organisation des Nations unies (ONU) et de la Communauté européenne après la Seconde Guerre mondiale. Elles occupent une place importante dans le système international, même si elles ne se sont pas totalement substituées aux États. Elles sont encore loin de jouer le rôle d'un gouvernement mondial ou même simplement d'un gouvernement régional dans le cas de l'intégration européenne.

Enfin, les organisations non étatiques sont le dernier type d'acteurs des relations internationales. Elles se sont particulièrement développées après le second conflit mondial et surtout dans l'après-guerre froide dans le sillage de la globalisation économique. Il s'agit des acteurs économiques qui agissent à l'échelle internationale, voire à l'échelle globale (entreprises multinationales, banques, agences de notation, banques centrales, etc.), des organisations non gouvernementales (ONG), des organisations religieuses, criminelles, terroristes ou encore des centres de recherche, des fondations ou des groupes de pression. Ces acteurs tiennent à l'évidence une place de plus en plus importante dans le système international aux côtés des États et des institutions internationales.

Les relations entre ces différents acteurs peuvent être fondées sur des principes de coopération ou de compétition. Elles peuvent donc être de nature pacifique ou bien violente. « La paix et la guerre entre les nations », pour reprendre le titre d'un célèbre ouvrage de relations internationales du philosophe français Raymond Aron, reste donc la principale question traitée par les relations internationales.

Les optimistes estiment que, comme le disait le philosophe Emmanuel Kant, une « paix perpétuelle » est envisageable. Ils considèrent par conséquent que l'histoire a un sens, et que le droit international, les institutions internationales, la coopération et l'interdépendance des économies et des sociétés permettront de dépasser l'égoïsme national des États afin de construire à terme un monde plus pacifique. C'est la position de ceux que l'on appelle les idéalistes ou les libéraux dans le domaine des relations internationales. Les pessimistes pensent, au contraire, à l'instar du philosophe Friedrich Nietzsche que l'histoire est un « éternel retour » et donc qu'elle est et qu'elle restera forcément tragique avec son lot continuel de guerres, d'humiliations, de misère et de folies meurtrières. Pour eux, les rapports de force et le recours éventuel à la force armée constituent par conséquent les meilleurs moyens de garantir la sécurité des États et la stabilité du système international en permettant de conjurer les menaces de déstabilisation de ce système par les acteurs qui ne respectent pas ses normes. C'est la position de ceux que l'on appelle généralement les réalistes.

Selon les périodes et en fonction des événements marquants, l'une ou l'autre de ces visions est dominante, l'espoir de « paix perpétuelle » ou l'impression d'être face à un « éternel retour » de l'histoire tragique. La vision idéaliste a été ainsi dominante dans l'immédiat après-guerre froide, alors que l'on pensait qu'une paix durable pouvait s'imposer après la période de vives tensions Est-Ouest qui a caractérisé la guerre froide, tandis que la vision réaliste, elle, a pris semble-t-il l'ascendant suite au déclenchement de la guerre dans les Balkans, au génocide perpétré au Rwanda ou *a fortiori* aux attentats commis le 11 septembre 2001 aux États-Unis.

STRUCTURE DE L'OUVRAGE

Cet ouvrage est construit de telle sorte à ce que ses lecteurs puissent effectuer leurs « premiers pas » en relations internationales de la façon la plus accessible et compréhensible possible. Il est structuré en cinq grandes parties qui abordent chacune de façon synthétique les principales thématiques des relations internationales.

La première partie intitulée « **Histoire des relations internationales contemporaines** » est une mise en perspective historique des relations internationales contemporaines. Elle revient sur l'histoire récente du système international incarnée par les périodes de guerre froide et d'après-guerre froide et dresse un panorama du monde contemporain.

La seconde partie intitulée « **Droit international et organisations internationales** » aborde le cadre juridique et institutionnel des relations internationales autour des enjeux du droit international et des institutions internationales et régionales, en particulier des Nations unies, des institutions économiques internationales et de l'Union européenne.

La troisième partie intitulée « **Les principaux États dans le système international** » est consacrée aux principaux acteurs des relations internationales que sont encore les États. Nous nous concentrerons plus particulièrement sur les États les plus puissants du système international actuel, avec tout d'abord les États-Unis, considérés comme une « hyperpuissance » et l'acteur dominant de ce système, et la Chine, vue par beaucoup comme son acteur dominant à l'avenir.

La quatrième partie intitulée « **Conflits et tensions dans le monde** » s'intéresse aux principales zones de conflits et de tensions dans le monde, que celles-ci se situent au Proche-Orient, dans le golfe Persique, en Afrique subsaharienne, en Asie, dans l'ex-URSS ou dans les Balkans.

Enfin, la cinquième et dernière partie intitulée « **Les principales menaces pour l'ordre international** » traite des grandes menaces qui pèsent sur l'ordre international actuel, en privilégiant les menaces de nature étatique, notamment la menace de prolifération d'armes de destruction massive, et celles de nature non-étatique, en particulier la menace terroriste.

HISTOIRE DES RELATIONS INTERNATIONALES CONTEMPORAINES

Chapitre I
De la guerre froide à la fin de la guerre froide

Ce que vous allez apprendre

- Les principales caractéristiques de la guerre froide
- Les tensions Est-Ouest et les différentes crises qui ont jalonné la guerre froide
- L'émergence du tiers-monde et du tiers-mondisme
- Les principaux événements qui ont marqué la fin de la guerre froide : la libéralisation des pays d'Europe de l'Est, la réunification de l'Allemagne et la fin de l'Union soviétique

I. LA GUERRE FROIDE

Ni paix, ni guerre

La « guerre froide » correspond à la période de tension plus ou moins vive qui a opposé le camp occidental au camp socialiste après la Seconde Guerre mondiale. Les historiens datent généralement son commencement de la doctrine Truman énoncée par l'administration américaine en 1947, qui s'est traduite par une politique d'« endiguement » (*containment*) de l'expansionnisme soviétique, et son achèvement avec la dissolution de l'Union soviétique et du Pacte de Varsovie en 1991.

Les relations entre les Alliés opposés aux puissances de l'Axe se sont tendues entre 1945 et 1947, principalement entre les deux superpuissances qui sortent vainqueurs de la guerre, à savoir les États-Unis et l'Union soviétique. C'est la raison pour laquelle on a parlé de système bipolaire pour qualifier cette période d'opposition entre deux blocs organisés autour des alliances forgées respectivement par Washington et Moscou. Ces tensions débouchent sur différentes crises internationales (Berlin en 1948 et en 1961, Cuba en 1962), ainsi que sur des affrontements indirects entre les États-Unis et l'URSS par alliés interposés (conflits au Proche-Orient) ou entre l'une des deux superpuissances et l'un des alliés de l'autre superpuissance (guerres de Corée, du Vietnam ou, dans une certaine mesure, d'Afghanistan).

Éclairage

L'expression « guerre froide » a été introduite par le financier américain Bernard Baruch (1870-1965), conseiller des présidents Woodrow Wilson et Franklin Roosevelt, ainsi que par le journaliste américain Walter Lippmann (1889-1974).

Elles ne se traduisent pas pour autant par un conflit militaire opposant directement les troupes soviétiques aux troupes américaines, comme la crise des fusées de Cuba a pu le montrer en 1962, parce que les deux Grands disposent de l'arme atomique, depuis 1945 pour les États-Unis et 1949 pour l'URSS. Une guerre directe entre les deux Grands, c'est-à-dire une guerre « chaude », et non plus « froide », aurait risqué par conséquent de conduire à un véritable Apocalypse nucléaire. C'est ce qui a été appelé l'« équilibre de la terreur ». C'est la raison principale pour laquelle la guerre froide s'est traduite par une stabilité et une paix globales que le monde n'avait pas connues depuis le début du XXe siècle. Les conflits qui se sont déroulés durant cette période n'en ont pas moins fait près de 25 millions de victimes, principalement dans les pays du Tiers-Monde. C'est ce qui a fait dire au philosophe français Raymond Aron à propos de la guerre froide : « paix impossible, guerre improbable[1] ».

1. *Le grand schisme*, Gallimard, 1948.

Des tensions plus ou moins vives selon les périodes

La période de « guerre froide » a été caractérisée par différentes sous-périodes de tensions plus ou moins fortes entre l'Est et l'Ouest. Les relations Est-Ouest se sont ainsi traduites par de vives tensions du début de la guerre froide (1947) jusqu'au décès de Staline (1953), avec le blocus de Berlin par les forces soviétiques d'occupation en Allemagne et la mise en place d'un pont aérien par les forces occidentales (1948) et surtout la guerre de Corée (1950-1953).

La guerre de Corée a été le symbole par excellence des tensions Est-Ouest extrêmes de cette sous-période. À la fin de la Seconde Guerre mondiale, la Corée, qui était une colonie japonaise depuis 1910, est libérée par les Américains et les Soviétiques. Conformément aux Accords de Yalta de février 1945, le pays est divisé entre une partie septentrionale contrôlée par l'URSS et une partie méridionale sous contrôle américain. Les différentes tentatives de réunification des deux parties ayant échoué, deux États distincts, séparés par le 38e parallèle, sont alors créés en 1948 : la République populaire démocratique de Corée (Corée du Nord) et la République de Corée (Corée du Sud). La guerre de Corée est déclenchée en juin 1950 lorsque des troupes du Nord, soutenues par la Chine et l'URSS, franchissent la ligne de séparation du 38e parallèle et envahissent la Corée du Sud.

LA GUERRE FROIDE EN 10 DATES :

1947 : Début de la guerre froide. Doctrine Truman
1949 : Création de la RFA et de la RDA. Victoire des communistes dans la guerre civile en Chine et création de la République populaire de Chine. Création de l'OTAN
1950-1953 : Guerre de Corée
1955 : Création du Pacte de Varsovie
1959-1975 : Guerre du Vietnam
1962 : Crise des fusées de Cuba
1979-1989 : Guerre d'Afghanistan suite à l'intervention soviétique
1983 : Paroxysme de la crise des euromissiles
1989 : Chute du mur de Berlin
1991 : Fin de la guerre froide. Dissolution du Pacte de Varsovie. Disparition de l'URSS

Le Conseil de sécurité de l'Organisation des Nations unies (ONU) est immédiatement saisi par les États-Unis. En l'absence des Soviétiques qui boycottent alors le Conseil, celui-ci décide d'autoriser la mise en place d'une force internationale pour rétablir la paix en Corée. La force internationale sous commandement unifié de l'ONU comprenant des troupes et des contingents de plus d'une vingtaine de pays est placée sous le commandement du général américain MacArthur, qui avait signé la reddition sans conditions des armées japonaises en 1945. Elle mène une contre-offensive victorieuse conduisant à son tour à une intervention militaire de « volontaires » chinois à partir du mois d'octobre. Le général MacArthur souhaite alors recourir à l'arme atomique contre la Chine, notamment en Mandchourie. Il se heurte cependant au refus du président Truman qui cherche à éviter un affrontement direct sino-américain et qui le relève de ses fonctions en avril 1951. La guerre de Corée se poursuit ainsi jusqu'en 1953. Un armistice, et non un traité de paix, est signé à Panmunjom en juillet 1953. Celui-ci définit à nouveau le 38e parallèle comme ligne de séparation entre la Corée du Nord et la Corée du Sud. Les deux Corée sont alors reconnues par les États-Unis et l'URSS. Les données diffèrent sur le bilan humain du conflit, mais certaines estimations vont jusqu'à deux millions de morts, le plus lourd tribut ayant été payé par les troupes nord-coréennes et chinoises.

La mort de Staline conduit à une période dite de « dégel » de 1953 à 1956 qui s'est notamment caractérisée par la fin de la guerre de Corée. Les tensions Est-Ouest ont néanmoins été à nouveau très vives des événements de 1956 à 1962, avec en particulier la crise de Suez liée à l'intervention conjointe de troupes britanniques, françaises et israéliennes en Égypte (1956), les crises ayant été provoquées par l'intervention soviétique en Hongrie (1956), la construction du mur de Berlin (1961) et l'installation de fusées soviétiques à Cuba (1962). La crise des fusées de Cuba fait référence à une série d'événements survenus au cours du mois d'octobre 1962 qui ont conduit les États-Unis et l'URSS tout près de la guerre atomique. La crise commence lorsque le président Kennedy dénonce la présence de missiles soviétiques visant le territoire américain installés à Cuba et annonce simultanément la mobilisation d'importantes forces militaires, ainsi que le blocus maritime et aérien de l'île. La crise se dénoue au bout d'une semaine de tensions extrêmes lorsque les Soviétiques acceptent de retirer leurs missiles de Cuba, tandis que les Américains s'engagent à ne pas envahir l'île et à démanteler les missiles visant l'URSS qu'ils avaient installés entretemps en Turquie.

Le monde ayant risqué un conflit nucléaire en raison de cette politique au bord du gouffre, il s'ensuit une période dite de « détente » entre les deux Grands jusqu'à l'intervention soviétique en Afghanistan en 1979. Celle-ci se caractérise notamment par la reconnaissance du statu quo en Europe et la conclusion d'accords de maîtrise des armements entre les États-Unis et l'URSS. La détente est suivie d'une période de « nouvelle » guerre froide dans le sillage de l'arrivée au pouvoir de Ronald Reagan aux États-Unis jusqu'à l'avènement de Mikhaïl Gorbatchev à la tête de l'Union soviétique en 1985. Cette nouvelle guerre froide est marquée en particulier par la guerre en Afghanistan et la crise des euromissiles.

Cette dernière se déroule de 1979 à 1983. Les Soviétiques déploient en URSS à partir de 1977 des missiles SS-20, qui sont des missiles balistiques de moyenne portée à charge nucléaire susceptibles d'atteindre l'Europe occidentale, mais aussi la Chine et le Japon. Afin de rétablir ce déséquilibre stratégique nucléaire en Europe, l'OTAN décide en décembre 1979 de déployer à partir de novembre 1983 des missiles de portée intermédiaire Pershing II et des missiles de croisière, tout en conditionnant ce déploiement à l'évolution des négociations de maîtrise des armements et de désarmement avec l'URSS. C'est ce qui a été appelé la « double décision » de l'OTAN. Dans un contexte de crainte croissante de guerre nucléaire sur le sol européen, de très nombreuses manifestations pacifistes se déroulent en Europe occidentale, notamment en RFA, entre 1981 et 1983. Les missiles américains sont déployés comme prévu en 1983, alors que l'URSS suspend les négociations de désarmement. Finalement, le traité de Washington de décembre 1987 sur les forces nucléaires à portée intermédiaire (FNI) éliminera l'ensemble des euromissiles.

Les tensions Est-Ouest

La guerre froide a été marquée de fait par de profondes divisions. La division du monde était alors symbolisée par le « rideau de fer », selon la très célèbre expression de Winston Churchill, la division du continent européen, celle de pays comme la Corée (entre Corée du Nord communiste et Corée du Sud alliée aux États-Unis) ou l'Allemagne (entre RFA et RDA), mais aussi celle de la ville symbole de Berlin scindée en deux parties, Berlin-Est et Berlin-Ouest étant séparées par un mur à partir de 1961.

La principale ligne de fracture durant cette période était à l'évidence la division Est-Ouest. Le monde occidental était alors incarné par l'Amérique du Nord, l'Europe occidentale, le Japon, l'Australie et la Nouvelle-Zélande. Ces États partageaient des valeurs (libertés, droits de l'homme), un même système politique (démocratie pluraliste) et économique (économie de marché). Ils participaient à des organisations régionales, comme la Communauté économique européenne (CEE), et à des organisations de sécurité, comme l'Organisation du traité de l'Atlantique Nord (OTAN). Ce camp était largement dominé depuis la Seconde Guerre mondiale par les États-Unis. Il disposait d'alliés dans le Tiers-Monde, avec des régimes caractérisés par leur anticommunisme.

L'Est correspondait au camp socialiste. Celui-ci était plus ou moins étendu selon les périodes, notamment en fonction de la nature des relations entre l'Union soviétique et la Chine communiste. Il regroupait l'URSS, les

États d'Europe orientale libérés par l'Armée rouge durant la guerre et qui se sont rapidement transformés en démocraties populaires, mais aussi la République populaire de Chine (RPC) et différents États du Tiers-Monde souvent récemment décolonisés. Ces États partageaient une même idéologie (marxiste-léniniste), un même système politique (démocratie populaire) et économique (économie planifiée). Ils participaient à diverses organisations comme le Pacte de Varsovie en Europe ou encore le Conseil d'assistance économique mutuelle (CAEM, plus connu sous le nom de COMECON), et ce, sous la très forte influence et même l'emprise de l'URSS.

Le Pacte de Varsovie, ou traité d'amitié, de coopération et d'assistance mutuelle, était l'alliance militaire du camp socialiste autour de l'URSS. Il a été créé en 1955 en réaction à l'adhésion de la RFA à l'OTAN un an plus tôt et donc à la remilitarisation du pays. Il regroupait l'Union soviétique et ses alliés en Europe de l'Est. Les forces militaires des États-membres étaient alors placées sous un commandement unifié avec un commandant en chef et un chef d'état-major soviétiques. Le Pacte complétait les accords bilatéraux signés par les États d'Europe de l'Est et l'URSS qui portaient notamment sur le stationnement des troupes soviétiques sur leur territoire. Il n'a pas survécu très longtemps à la libéralisation de l'Europe de l'Est puisqu'il a été dissous en 1991 et ses principaux membres ont ensuite adhéré à l'OTAN.

Les tensions Nord-Sud

Parallèlement au clivage Est-Ouest s'est développée une autre forme de clivage entre les États du Nord et ceux du Sud dans une période marquée par la décolonisation. Cette division Nord-Sud se fondait sur une forte différenciation des niveaux de développement économique et des niveaux de vie entre, d'une part, les États développés et riches au Nord et, d'autre part, les États sous-développés et pauvres au Sud, ce que l'on appelait alors le Tiers-Monde, et plus largement sur la domination, voire l'exploitation des seconds par les premiers. Ce clivage s'est cristallisé en premier lieu sur la question de la décolonisation, puis à travers l'émergence d'un tiers-mondisme défendant l'intérêt spécifique des États du Sud face au Nord et d'un non-alignement par rapport au camp occidental et au camp socialiste.

Éclairage

L'expression « Tiers-Monde » a été introduite par le démographe français Alfred Sauvy dans un article publié dans *France-Observateur* en 1952 en référence au Tiers État

Le Tiers-Monde émerge véritablement sur la scène internationale à l'occasion de la conférence de Bandung (Indonésie) organisée en 1955. Il s'agit d'un sommet des dirigeants de près d'une trentaine d'États dont la plupart venaient d'être récemment décolonisés. Ils revendiquent l'indépendance des États alors encore colonisés, notamment en Afrique, un non-alignement vis-à-vis des deux superpuissances (États-Unis, URSS) et une sortie de ces pays de leur sous-développement. Cette conférence donnera naissance au Mouvement des Non-alignés (MNA), qui est créé en 1961, et à ce que l'on appelle le « tiers-mondisme ».

C'est dans les années 1970 que ce tiers-mondisme défendant les intérêts spécifiques des États du Tiers-Monde impulsé notamment par le MNA sera à son apogée. Cela se traduit par différents débats engagés au sein du système des Nations unies pour modifier le système international au profit des pays pauvres. Les États du Tiers-Monde militent ainsi en faveur de l'instauration d'un Nouvel ordre économique international (NOEI) dans le cadre de l'ONU et d'un Nouvel ordre mondial de l'information et de la communication (NOMIC) dans le cadre de l'UNESCO. Le NOEI et le NOMIC incarnent la volonté de ces États de mettre en place un système économique et un système d'information international qui soient plus équitables à leurs yeux. Ces États estiment que ces systèmes favorisent trop les intérêts occidentaux et qu'ils doivent être en grande partie réformés afin de leur permettre de se développer économiquement et de se réapproprier leur souveraineté, tant sur le plan économique que culturel. La crise de la dette des pays du Sud à partir des années 1980, la domination des idées libérales dans les États du Nord et les institutions économiques internationales, et l'ouverture économique et le développement rapide de certaines économies du Sud ont largement contribué à affaiblir ce tiers-mondisme.

II. LA FIN DE LA GUERRE FROIDE

La libéralisation des pays d'Europe de l'Est

La fin de la guerre froide a constitué d'une certaine manière une « divine surprise » en particulier aux yeux des Occidentaux. Cela s'est traduit par la libéralisation les uns après les autres de l'ensemble des pays d'Europe centrale et orientale se trouvant sous influence soviétique, avec comme étape fondamentale bien entendu la chute du mur de Berlin.

Le déclenchement de ces événements se situe très certainement en Pologne, pays où la contestation du régime communiste a sans doute été la plus vive dans les pays de l'Est depuis le début des années 1980, avec en particulier la création du syndicat Solidarité. En avril 1989, la signature des accords de la table ronde entre le gouvernement communiste, l'État et les représentants de l'opposition permet de reconnaître pour la première fois le principe des élections libres et conduit à la légalisation de Solidarité. En juin, des élections pluralistes sont donc organisées dans le pays. Ce sont les premières élections libres en Europe de l'Est depuis 40 ans. Elles sont marquées par la victoire de Solidarité. Tadeusz Mazowiecki, membre de Solidarité, devient le premier chef de gouvernement non-communiste d'un pays d'Europe de l'Est depuis la Seconde Guerre mondiale. Le second État qui se libéralise à l'Est est la Hongrie. En mai 1989, le rideau de fer commence ainsi à être démantelé à la frontière austro-hongroise. En octobre, le parti communiste hongrois est dissous, c'est le premier parti du bloc communiste à faire l'objet d'une telle mesure, et le pays adopte une nouvelle constitution qui crée la République de Hongrie, en remplacement de la République populaire de Hongrie qui existait depuis 1949.

Ensuite, c'est la RDA qui a été dans l'œil du cyclone protestataire. Alors que durant l'été 1989, de très nombreux Est-allemands fuient la RDA via la Hongrie ou en se réfugiant dans les ambassades de la RFA qui se trouvent dans les pays de l'Est libéralisés, les événements s'accélèrent à partir du mois de septembre avec les premiers rassemblements qui se produisent à Leipzig, principal lieu de convergence de la contestation dans le pays. Malgré la tentation de certains dirigeants est-allemands de réprimer violemment les manifestations comme la Chine avait pu le faire sur la place Tian-an-Men quelques mois plus tôt, ils choisissent finalement la voie réformiste en limogeant Erich Honecker, le principal dirigeant de la RDA depuis 1971 et le partisan d'une ligne « dure ». Les concessions des autorités conduisent ainsi à la chute du mur de Berlin. Il s'ensuit alors une nouvelle accélération des événements en Europe de l'Est avec, en novembre, la démission de Todor Jivkov, le principal dirigeant de la Bulgarie depuis 1954, et ce qui a

Éclairage

Le mur de Berlin, qui séparait Berlin-Est de Berlin-Ouest depuis 1961, avait une longueur de 155 kilomètres. Il était considéré comme le symbole par excellence de la division Est-Ouest et celle de l'Allemagne. L'événement déclencheur de la chute du mur a néanmoins été accidentel. Alors que, depuis le mois de septembre 1989, les manifestations des opposants au régime se font de plus en plus massives, les autorités est-allemandes décident de lâcher du lest en novembre en envisageant d'autoriser la libre circulation vers la RFA. Or, cette décision est annoncée prématurément lors d'une conférence de presse par le porte-parole du gouvernement, Günter Schabowski, alors qu'elle n'était pas encore entrée en vigueur. Les médias ouest-allemands la relaient très rapidement. Les Allemands de l'Est se rendent alors en masse aux postes-frontières. Les gardes n'ayant aucune consigne finissent par les laisser passer vers l'Ouest.

été appelé la « Révolution de velours » en Tchécoslovaquie, qui conduira le dissident Vaclav Havel à la présidence de la République tchécoslovaque en décembre. Le seul État à avoir connu une révolution sanglante est la Roumanie avec, fin décembre, l'exécution du président roumain, Nicolas Ceausescu.

La réunification allemande

Ces spectaculaires changements de régime politique dans les pays d'Europe centrale et orientale, auxquels l'URSS dirigée par Mikhaïl Gorbatchev ne s'oppose pas, créent les conditions favorables à la réunification allemande qui finit par se produire en octobre 1990 avec l'intégration des territoires est-allemands à la RFA.

L'Allemagne était, en effet, divisée depuis 1949 suite à la création en mai de cette année-là de la République fédérale d'Allemagne (RFA), l'Allemagne de l'Ouest, et en octobre de la République démocratique allemande (RDA), l'Allemagne de l'Est. La politique de détente menée par le chancelier ouest-allemand Willy Brandt en direction de l'Est (*Ostpolitik*) à partir de la fin des années 1960 va améliorer les relations entre les deux parties de l'Allemagne puisqu'elle se traduit notamment par leur reconnaissance réciproque en 1972 avec la signature du traité fondamental. La réunification du pays n'en restait pas moins l'une des principales priorités des gouvernements ouest-allemands. Trois semaines après la chute du mur de Berlin, le chancelier allemand Helmut Kohl annonce ainsi un plan en dix points visant la réunification. Les puissances occupantes, et tout particulièrement l'URSS, ne s'y opposent pas, l'Allemagne recouvrant ainsi sa pleine souveraineté en septembre 1990, d'autant qu'en mars, des élections libres en RDA sont remportées par la branche est-allemande de la CDU, le parti d'Helmut Kohl. Suite à la réunification, le Parlement allemand décide en 1991 de transférer la capitale de Bonn à Berlin. Les dernières troupes d'occupation quittent l'Allemagne en 1994. Enfin, le dernier char de l'armée américaine a quitté le territoire allemand en 2013. Il y avait des chars américains dans le pays depuis 1944.

L'un des principaux symptômes de la fin de la guerre froide a été la signature d'importants accords de désarmement Est-Ouest. Ce fut tout d'abord en décembre 1987 la signature à Washington du traité sur les forces nucléaires à portée intermédiaire (FNI) entre les États-Unis et l'URSS prévoyant un démantèlement des missiles américains et soviétiques à portée intermédiaire et à courte portée, qui étaient notamment déployés en Europe. Ce fut ensuite en novembre 1990 la signature par les membres de l'OTAN et du Pacte de

Varsovie du traité de Paris sur les forces conventionnelles en Europe (FCE). Celui-ci marque la fin de la guerre froide à proprement parler aux yeux de nombreux observateurs car il prévoit la destruction de grandes quantités d'armes classiques, qui supprime ainsi l'asymétrie des forces conventionnelles qui existait alors entre l'OTAN et le Pacte de Varsovie et rend par conséquent toute offensive militaire d'envergure désormais impossible en Europe. Enfin, en juillet 1991, est signé le traité START sur la réduction des armes nucléaires stratégiques par les États-Unis et l'URSS, qui est le premier traité à prévoir une réduction significative des arsenaux nucléaires stratégiques.

La fin de l'URSS

La guerre froide a sans aucun doute définitivement pris fin en 1991 avec la dissolution du COMECON au mois de juin, du Pacte de Varsovie en juillet et enfin de l'Union soviétique en décembre. La fin de l'URSS a été un événement historique considérable qui marque la fin de la parenthèse ouverte en 1917. Elle est liée en particulier à l'action d'un homme, Mikhaïl Gorbatchev, et aux résultats en partie non souhaités de son action.

Celui-ci arrive à la tête du parti communiste de l'Union soviétique en mars 1985. Il lance alors un processus de libéralisation du régime, connu sous les noms russes de *perestroïka* (restructuration) et de *glasnost* (transparence, se traduisant par un libre accès des citoyens à l'information). Son objectif est à la fois d'enrayer le déclin économique de l'URSS, sans pour autant remettre en cause les fondements du régime soviétique, et de créer un État socialiste de droit. Pour lui, la réussite de cette politique passe par le retrait des troupes soviétiques d'Afghanistan et l'allégement du fardeau financier que représentent pour l'URSS le maintien d'une présence soviétique significative en Europe de l'Est et la course aux armements avec l'Occident.

La politique de Mikhaïl Gorbatchev suscite néanmoins des critiques de plus en plus vives en URSS de la part d'une population qui voit ses conditions de vie se dégrader et des républiques qui affirment de plus en plus leurs velléités indépendantistes, d'autant que celles-ci peuvent être désormais librement exprimées. Les premières élections libres sont, en effet, organisées en URSS en mars 1989 et un an plus tard, la révision de la Constitution se traduit notamment par la suppression du rôle dirigeant du Parti communiste (PCUS) et la création de très nombreux partis politiques. Au printemps 1990, les indépendantistes arrivent ainsi au pouvoir dans les républiques soviétiques lors des élections locales et réclament les uns après les autres la souveraineté de ces républiques. En juin 1991, c'est au tour du cœur de l'URSS, à savoir la Russie, d'être touchée par cette vague indépendantiste. Boris Eltsine est élu à la présidence de la République fédérative socialiste soviétique de Russie, le Parlement proclamant alors la souveraineté de la République russe.

La dégradation de la situation s'accélère suite au putsch des conservateurs du Parti communiste qui tentent de renverser Mikhaïl Gorbatchev en août 1991. Celui-ci échoue, mais il contribue tout de même à déstabiliser l'URSS puisqu'un grand nombre de républiques soviétiques proclament leur indépendance immédiatement après le putsch : Lettonie, Estonie, Biélorussie, Moldavie, Azerbaïdjan, Kirghizstan, Ouzbékistan, Tadjikistan, Arménie et Turkménistan (alors que la Lituanie et la Géorgie l'avaient fait auparavant). En décembre, les représentants des différentes républiques se réunissent d'abord à Minsk (Biélorussie), puis à Alma-Ata (Kazakhstan) pour y constater la fin de l'URSS. Le 25 décembre 1991, Mikhaïl Gorbatchev démissionne de ses fonctions de président de l'URSS. Le lendemain, le Soviet suprême confirme la disparition de l'URSS et s'auto-dissout. La fin de l'URSS ne marque pas uniquement la fin de la guerre froide. Elle signe aussi celle de l'empire russe, du pays incarnant le communisme dans le monde et sans aucun doute du (court) XXe siècle.

L'essentiel à retenir

- La guerre froide a opposé le camp occidental sous leadership des États-Unis au camp socialiste sous leadership soviétique, sans pour autant que les deux Grands s'affrontent directement d'un point de vue militaire compte tenu de l'« équilibre de la terreur ».

- La guerre froide s'est caractérisée par différentes périodes de tensions plus ou moins vives entre l'Est et l'Ouest, les périodes de détente succédant aux périodes de tensions.

- La période de guerre froide a été également marquée par la décolonisation et l'émergence du Tiers-Monde et de ses revendications.

- La fin de la guerre froide a constitué une « divine surprise » à laquelle peu d'observateurs s'attendaient.

- En 1989, les différents pays de l'Est se sont libéralisés les uns après les autres de façon pacifique, à l'exception notable du cas roumain.

- En souhaitant libéraliser la société russe, Mikhaïl Gorbatchev a permis à la population d'exprimer ses frustrations et a favorisé les revendications indépendantistes qui ont finalement conduit à la dislocation de l'URSS.

? Testez-vous !

1. À quelle période correspond la guerre froide ?

de 1947 à 1953

2. Qu'est-ce que l'« équilibre de la terreur » ?

Les deux grands superpuissances que sont les États-Unis et l'URSS (Russie) détiennent respectivement des armes nucléaires susceptibles de créer l'apocalypse du monde — dont chacun évite d'en être responsable —
(affrontement militaire — Pour ne pas)

3. Quel a été l'événement déclencheur de la crise de Cuba de 1962 qui a amené le monde au bord du gouffre nucléaire ?

Installat°. des missiles Russes au Cuba

c'est la guerre des missiles = due au positionnement des missiles russes sur le territoire cubain — pour atteindre, en cas de conflit les USA —

4. Quel a été le premier pays d'Europe de l'Est à se libéraliser ?

La Pologne —

5. La réunification allemande a-t-elle abouti à la création d'un nouvel État ?

oui — l'Allemagne avec comme capitale Berlin !

Chapitre II
Le monde de l'après-guerre froide

Ce que vous allez apprendre

- Les conséquences de la fin de la guerre froide dans le monde et l'immense espoir de paix durable que celle-ci a soulevé
- La signification des concept-clefs de la fin de la guerre froide : fin de l'histoire, nouvel ordre mondial, consensus de Washington
- Le grand retour de l'histoire et de ses tragédies durant la période 1993-2007
- La signification du concept de « choc des civilisations »
- Le grand basculement des richesses et du pouvoir dans le monde dans la période contemporaine
- La signification du concept de « monde post-américain »

I. LES ESPOIRS NÉS DE LA FIN DE LA GUERRE FROIDE : PÉRIODE 1989-1993

Le processus d'achèvement de la guerre froide

Cette brève période correspond au processus d'achèvement de la guerre froide, qui constitue sans aucun doute une sorte de « parenthèse enchantée » à l'échelle de l'histoire. Elle se déroule de la libéralisation des pays d'Europe de l'Est en 1989 jusqu'au début du conflit en Bosnie-Herzégovine en 1992 et à la signature des Accords d'Oslo sur la paix au Proche-Orient en 1993.

Les principaux événements marquants de cette période sont tout d'abord la fin de la guerre froide avec la chute du mur de Berlin (1989), la libéralisation de l'ensemble des pays de l'Est et la fin du communisme en Europe (1989-1990), la réunification allemande (1990), la fin de l'URSS et du Pacte de Varsovie (1991). Mais ce sont aussi les conséquences de la fin de la guerre froide en dehors du continent européen avec, en particulier, le retrait soviétique d'Afghanistan (1989), la guerre du Golfe, contribuant à la libération du territoire koweitien de l'occupation irakienne suite à l'intervention d'une coalition armée internationale (1991), la fin de l'apartheid en Afrique du Sud (1991), suite à la libération de prison de Nelson Mandela un an plus tôt, le rapprochement entre les deux Corée concrétisé par la conclusion d'un accord intercoréen sur la réconciliation (1991) ou encore la signature des accords d'Oslo (1993) et l'espoir de paix qui en découle au Proche-Orient.

Cette période est aussi marquée par l'accélération de la mondialisation et de l'intégration économique régionale. Cela se traduit par l'ouverture économique des pays ex-communistes, de l'Inde (1991), pays notoirement connu pour son protectionnisme, et de la Chine, avec notamment l'inscription de l'« économie socialiste de marché » dans la Constitution du pays (1993), mais aussi par la signature des traités créant le Marché commun du Sud en Amérique du Sud (Mercosur, 1991), l'Accord de libre-échange nord-américain (ALENA, 1992), l'Union européenne et l'Union économique et monétaire (1992) et la zone de libre-échange de l'Association des nations du Sud-Est asiatique (ASEAN, 1992). Par ailleurs, le Marché unique européen est instauré en janvier 1993 et la négociation commerciale multilatérale du cycle de l'Uruguay commencée en 1986 s'achève en 1993. Elle débouchera sur l'Accord de Marrakech signé en avril 1994 et la création consécutive de l'Organisation mondiale du commerce (OMC) en janvier 1995. Enfin, la globalisation financière entre dans une nouvelle phase au début des années 1990, avec en particulier la libéralisation des flux de capitaux et la formation d'un marché unique des capitaux en Europe en 1990.

C'est également durant cette même période que la version actuelle d'internet a été inventée, avec la création du *World Wide Web* en 1991 et des premiers sites internet en 1992, et que l'on observe l'émergence d'une société civile globale (avènement de la chaîne d'information en continu CNN International sur la scène internationale à l'occasion de la guerre du Golfe en 1991 et Forum des ONG lors du Sommet de la Terre de Rio en 1992) et de nouvelles préoccupations autour du changement climatique et du développement durable (Sommet de la Terre de Rio).

Pax Americana

Cette période se caractérise donc tout d'abord par un immense espoir de paix durable puisque le risque de conflit nucléaire entre les deux Supergrands s'éloigne et de nombreux conflits et tensions tendent à s'apaiser dans le monde[1] : Est-Ouest, Corée, Golfe, Afrique du Sud, Proche-Orient.

Mais cette paix est avant tout une paix américaine, une *Pax Americana*. La dissolution de l'Union soviétique aboutit ainsi de fait à la domination sans aucune contestation possible des États-Unis, qui se présentent alors comme le « gendarme du monde » et même, selon l'expression de la secrétaire d'État de l'administration Clinton, Madeleine Albright, comme la « nation indispensable[2] ». En 1998, celui qui était alors ministre français des Affaires étrangères, Hubert Védrine, parlera d'hyperpuissance pour désigner la puissance exceptionnelle des États-Unis à ce moment-là. Ceux-ci apparaissent, en effet, largement dominants tant sur le plan économique que militaire, politique, culturel ou technologique. Le monde de l'après-guerre froide n'est donc plus bipolaire, mais bien unipolaire.

On assiste également au triomphe du « modèle » américain (ou occidental), de son système politique (démocratie pluraliste) et économique (économie de marché), ainsi que de ses valeurs (droits de l'homme) et de ses idées (libéralisme économique et politique) en l'absence désormais de toute alternative crédible compte tenu de l'effondrement de l'URSS ou de la grave crise traversée par le tiers-mondisme. Cela semble avoir pour conséquence un accroissement sensible du nombre de démocraties dans le monde durant cette période, y compris dans des régions où celle-ci était largement absente jusqu'alors – pays d'Europe centrale et orientale, ex-URSS, partie de l'Afrique

1. La dislocation de l'URSS a néanmoins conduit à une multiplication des conflits séparatistes dans les nouveaux États indépendants, comme en Géorgie (Abkhazie, Ossétie du Sud), en Azerbaïdjan (Haut-Karabakh) ou en Moldavie (Transnistrie).
2. Expression qu'elle a utilisée dans une interview accordée à la chaîne de télévision américaine NBC-TV en février 1998.

subsaharienne, dont l'Afrique du Sud –, et surtout une accélération du processus de mondialisation, la plupart des économies aspirant désormais à s'intégrer à l'économie mondiale. Il paraît alors admis que le monde est en voie d'unification autour des valeurs occidentales et que la démocratie et la prospérité se répandent rapidement du monde occidental vers le reste du monde, ce qui semble constituer le meilleur fondement d'une paix durable. On parle d'ailleurs à ce moment-là de « dividendes de la paix » qui se traduisent par des baisses significatives des dépenses de défense des principaux États.

Fin de l'histoire

Cette vision alors dominante a été en particulier incarnée par le concept de « fin de l'histoire » tel qu'il a été défini par le philosophe américain Francis Fukuyama dès 1989[1]. Il n'annonce pas la fin des événements historiques, mais plutôt la fin du grand conflit idéologique qui a opposé durant le XXe siècle la démocratie à ses ennemis fascistes et communistes et, au-delà, la fin du conflit idéologique sur le meilleur modèle économique et politique, avec la victoire « finale » du modèle occidental de démocratie libérale. L'échec de l'expérience soviétique constitue donc, selon lui, l'échec de toute forme d'alternative à vocation universelle à ce modèle. Cette thèse très controversée a été vivement critiquée par ceux qui la jugeaient trop optimiste, mais aussi par ceux qui refusaient d'admettre la victoire de ce qu'ils percevaient comme une « pensée unique ».

Nouvel ordre mondial

Un autre concept a bien symbolisé cette période, c'est celui du « Nouvel ordre mondial », qui a été forgé en 1991 par le président George H. W. Bush dans un discours resté célèbre qu'il a prononcé devant le Congrès des États-Unis quelques mois après la victoire de la coalition dans la guerre du Golfe. Ce discours est révélateur de l'état d'esprit de l'époque, en particulier de la brève période se situant entre la fin de la guerre du Golfe et la guerre de Bosnie-Herzégovine où une paix durable fondée sur la coopération internationale, le respect du droit international et les principes de sécurité collective semblait être envisageable. Cet espoir s'appuie en particulier sur la résurgence de la notion de sécurité collective qui a été appliquée avec succès contre l'Irak de Saddam Hussein. Celle-ci stipule que les différends entre États doivent être réglés de façon pacifique et qu'en cas d'agression, la communauté internationale doit se mobiliser conformément au droit international afin de rétablir la

1. *La Fin de l'histoire et le dernier homme*, Flammarion, 1992.

paix et la sécurité. Dans l'esprit de George Bush, cette sécurité collective ne peut être garantie bien entendu que par les États-Unis.

Consensus de Washington

Une dernière vision semble être également très influente durant cette période, c'est la vision néolibérale. Ses partisans se montrent favorables à l'émergence d'un marché globalisé et prônent donc une libéralisation des échanges et des flux de capitaux, mais aussi une extension territoriale de la démocratie et de l'État de droit. Pour eux, la diffusion du « modèle anglo-saxon » constitue le meilleur moyen d'assurer prospérité et démocratie dans le monde.

Leur vision semble être alors extrêmement répandue comme en témoignent les travaux de l'économiste américain John Williamson qui a défini en 1989 la notion de « consensus de Washington ». Celui-ci a cherché à identifier le dénominateur commun des préconisations en direction des États latino-américains des institutions américaines, continentales ou internationales se trouvant à Washington[1]. Il en a conclu que les politiques prônées par ces institutions allaient toutes dans le même sens, d'où la notion de « consensus », en mettant l'accent sur la discipline budgétaire, la baisse de la fiscalité sur les hauts revenus, la libéralisation des échanges, des obstacles aux investissements directs étrangers ou des taux d'intérêt, les privatisations ou la déréglementation des marchés.

II. LE RETOUR DE L'HISTOIRE TRAGIQUE : PÉRIODE 1993-2007

Le grand retour de la guerre et de l'instabilité internationale

Cette période correspond, d'une certaine manière, au grand « retour de l'histoire », d'une histoire souvent tragique et violente, qui clôt la « parenthèse enchantée » de la fin de la guerre froide. Elle se déroule du début de la guerre en Bosnie-Herzégovine (1992) jusqu'au déclenchement de la crise des *subprimes* aux États-Unis (2007).

Les principaux événements marquants de cette période sont tout d'abord la multiplication des conflits souvent très violents qui ont rapidement ruiné les espoirs de paix durable nés de la fin de la guerre froide. Ces conflits sont la guerre en Bosnie-Herzégovine (1992-1995), la guerre civile en Algérie (1992-2005), l'échec spectaculaire de l'opération *Restore Hope* en Somalie (1993), le génocide au Rwanda (1994), les guerres en Tchétchénie (1994-1996,

1. « *What Washington Means by Policy Reform* », Institute for International Economics (IIE), novembre 1989.

1999-2009), les conflits en République démocratique du Congo-RDC (1996-1997, 1998-2003), la nouvelle Intifada au Proche-Orient (2000) et donc la fin des espoirs de paix dans la région, le conflit au Liban (2006) ou encore les conflits civils dans de nombreux autres pays d'Afrique subsaharienne (Liberia, Sierra Leone, Côte d'Ivoire, Darfour, etc.). On peut mentionner également trois conflits importants qui ont impliqué des troupes occidentales avec les guerres au Kosovo (1999), en Afghanistan (2001-2014) et en Irak (2003-2011).

Si la période précédente avait largement éloigné le monde des craintes d'un conflit nucléaire, les enjeux dans ce domaine redeviennent cruciaux entre 1992 et 2007 autour de la question de la prolifération de la technologie nucléaire militaire et, plus largement, des armes de destruction massive (nucléaire, biologique, chimique). En effet, durant cette période, l'Inde et le Pakistan se dotent de l'arme nucléaire (1998), la Corée du Nord procède à son premier essai nucléaire (2006) et de forts soupçons ont pesé sur l'Irak et surtout plus récemment sur l'Iran en la matière. L'une des grandes obsessions des États occidentaux, en particulier après les attentats du 11 septembre 2001, est donc de faire en sorte que des armes de destruction massive ne soient pas détenues par des gouvernements jugés hostiles ou ne tombent pas entre les mains de groupes terroristes.

L'APRÈS-GUERRE FROIDE EN 10 DATES

Août 1990-février 1991 : Invasion du Koweït par les troupes irakiennes qui entraîne une intervention militaire menée par une coalition armée internationale permettant de libérer le territoire koweitien

Avril 1992-décembre 1995 : Guerre civile en Bosnie-Herzégovine

Avril-juillet 1994 : Génocide au Rwanda visant les Tutsis

Août 1998-avril 2003 : Conflits en République démocratique du Congo (RDC)

Mars-juin 1999 : Frappes aériennes de l'OTAN contre la Serbie à propos du Kosovo

11 septembre 2001 : Spectaculaires attentats perpétrés par Al-Qaïda à New York et à Washington

Octobre 2001 : Déclenchement du conflit en Afghanistan par les États-Unis et leurs alliés

Mars 2003-décembre 2011 : Guerre en Irak

Janvier 2011 : Départ de Ben Ali du pouvoir en Tunisie qui marque le début du « printemps arabe »

Mai 2011 : Assassinat d'Oussama Ben Laden au Pakistan par un commando des forces spéciales américaines

À l'évidence, cette période est aussi marquée par la montée de l'islamisme radical et du terrorisme djihadiste, avec de nombreux attentats attribués à Al-Qaïda (à partir de fin 1992), en particulier les attentats du 11 septembre 2001, les attentats islamistes en Europe – à Madrid (2004) et à Londres

(2005) – et ailleurs, mais aussi avec la présence des Talibans au pouvoir en Afghanistan (1996-2001) ou l'arrivée au pouvoir de Mahmoud Ahmadinejad en Iran (2005-2013) et du Hamas à Gaza (2007).

Durant la guerre froide, le clivage central opposait l'Est à l'Ouest. La fin de la guerre froide a laissé croire un bref instant que le monde était en train de s'unifier. Sous l'influence prédominante des États-Unis, la période suivante se structure, quant à elle, autour d'un clivage entre norme et déviance, c'est-à-dire entre, d'un côté, des États alliés ou du moins suffisamment puissants pour que l'on prenne en compte leurs intérêts, comme c'est le cas de la Chine ou de la Russie, et, de l'autre, des États considérés comme des « parias » du système international, qui ont été appelés « États voyous » dans les années 1990 et classés par George W. Bush parmi les États de l'« Axe du mal » en 2002, ou qui sont des États « faillis ». Les « États voyous » se distinguent par un régime répressif, une politique extérieure agressive qui contribue à déstabiliser leur environnement régional, une volonté de se doter d'armes de destruction massive ou un soutien apporté à des groupes terroristes. L'Irak de Saddam Hussein, l'Afghanistan des Talibans, l'Iran, la Syrie, la Corée du Nord, le Soudan, Gaza sous l'influence du Hamas en ont fait ou en font partie. Les États « faillis », au premier rang desquels on peut citer la Somalie, sont des États qui ne sont plus en mesure de faire respecter leur autorité et donc des territoires dans lesquels des mouvements extrémistes, criminels ou terroristes peuvent se développer en toute impunité.

La « revanche » de l'Histoire

La période se situant entre 1992 et 2007 tend à montrer que l'histoire est loin d'avoir pris fin avec le « retour » des guerres principalement civiles et souvent très violentes, y compris sur le sol européen, des génocides – au Rwanda ou à Srebrenica en Bosnie – et ce, pour la première fois depuis l'épisode sanglant des Khmers rouges au Cambodge dans les années 1970, des épurations ethniques, du terrorisme de masse ou de diverses formes d'extrémismes (de l'ultranationalisme dans les Balkans aux islamistes radicaux dans le monde arabo-musulman).

Les espoirs de « sécurité collective » et de « nouvel ordre mondial » ont été ainsi vite déçus, compte tenu de la relative impuissance de la « communauté internationale », en l'occurrence des principaux États occidentaux, soit à mettre un terme aux conflits et aux massacres perpétrés durant les années 1990, en dehors du cas spécifique du Kosovo, soit à avoir une influence décisive dans les pays dans lesquels ils sont intervenus militairement durant les années 2000 (Afghanistan, Irak).

Les attentats du 11 septembre 2001 ont bien entendu achevé de dissiper les dernières illusions qui pouvaient encore exister en la matière. À partir de ce moment-là, la lutte contre le terrorisme global devient la priorité de l'agenda international, et l'administration Bush entreprend une guerre totale contre le terrorisme et intervient militairement en Afghanistan et surtout en Irak, en se fondant en l'occurrence sur des principes contraires à ceux de la sécurité collective : la guerre préventive, l'unilatéralisme et l'absence de mandat de l'ONU. Cela a contribué à ternir très fortement l'image des États-Unis dans le monde, ainsi que leur crédibilité en raison de leur incapacité à pouvoir redessiner la carte du monde conformément à leurs vues, et notamment à façonner le Grand Moyen-Orient qu'ils appelaient pourtant de leurs vœux.

Éclairage

La guerre préventive est une opération militaire qui vise à prévenir une attaque éventuelle de la part d'un agresseur potentiel avant qu'il ne puisse devenir trop puissant ou menaçant et en particulier avant qu'il ne puisse se doter, se procurer ou utiliser des armes de destruction massive. Il s'agit d'un acte illégal en droit international.

Cette période n'en est pas moins marquée par l'explosion des flux internationaux de biens, de services et de capitaux, le développement très spectaculaire de certaines économies émergentes et la diffusion très rapide des nouvelles technologies de l'information et de la communication (internet), mais aussi par des crises économiques plus ou moins prononcées, dans les pays occidentaux (1992-1993, 2001) et surtout dans de nombreux pays émergents – Mexique (1994), Asie de l'Est (1997-1998), Russie (1998), Brésil (1999), Turquie (2000), Argentine (2001). On assiste enfin, durant cette période, à une montée des différentes formes de contestation de la mondialisation et de l'« ordre international », que ce soit celle de l'altermondialisme, de la droite populiste en Europe ou des différents mouvements religieux intégristes dans le monde.

Choc des civilisations

L'un des concepts les plus populaires durant cette période est celui de « choc des civilisations ». Il a été forgé par le politologue américain Samuel Huntington dès 1992-1993[1] et a été particulièrement influent à partir des attentats du 11 septembre 2001, celui-ci explique que la source des conflits n'est désormais plus de nature idéologique ou économique, mais bien culturelle. L'affrontement majeur dans le système international n'oppose plus le capitalisme au communisme, mais bien des civilisations, d'où la notion de « clash

1. *Le Choc des civilisations*, Odile Jacob, 1996.

des civilisations ». Samuel Huntington divise, en effet, le monde en plusieurs civilisations – occidentale, islamique, chinoise, africaine, slavo-orthodoxe, hindoue, etc. – en estimant que le conflit central est celui qui oppose la civilisation occidentale à la civilisation islamique, cette dernière pouvant éventuellement s'allier avec la civilisation chinoise pour former un front anti-occidental. Cette thèse, extrêmement controversée, notamment parce qu'elle voit les civilisations comme des entités monolithiques fermées plus ou moins condamnées à s'affronter à terme, doit certainement son succès au fait qu'elle permet d'offrir une grille de lecture du monde de l'après-guerre froide et surtout de l'après-11 septembre qui soit à la fois simple et globale.

Éclairage

L'unilatéralisme est une politique déterminée par les objectifs et les intérêts d'un seul État sans qu'il tienne compte de ce que veulent les autres États ou les institutions internationales.

III. LE GRAND DOUTE DES OCCIDENTAUX : PÉRIODE DEPUIS 2008

Le grand basculement

Cette période a démarré avec le déclenchement de la crise des *subprimes* aux États-Unis en 2007-2008. Elle est interprétée par beaucoup d'observateurs comme celle de l'amorce du « grand basculement » des richesses et du pouvoir de l'Occident vers l'Asie et les grands États émergents.

Les principaux événements marquants de cette période sont tout d'abord la crise économique et financière du monde occidental, la plus grave depuis la Seconde Guerre mondiale, avec la crise des *subprimes* aux États-Unis, suivie d'une récession économique en 2009 particulièrement sévères pour les pays occidentaux, puis de la crise de la dette souveraine en Europe à partir de 2010. Or, à la différence notable de la période précédente, les économies émergentes sont dans l'ensemble peu touchées par la crise. On observe, en effet, une montée en puissance de ces pays symbolisée par la participation des plus grands d'entre eux aux sommets du G20 organisés au niveau des chefs d'État et de gouvernement depuis 2008, la mise en place du premier sommet des BRIC (Brésil, Russie, Inde, Chine) en 2009 ou le fait que la Chine devienne la seconde puissance économique mondiale en 2010[1].

1. Selon les données du Fonds monétaire international, le PIB des BRICS en parité de pouvoir d'achat (PPA) a dépassé celui des États-Unis en 2007 et celui de l'Union européenne en 2008.

Corrélativement, les symptômes d'un déclin des États occidentaux sont tangibles. Ceux-ci ont été bien plus touchés par la crise économique que les économies émergentes. Le système financier américain a été au bord de l'implosion en 2008, tout comme la zone euro en 2011-2012, tandis que le Japon a connu une année noire en 2011 avec la triple catastrophe du tremblement de terre, du tsunami et de l'accident nucléaire de la centrale de Fukushima. Les États-Unis et de nombreux États-membres de la zone euro comme la France ont perdu leur triple A. Les troupes américaines sont également parties d'Irak sans gloire en 2011 et devraient quitter l'Afghanistan en 2014 sans être parvenues à stabiliser le pays et à conjurer la menace représentée par les Talibans. Les Occidentaux se sont aussi montrés largement impuissants face aux menaces de prolifération de la Corée du Nord et de l'Iran, face au blocage de la situation au Proche-Orient ou lors de la guerre en Géorgie en 2008. Enfin, ceux-ci ont été plutôt spectateurs face aux événements qui se sont produits dans le monde arabe depuis 2011, en dehors du cas de la Libye, se traduisant notamment par l'arrivée au pouvoir de groupes islamistes dans certains pays et un conflit particulièrement sanglant en Syrie.

Éclairage

Les BRIC ont tout d'abord été un sigle et un concept créés en 2001 par un économiste de la banque américaine Goldman Sachs qui regroupaient des pays très peuplés se développant rapidement et appelés à jouer un rôle majeur dans l'économie mondiale dans les décennies à venir.
Ces pays ont repris à leur compte le concept pour organiser un sommet régulier des BRIC à partir de 2009, puis des BRICS avec l'Afrique du Sud à partir de 2011, de sorte à constituer un véritable lobby international des principaux États émergents.

Fin de la domination occidentale

Cette période est donc marquée par la fin de la prédominance absolue des Occidentaux sur le plan économique, politique, technologique et culturel. La crise économique ou la crise climatique semblent avoir montré que, contrairement à ce que l'on pensait communément dans l'immédiat après-guerre froide, la diffusion universelle du « modèle occidental », notamment de son modèle de production et de consommation, n'est pas un facteur de prospérité, de stabilité et de durabilité.

Les États occidentaux semblent également connaître deux autres crises spécifiques. La première est une crise identitaire, qui se traduit notamment par un rejet croissant du multiculturalisme en Europe, une défiance de plus en plus forte vis-à-vis de l'islam radical et une montée de la droite populiste en Europe, mais aussi aux États-Unis avec le mouvement des *Tea Party*. La seconde est une crise de la gouvernance, compte tenu de la difficulté des gouvernements de certains États occidentaux à faire face à la crise, de la crise des finances publiques tant en Europe qu'aux États-Unis, des désaccords entre Maison blanche et Congrès aux États-Unis ou entre les États-membres de la zone euro qui remettent en cause aux yeux des marchés leur capacité à maîtriser et *a fortiori* à réduire leur dette publique.

Parallèlement, les pays émergents s'imposent de plus en plus sur la scène internationale. C'est tout particulièrement le cas de la Chine. Les Occidentaux se montrent désormais dépendants des économies émergentes, tant vis-à-vis du dynamisme de leurs marchés, indispensable pour la croissance de leurs entreprises, que de leurs ressources financières, cruciales pour le financement d'une partie de leur endettement public.

Monde post-américain

Le concept de « monde post-américain » semble bien résumer cette évolution. Il a été développé par l'éditorialiste américain Fareed Zakaria en 2008[1] pour désigner la grande redistribution des cartes au sein du système international au profit des pays émergents. Pour lui, si les États-Unis conservent leur prédominance sur le plan politico-militaire, ce n'est plus le cas dans les domaines industriel, financier, social ou culturel. Ils sont donc contraints de partager le pouvoir dans un monde de plus en plus multipolaire. Cette thèse sur le déclin relatif des États-Unis, qui a largement inspiré l'Administration Obama, est cependant loin de faire l'unanimité outre-Atlantique. De nombreux observateurs notent l'existence d'une forte capacité de résilience de la part des économies américaine et mêmes européenne et émettent de sérieux doutes sur la montée inexorable du pouvoir global des États émergents.

1. *L'Empire américain. L'heure du partage*, Saint-Simon, 2009.

L'essentiel à retenir

- Les États-Unis sortent grands vainqueurs de la guerre froide et exercent une domination sur tous les plans à tel point que l'on parle d'hyperpuissance à leur propos.
- La fin de la guerre froide fait croire un moment que le monde était en train de s'unifier autour des valeurs occidentales de démocratie et d'économie de marché.
- Les conflits sanglants du début des années 1990 (Balkans, Algérie, Rwanda), puis les attentats du 11 septembre 2001 et leurs conséquences contribuent à briser les espoirs de paix universelle nés de la fin de la guerre froide.
- Le « choc des civilisations » est certainement la grille de lecture la plus courante de l'évolution du système international durant la période 1993-2007.
- La crise économique depuis 2008 a beaucoup plus affecté les États occidentaux que les économies émergentes.
- La prédominance occidentale sur le monde semble avoir pris fin avec la montée en puissance des États émergents durant les années 2000.

? Testez-vous !

1. À propos de quel pays a-t-on parlé de « nation indispensable » ?

Les États unis d'Amérique

2. Qu'est-ce que le président George H. W. Bush a défendu dans un discours célèbre prononcé en 1991 ?

Le concept de "nouvel ordre mondial".

3. Quelle est la nature du clivage central au sein du système international durant la période 1993-2007 ?

La revanche de l'Histoire –
sécurité collective / nouveau ordre mondial

4. Quel concept a été développé au début des années 1990 par Samuel Huntington ?

Le choc des civilisat°.

5. Quels États figurent parmi les BRICS ?

Brésil – Russie – Inde – Chine – Afrique du Sud.

Chapitre III
Panorama du monde contemporain

Ce que vous allez apprendre

- L'économie mondiale n'est plus divisée selon des lignes de fracture Est-Ouest ou Nord-Sud, mais désormais en quatre nouvelles catégories
- Les États dans le système international se distinguent très nettement les uns des autres en fonction de la façon dont ils sont structurés
- Le monde contemporain se divise désormais en sept cercles concentriques
- Les États développés sont les acteurs dominants du système international
- Les États émergents cherchent à remettre en cause la domination des États développés dans le système international

I. UN MONDE DISPARATE

Un monde de disparités économiques

La fin de la guerre froide a mis un terme au conflit Est-Ouest avec la disparition du système socialiste qui se présentait comme une grande alternative au système capitaliste. La fin de l'URSS en a été le meilleur exemple, tout comme la libéralisation des pays d'Europe de l'Est, mais aussi l'inscription dans la Constitution chinoise en 1993 de la notion d'économie socialiste de marché, la Chine adoptant donc de fait le système capitaliste tout en conservant un régime politique communiste. Par ailleurs, le développement rapide de certains États du Sud, des « dragons » aux « tigres asiatiques », en passant par ceux que l'on appelle désormais les économies émergentes, au premier rang desquelles se trouvent la Chine et l'Inde, ont fait éclater ce que l'on appelait auparavant le Tiers-Monde et remis en cause le clivage Nord-Sud, sans pour autant le faire totalement disparaître.

L'économie mondiale semble ainsi être désormais scindée en quatre catégories de pays en fonction de leur niveau de développement (mesuré notamment par le revenu par habitant) et de leur rythme de développement (mesuré par le taux de croissance de ce revenu par tête sur moyenne période). C'est, en particulier, ce qu'avance l'ancien président de la Banque mondiale, James Wolfensohn, à travers la notion de « monde à quatre vitesses », ou encore l'Organisation de coopération et de développement économiques (OCDE) qui a repris ce concept et l'a développé.

La première catégorie définie par James Wolfensohn est celle des *économies riches à croissance limitée*, qui sont des économies à revenu élevé, mais dont le taux de croissance du PIB par habitant apparaît plutôt faible. Il s'agit des pays riches, d'Amérique du Nord, d'Europe occidentale, du Japon ou de l'Australie. La seconde est celle des *économies en rattrapage rapide*, qui sont des économies à revenu moyen ou même faible dont le PIB par habitant progresse à très vive allure. Elles correspondent aux économies émergentes. James Wolfensohn classe dans cette catégorie les économies d'Europe centrale et orientale, une majeure partie de l'Asie et la façade pacifique de l'Amérique du Sud (Chili, Colombie, etc.). La troisième est celle des *économies à revenu intermédiaire à développement lent*, qui sont des économies « rentières » disposant d'importantes richesses naturelles, mais dont le rythme de développement est lent en l'absence de tout effort de diversification de leur économie. Il s'agit des États d'Afrique du Nord, du Moyen-Orient, d'Asie centrale et d'une partie de l'Amérique latine. Enfin, la quatrième et dernière catégorie est celle les *économies enlisées dans l'extrême pauvreté*, qui sont les économies les plus pauvres dont la croissance du PIB par habitant est à la fois lente et volatile. Il s'agit des États d'Afrique subsaharienne et, plus largement, de ceux que l'ONU classe parmi les pays les moins avancés (PMA). Même si l'on peut ne pas être d'accord avec James Wolfensohn ou l'OCDE[1] sur les économies classées dans telle ou telle catégorie car la situation évolue souvent de façon rapide de ce point de vue, ce monde à quatre vitesses semble néanmoins correspondre en grande partie à la réalité actuelle de l'économie mondiale.

Un monde de disparités en termes de structuration des États

Outre les clivages économiques, il existe un autre clivage déterminant dans le système international actuel. Il concerne la structuration différenciée des États. On peut distinguer ainsi trois formes de clivages de ce point de vue.

Le premier est un clivage entre États classiques et quasi-Etats. Les États classiques ont généralement trois éléments constitutifs : (1) une organisation politique et juridique, c'est-à-dire un gouvernement et un appareil d'État (une administration) qui est à son service, (2) une population, c'est-à-dire une communauté humaine plus ou moins homogène d'un point de vue ethnique, culturel ou religieux, (3) un territoire, à savoir un espace géographique délimité par des frontières. Un État est par conséquent une organisation politique et juridique qui exerce son pouvoir sur une population déterminée dans un espace spécifique délimité par des frontières. Il convient de rajouter à ces éléments constitutifs la reconnaissance internationale. Un État est considéré en tant que tel s'il dispose de ces trois éléments constitutifs, mais aussi s'il est reconnu comme un État indépendant par les autres États et par la communauté internationale, principalement l'Organisation des Nations unies (ONU). Un quasi-État, notion introduite en 1990 par Robert H. Jackson[2],

Éclairage

L'ONG américaine Fund for Peace élabore depuis 2005 un *Indice des États faillis* qui est évalué à partir de 12 critères : pression démographique, mouvements de réfugiés et de personnes déplacées, inégalités internes, difficultés économiques, niveau de corruption, détérioration des services publics, violation des droits humains et de l'État de droit ou interventions militaires étrangères. Dans les dernières éditions de l'indice, la Somalie était considérée comme l'État le plus failli du monde.

---

1. L'OCDE reprend ces catégories en les renommant ainsi : pays riches, pays convergents, pays à la traîne et pays pauvres. L'organisation ne classe pas forcément les États de la même manière que J. Wolfensohn d'autant qu'elle opère un classement différent pour les années 1990 et les années 2000. Source : OCDE, *Perspectives du développement mondial 2010. Le basculement de la richesse*, 2010.
2. *Quasi-states : Sovereignty, International Relations and the Third World*, Cambridge University Press, 1990.

apparaît de ce point de vue comme un État imparfait. Il peut lui manquer l'un des trois éléments constitutifs de l'État et/ou surtout la plupart du temps une pleine reconnaissance internationale.

Le second clivage est entre États solides et États faillis (ou déliquescents). Ces derniers sont, d'une certaine manière, des États qui ont régressé en quasi-Etats, mais qui continuent tout de même à faire l'objet d'une reconnaissance internationale. Ce sont des États qui ne sont plus vraiment en mesure d'assurer la sécurité de leur territoire, face aux groupes internes et/ou aux incursions extérieures, et de fournir un certain nombre de services publics à leur population.

Enfin, le troisième clivage est entre, d'une part, les États qui n'hésitent pas à recourir à la force en cas de nécessité pour défendre leur souveraineté et leurs intérêts nationaux et, d'autre part, ceux qui ont rejeté l'usage de la force pour régler leurs différends. Les premiers sont des États tels que la Chine, la Russie, l'Inde, Israël ou la Turquie, qui tendent à privilégier le *Hard power* sur le *Soft power*, au sens défini par Joseph Nye[1], tandis que les seconds sont les États occidentaux, qui font souvent l'inverse.

II. LE MONDE DES SEPT « CERCLES CONCENTRIQUES »

Sur la base de ces différents types de clivages, le monde contemporain semble pouvoir être scindé en sept cercles concentriques, qui se recoupent en partie pour certains, et non plus en quatre catégories comme durant la guerre froide (1947-1991) : Ouest, Est, Nord et Sud.

Les États développés

Les États développés correspondent aux anciens États du Nord et principalement aux États occidentaux. Ce sont des États dont le niveau de revenu est élevé. Ils ont généralement des taux de croissance relativement faibles car ce sont des économies matures. Ce sont également, pour la plupart, des États démocratiques et des États vieillissants dans lesquels les taux de fécondité sont plutôt faibles. Peuvent être classés dans cette catégorie les États d'Amérique du Nord, la plupart des États européens, l'Australie, la Nouvelle-Zélande et les États industrialisés d'Asie que sont le Japon et les ex-dragons asiatiques.

Ces États peuvent être considérés comme les acteurs dominants du système international. Ils incarnent et défendent les valeurs dominantes de ce système : l'économie de marché, la mondialisation, la démocratie, les droits

1. Voir notamment *Bound to Lead: The Changing Nature of American Power*, Basic Books, 1990.

de l'homme, le droit d'ingérence humanitaire, etc. Ils représentent une vaste zone de prospérité et de paix. Celle-ci se caractérise par une forte interdépendance des économies et une prédominance des dimensions économiques sur les dimensions militaires. La guerre y est d'ailleurs absente depuis longtemps. Si ces États peuvent être en guerre ou avoir des troupes déployées dans des conflits, leur territoire est sanctuarisé par rapport à tout conflit militaire.

Cette zone tend donc à conforter la vision selon laquelle l'interdépendance économique favorise une situation où les États n'ont aucun intérêt à se faire la guerre, et ce, d'autant que ce sont des démocraties et que les démocraties ne se font pas la guerre entre elles. Elle est aussi une zone de paix car les principes de la sécurité collective y règnent. En son sein, les différends et les contentieux ne se traduisent pas par des conflits armés. Les États développés tendent à recourir à des mécanismes de conciliation qui permettent de les résoudre sans effusion de sang. Ils peuvent aussi s'appuyer sur une organisation de sécurité collective comme l'OTAN qui est censée garantir la paix et la sécurité de cette zone et sur la dissuasion du « parapluie » nucléaire américain.

Ces États tendent ainsi à estimer que leurs valeurs, qu'ils perçoivent comme des facteurs de prospérité et de paix, sont universelles et doivent donc être répandues pour le bien de la paix et de la sécurité mondiales. C'est en partie la raison pour laquelle ils défendent un droit d'ingérence humanitaire en contradiction avec le principe de la souveraineté nationale afin de pouvoir venir en aide, y compris par le recours à la force militaire, à des populations qui sont la cible d'une vive répression de la part de leur gouvernement. C'est aussi la raison pour laquelle ces États arrivent aussi largement en tête dans les indices de *Soft power* car ils représentent encore souvent des « modèles » de prospérité et de démocratie aux yeux d'une partie du reste du monde.

Éclairage

Le *Hard power* correspond à la dimension purement coercitive du pouvoir, celle du « bâton » auquel le pouvoir peut avoir recours. C'est la capacité d'un acteur A à inciter un acteur B à changer de comportement de sorte à ce que celui-ci soit conforme à ses intérêts et à ses valeurs en exerçant une pression sur lui par la menace d'un recours à la force s'il ne se conforme pas à sa requête. Mais cela peut être aussi la « carotte ». Dans ce cas, l'acteur A peut influencer le comportement de l'acteur B en exerçant une pression d'ordre économique ou en recourant à une incitation financière.
Le *Soft power* correspond à un pouvoir d'attraction et de persuasion. C'est la capacité d'un acteur A à inciter un acteur B à changer de comportement en exerçant une fascination telle sur celui-ci qu'il va plus ou moins chercher de lui-même à l'imiter et donc à épouser ses valeurs.

Les États émergents

Les États émergents sont les États qui se développent très rapidement d'un point de vue économique et occupent une place à l'évidence de plus en plus importante dans le système international. Ce sont des États à revenu moyen la plupart du temps dont le PIB par habitant progresse à vive allure. Ils sont ainsi en situation de rattrapage par rapport aux économies développées. Ce sont aussi des États dont la population est souvent élevée. Les États émergents sont d'abord les désormais fameux BRICS, qui regroupent le Brésil, la Russie, l'Inde, la Chine et l'Afrique du Sud, mais aussi des États comme le Mexique, l'Indonésie, la Turquie, Israël, ou les États-membres de l'ASEAN en Asie du Sud-Est ou du Mercosur en Amérique du Sud.

Ces États ne sont pas les acteurs dominants du système international. En revanche, ils aspirent fortement, pour les plus grands d'entre eux, à occuper une position éminente en son sein en obtenant des positions de pouvoir conformes à leur nouveau « rang », tant au sein du Conseil de sécurité (siège de membre permanent) que des instances de gouvernance globale (appartenance au G20, quotes-parts plus importantes au sein du Fonds monétaire international, etc.).

Ils critiquent aussi souvent les valeurs dominantes du système international, et ce, de façon plus ou moins radicale. Ils souhaitent s'intégrer à l'économie mondiale et ils sont d'ailleurs de grands bénéficiaires de la globalisation économique. Ils se montrent également très sourcilleux sur la question de la souveraineté nationale, en s'opposant notamment à toute forme de droit d'ingérence humanitaire. Les BRICS se sont par exemple opposés à l'intervention d'une coalition internationale en Libye en 2011. Ce sont donc des États qui défendent leurs intérêts nationaux de façon stricte, y compris par le recours à la force et à la guerre en cas de nécessité, comme ce fut le cas de la Russie en Géorgie, d'Israël à Gaza ou au Liban, de la Turquie par rapport aux Kurdes ou de l'Inde par rapport au Pakistan. On observe d'ailleurs depuis quelques années une augmentation significative de leurs dépenses militaires. Leurs instruments de pouvoir relèvent par conséquent plus du *Hard power* que du *Soft power.*

Les États émergents tendent à développer des formes de coopération et de partenariats entre eux, et plus largement avec les États du Sud, et même à s'organiser en lobbys lors de négociations internationales, en particulier au sein de l'Organisation mondiale du commerce (OMC) ou sur le changement climatique, ou à travers les sommets des BRICS. Ils développent aussi, pour les plus importants d'entre eux, une politique d'influence régionale, voire globale, y compris en nouant des relations avec des États qui sont souvent considérés par les États développés comme des « parias » : Iran, Soudan, Syrie, Venezuela, etc.

Les États anti-occidentaux

Les États anti-occidentaux sont les États, que l'on peut d'ailleurs trouver dans d'autres catégories, qui ont pour caractéristique principale de s'opposer de façon souvent assez radicale aux acteurs dominants du système international et à leurs valeurs. Ils ont des niveaux de développement divergents (pays à revenu moyen ou faible) et des rythmes de croissance différents (lent ou bien rapide). Ce sont généralement des États qui sont peu démocratiques et qui sont la plupart du temps accusés par les États occidentaux de ne pas respecter les droits de l'homme et de réprimer leur population. On peut citer à ce propos la Chine, la Russie, l'Iran, la Syrie, le Soudan, la Corée du Nord, les États membres de l'ALBA (Bolivie, Cuba, Équateur, Venezuela, etc.) ou encore le Zimbabwe. Figuraient également parmi ces États jusqu'à une période récente l'Irak de Saddam Hussein, la Libye du colonel Kadhafi ou bien la Birmanie de la junte militaire.

Deux types d'États anti-occidentaux peuvent être identifiés. Les premiers sont les États qui sont considérés par les États occidentaux comme des États « voyous » (*Rogue States*) – ils figuraient, par exemple, dans l'« Axe du Mal » défini par George W. Bush en 2002 –, ou comme des États « parias » du système international qui font souvent l'objet de sanctions internationales (Corée du Nord, Iran, Syrie, etc.). Ils sont accusés d'être des sources d'instabilité internationale, de soutenir le terrorisme et de chercher à se doter d'armes de destruction massive (Corée du Nord, Iran) ou même de les utiliser (Syrie). Les seconds sont des grandes puissances qui sont perçues par les Occidentaux comme des menaces de nature militaire ou stratégique (Chine, Russie), notamment parce qu'elles sont des alliées des premiers et s'opposent à l'adoption de sanctions contre eux.

Il n'existe pas pour autant d'« Internationale anti-occidentale » car ces États partagent globalement peu d'intérêts et ont des idéologies souvent extrêmement divergentes, comme par exemple l'Iran et la Chine. Cela ne les empêche pas néanmoins de s'allier sur certains sujets de préoccupation commune, comme la fourniture de ressources énergétiques ou de matières premières ou encore le rejet de l'adoption de sanctions à l'ONU. En définitive, ces États représentent une source de menace importante, mais pas nécessairement majeure, pour les Occidentaux.

Les États de l'Arc de crise

Il est de plus en plus commun de parler d'un « arc de crise » pour définir une zone qui s'étend du Sahel au Pakistan et qui couvre donc les États du Sahel, du Maghreb, de l'Est de l'Afrique (Tchad, Soudan, Éthiopie, Érythrée,

Somalie), du Proche et du Moyen-Orient, de l'Afghanistan et du Pakistan. Ils ont pour caractéristique majeure d'être les principales zones de tensions et de conflits dans le monde.

Ces États ont des niveaux de développement extrêmement divergents, des États parmi les plus riches du monde, comme le Qatar ou les Émirats arabes unis, à ceux figurant parmi les plus pauvres, tels que la Somalie, l'Éthiopie, le Tchad ou le Mali. Ils peuvent être intégrés au système économique international, comme c'est le cas des États du Golfe, mais la plupart sont largement exclus des flux de la globalisation. Ces États peuvent être des alliés des acteurs dominants du système international (Israël, États du Golfe, Maroc, Turquie, Pakistan dans une moindre mesure) ou bien des États « voyous » ou « parias » (Soudan, Somalie, Yémen, Iran, Syrie). En revanche, ils ont quelques caractéristiques communes, comme celle d'avoir une croissance démographique forte avec une population jeune très importante, d'être pour la plupart des États non démocratiques et des États souvent très divisés d'un point de vue religieux (tensions entre chrétiens et musulmans, juifs et musulmans, sunnites et chiites) et ethnique (entre Arabes et Kurdes, Arabes et Perses, Arabes et noirs africains, etc.), ce qui est très souvent une source de très vives tensions internes.

Ces États présentent aussi la particularité d'être à l'origine de la plupart des sources de préoccupations internationales aux yeux des États occidentaux. C'est tout d'abord dans cette zone que l'on peut trouver les principaux conflits ouverts (Afghanistan, Pakistan, Soudan, Syrie), les principales zones de tension (Liban, Gaza, Irak, Iran, Libye, Égypte, Yémen, Somalie, Tchad, Mali, etc.) et les principaux « abcès » du système international qui sont des sources de conflits et de tensions depuis des décennies (Cachemire, Israël-Palestine, Afghanistan). Cette zone est également le principal foyer de développement de l'islamisme radical (Maghreb, Proche et Moyen-Orient, Afghanistan, Pakistan), de groupes et d'activités terroristes et de prolifération d'armes de destruction massive (Pakistan, Iran, éventuellement États du Golfe). C'est également la seule zone dans le monde où des islamistes plus ou moins « modérés » sont ou ont été récemmentau pouvoir (Iran, Égypte jusqu'en juillet 2012, Gaza, Tunisie jusqu'en janvier 2014, Nord-Mali jusqu'en janvier 2012). C'est une zone d'importante instabilité politique aussi depuis le « printemps arabe » de 2011, où nombre d'États sont déliquescents (Somalie, Yémen, Afghanistan, zone du Sahel, partie du Pakistan), tout en étant l'un des principaux pôles de production et surtout de réserves d'hydrocarbures dans le monde.

Pour les États occidentaux, c'est par conséquent de cette zone que proviennent les principales menaces : conflits régionaux, terrorisme, islamisme radical, prolifération, migrations illégales, sécurité des approvisionnements énergétiques, États faillis. C'est également dans cette zone que les principales interventions militaires sous leadership occidental se sont produites depuis quelques décennies : au Liban au début des années 1980, bombardement de la Libye par les États-Unis en 1986, guerre du Golfe en 1991, bombardements de l'Irak par les forces anglo-américaines dans les années 1990, en Afghanistan en 2001, en Irak en 2003, en Libye en 2011 et au Nord-Mali en 2012.

Les États périphériques

Les États périphériques font ici référence à l'ensemble des États qui ne sont pas considérés comme des enjeux importants des relations internationales aux yeux des États occidentaux. Ils ne représentent pas vraiment une menace, que celle-ci soit directe – ils ne sont pas forcément anti-occidentaux, ils ne cherchent pas à se doter par exemple d'armes de destruction massive – ou bien indirecte – ils n'hébergent ou ne soutiennent pas des groupes terroristes. Ils ne représentent pas une source d'instabilité internationale. Leurs ressources naturelles, leur marché ou leur main-d'œuvre ne sont pas jugées vitaux pour l'économie des États développés. Ils constituent par conséquent une sorte d'angle mort du système international du point de vue de ses acteurs dominants. C'est ce qui explique que les conflits et les tensions qui les traversent suscitent généralement une grande indifférence de la part des gouvernements occidentaux, comme des médias.

Ces États périphériques sont souvent de petite taille. Ils peuvent être insulaires ou enclavés. Ils ont la plupart du temps un revenu faible. Ils se trouvent en Afrique subsaharienne, en Asie (Cambodge, Laos, Népal, Sri Lanka, Mongolie), dans le Caucase, en Asie centrale ou en Amérique centrale. Ce sont également des îles des Caraïbes, de l'Océan indien ou du Pacifique. Ces États périphériques peuvent se réunir dans différentes organisations afin de défendre leurs intérêts au sein d'enceintes de négociations internationales. C'est le cas du groupe des pays ACP (Afrique, Caraïbes, Pacifique) ou du G90 dans le cadre de l'OMC (groupe réunissant les pays ACP, les États membres de l'Union africaine et les pays les moins avancés).

Les États déliquescents

Les États déliquescents correspondent aux États que l'on qualifie aussi de faillis. Ce sont les États les plus pauvres qui figurent, pour la plupart, parmi les PMA, dont le revenu par habitant est faible. On peut classer parmi eux l'Afghanistan, le Soudan, le Tchad, le Yémen, Haïti, les États de l'Afrique des Grands lacs, du Sahel ou de la Corne de l'Afrique.

Ce sont des États enlisés dans ce que les économistes appellent une « trappe à pauvreté ». Ils peuvent amorcer un développement économique, mais celui-ci est souvent brusquement interrompu par un « choc », que ce soit un conflit civil, une catastrophe naturelle, des pandémies ou la volatilité du prix des matières premières. Ils ne sont pas en mesure d'assurer les fonctions classiques d'un État. C'est la raison pour laquelle se développent ainsi en leur sein des zones de non-droit dans lesquelles des groupes criminels, des « seigneurs de guerre » ou des mouvements terroristes prolifèrent et sont libres d'exercer leur activité sans être inquiétés par la police et la justice. Le cas le plus emblématique est celui de la Somalie, qui n'a plus vraiment d'État depuis 1991, ou encore de certaines zones du Pakistan (« zones tribales ») ou de très nombreux États d'Afrique subsaharienne, comme la zone du Sahel dans laquelle se multiplient les trafics et prolifèrent des groupes criminels ou des mouvements terroristes. Ils sont aussi totalement exclus du système international et des flux de la globalisation économique. Ils se caractérisent enfin par une absence de démocratie et une croissance démographique rapide.

Ce sont par conséquent des zones dans lesquelles se concentrent la plupart des grands fléaux du système international aux yeux des États occidentaux : conflits endémiques, famines et situations d'urgence alimentaire, pandémies, démographie non maîtrisée, explosion des bidonvilles, développement de groupes terroristes et de groupes criminels, piraterie, enfants-soldats, régimes répressifs, instabilité gouvernementale, corruption généralisée, etc.

Ils ne représentent pas une menace directe pour ces États, à la différence notable des États de l'Arc de crise. En revanche, leur situation souvent anarchique constitue un terreau favorable au développement de groupes ou de situation qui peuvent représenter des menaces pour les Occidentaux, notamment sous la forme d'actes de piraterie ou d'enlèvements de ressortissants de leur pays (Somalie, Niger). Cela peut les amener à intervenir d'un point de vue militaire, comme ce fut le cas en Afghanistan, en Haïti, en Somalie ou aujourd'hui pour lutter contre la piraterie aux larges des côtes somaliennes.

Les quasi-Etats

Les quasi-Etats correspondent à des territoires qui ne sont pas ou plus sous la souveraineté d'un État, mais qui ne sont pas pour autant des États indépendants reconnus en tant que tels, même s'ils en ont quelques-unes des caractéristiques : une organisation politique et juridique, une population, un territoire, des symboles comme un drapeau, une monnaie ou un hymne national. Leur séparatisme a cependant généré des conflits violents et leur existence même ou leur non-reconnaissance constitue une source de tensions dans ces zones. On peut ainsi citer comme quasi-Etats le Sahara Occidental, la Palestine, la République turque de Chypre Nord, la Transnistrie, l'Ossétie du Sud, l'Abkhazie ou le Haut-Karabakh. On a pu observer aussi récemment la formation de nouveaux quasi-Etats de nature « religieuse », comme ce fut le cas au Nord-Mali.

À l'instar des États déliquescents, ces quasi-Etats représentent souvent des zones d'instabilité, soit sous la forme d'un risque de conflit avec l'État dont ils se sont séparés, soit d'une déstabilisation régionale, notamment en lien avec le développement de groupes terroristes en leur sein.

L'essentiel à retenir

- Le Tiers-Monde a éclaté notamment sous l'effet du développement économique rapide des économies émergentes depuis quelques années.

- Il n'existe pas une seule catégorie d'État dans le système international : à côté des États classiques tendent ainsi à proliférer les États faillis et les quasi-États.

- Les États développés représentent une zone de paix durable dans laquelle s'appliquent les principes de la sécurité collective.

- C'est principalement dans la zone de l'Arc de crise que se concentrent les principales zones de conflits et de tensions dans le monde.

- Les principales zones constutuent une menace pour les États occidentaux sont les États déliquescents et surtout les États de l'Arc de crise.

? Testez-vous !

1. Quels sont les trois éléments constitutifs d'un État ?

une organisat° politique et juridique
Une populat°
territoire —

2. Qu'est-ce qu'un État failli ?

C'est un Etat déliquescent.
Etat qui ne parvient pas à garantir la sécurité dans toute l'étendue de son territoire —
dont le pouvoir admin est absent dans une partie du territoire —

3. Quels concepts célèbres ont été inventés par le politologue américain Joseph Nye ?

Le Soft power
Le Hard power

4. À propos de quelles régions parle-t-on d'« Arc de crise » ?

du Sahel au Pakistan et qui couvre les Etats du Sahel du Maghreb de l'Est de l'Afrique (Tchad, Soudan Ethiopie, Erythrée, Somalie) du Proche et du Moyen orient, de l'Afganistan et du Pakistan.

5. Citez trois exemples de quasi-Etats.

Sahara occidental, La Palestine
La République de turque de Chypre nord.

DROIT INTERNATIONAL ET ORGANISATIONS INTERNATIONALES

Chapitre IV
Droit international et justice internationale

Ce que vous allez apprendre

- Les spécificités du droit international public par rapport au droit interne liées au rôle central de l'État souverain dans le système international
- Les principales sources du droit international, avec en particulier les traités
- La mise en place progressive d'une justice pénale internationale pour juger les individus ayant commis les crimes les plus graves
- Le rôle de la Cour pénale internationale (CPI)
- Les crimes de génocide, les crimes contre l'humanité et les crimes de guerre

. LE DROIT INTERNATIONAL PUBLIC

Les spécificités du droit international public

Le droit international public (DIP) est la branche du droit international qui traite des règles et des normes juridiques régissant les relations entre acteurs internationaux, principalement les États et les organisations internationales, tandis que le droit international privé régit les rapports entre personnes physiques et entre personnes morales privées.

Le DIP comporte un certain nombre de spécificités par rapport au droit interne liées aux caractéristiques mêmes du système international. En effet, le principal sujet de ce droit est l'État souverain. Or, celui-ci refuse de reconnaître une autorité qui soit supérieure à la sienne (c'est le principe même de la souveraineté) et par voie de conséquence de se soumettre à une autorité supranationale. En droit interne, les citoyens sont soumis aux actes unilatéraux de l'État qui définissent un certain nombre d'obligations. Cela ne peut être le cas à l'échelle internationale puisqu'un État ne respecte que les obligations qu'il s'est engagé à respecter et se refuse à obéir à des règles qu'il n'a pas lui-même adoptées. De même, il ne peut être jugé à cette échelle qu'à partir du moment où il a accepté de se soumettre à un tel jugement, comme c'est le cas pour les affaires portées devant la Cour internationale de justice (CIJ).

Éclairage

L'expression « droit international » a été employée pour la première fois en 1780 par le philosophe anglais Jeremy Bentham.

Les spécificités du droit international public proviennent également du fait qu'il n'existe pas de pouvoir législatif et de pouvoir exécutif à l'échelle internationale, l'Assemblée générale des Nations unies (AGNU) et le Conseil de sécurité des Nations unies (CSNU) ne pouvant incarner ces pouvoirs. Ainsi, le DIP n'étant pas produit par un pouvoir législatif global, il a principalement pour origine les accords conclus entre les États (les traités) et les pratiques communément admises dans leurs relations (la coutume). Nous y reviendrons. Par ailleurs, en l'absence de tout exécutif international, le DIP est très difficile à mettre en œuvre. Il n'existe pas, en effet, d'autorité supranationale et de forces de police internationale susceptibles d'exécuter une décision ou un jugement et de veiller à leur respect. La notion de « gendarme international », souvent attribuée aux États-Unis, n'apparaît pas crédible de ce point de vue à partir du moment où la priorité des États est d'abord de défendre leurs intérêts nationaux. Si un État se présente comme « gendarme international » dans une situation donnée, c'est qu'il a plus ou moins un intérêt en jeu. Cela signifie que l'application du DIP dépend en grande partie du bon vouloir des États et de leur volonté de coopérer.

Enfin, il convient d'admettre que le droit international apparaît souvent comme le reflet de rapports de force, que ceux-ci soient de nature politique, militaire ou économique. Il peut être donc assimilé à un droit des vainqueurs, notamment suite à un conflit. Certains lui reprochent ainsi d'être dominé par des conceptions occidentales, en particulier à partir du moment où il a été historiquement d'abord influencé par des conceptions, des coutumes et des traités européens.

Ainsi, par exemple, dans le cadre de sa compétence consultative, la CIJ a déclaré en juillet 2004 suite à la demande d'avis consultatif soumise par l'Assemblée générale des Nations unies que l'édification du mur par Israël en Cisjordanie était contraire au droit international. Le communiqué de presse de la CIJ indique qu'« Israël est dans l'obligation de mettre un terme aux violations du droit international dont il est l'auteur ; il est tenu de cesser immédiatement les travaux d'édification du mur qu'il est en train de construire dans le territoire palestinien occupé » et que « tous les États sont dans l'obligation de ne pas reconnaître la situation illicite découlant de la construction du mur ». Or, en réaction à cette condamnation, l'État d'Israël a réaffirmé le principe de souveraineté en indiquant que la CIJ n'était pas compétente pour traiter de « sujets politiques litigieux » et que « les sujets litigieux ne peuvent être présentés à la Cour qu'avec l'accord de toutes les parties[1] ». La décision de la CIJ n'a eu donc aucun effet réel.

Les sources du droit international public

La CIJ mentionne dans l'article 38 de son statut quelles sont les sources du droit international public. Cet article stipule que, dans sa mission consistant à « régler conformément au droit international les différends qui lui sont soumis », la Cour applique « les conventions internationales [...] établissant des règles expressément reconnues par les États en litige ; la coutume internationale comme preuve d'une pratique générale acceptée comme étant le droit ; les principes généraux de droit reconnus par les nations civilisées ; [...] les décisions judiciaires et la doctrine des publicistes les plus qualifiés comme moyen auxiliaire de détermination des règles de droit ». Les trois principales sources du droit international public sont donc les traités (ou conventions internationales), la coutume internationale et enfin les principes généraux de droit.

La coutume est considérée comme la plus ancienne source du droit international et a joué de fait un rôle décisif dans sa formation. La Société des nations

1. Ministère israélien des Affaires étrangères, « Sauver des vies : la clôture antiterroriste d'Israël », 15 octobre 2004, http://mfa.gov.il/MFA/MFAFR/MFA-Archive/Pages/Sauver des Vies- La cloture antiterroriste dIsrael.aspx

(SDN), puis l'Organisation des Nations unies (ONU), à travers la Commission du droit international, ont ainsi cherché à codifier les coutumes internationales. Auparavant, les conventions de La Haye de 1899 et de 1907, à l'occasion des première et deuxième conférences internationales de la paix, l'avait fait, par exemple, pour le droit de la guerre. Comme on l'a vu, la coutume est définie par la CIJ comme la « preuve d'une pratique générale acceptée comme étant le droit ». Elle est par conséquent la reconnaissance par le droit positif d'une pratique internationale de la part d'un grand nombre d'États ou d'organisations internationales qui est générale, constante (elle doit exister depuis longtemps, d'où le célèbre adage « une fois n'est pas coutume ») et qu'ils appliquent en considérant qu'il s'agit là d'une obligation juridique. Figurent, par exemple, parmi les coutumes internationales, l'immunité diplomatique, ou la liberté de navigation en haute mer ou le principe *Pacta sunt servanda*.

Éclairage

L'expression latine *Pacta servanda*, qui est définie l'article 26 de la Convent Vienne sur le droit des tr signifie que les obligatio découlant des traités doi être exécutées de bonne les Etats parties. Ils doiv respecter leurs engagem les faire également resp leurs citoyens.

Les principes généraux du droit international sont la transposition en droit international des grands principes reconnus par les différents systèmes juridiques nationaux. Ils visent en fait à combler les lacunes des deux autres sources principales du DIP, à savoir le droit des traités et le droit coutumier international. Ces principes sont reconnus par la jurisprudence internationale. C'est le cas, par exemple, des principes de l'égalité souveraine des États, de non-ingérence, de non-intervention, du respect des droits de la défense ou encore de l'égalité des parties.

On tend généralement à considérer qu'il n'existe pas de hiérarchie des sources du droit international, même si ce sont surtout les traités qui sont la principale source de ce droit. Certains juristes ont néanmoins introduit une hiérarchie en la matière avec à son sommet les normes impératives du droit international, appelées *Jus Cogens*, auxquelles les États devraient se conformer. Cette notion a d'ailleurs été reprise dans la Convention de Vienne sur le droit des traités de 1969. Il s'agit, selon l'article 53 de la Convention, d' « une norme acceptée et reconnue par la communauté internationale des États dans son ensemble en tant que norme à laquelle aucune dérogation n'est permise et qui ne peut être modifiée que par une nouvelle norme du droit international général ayant le même caractère ». Cette notion est néanmoins contestée. La France, par exemple, n'a pas adopté la Convention de Vienne justement en grande partie en raison de sa référence au *Jus Cogens* en soulignant le risque que des traités multilatéraux ou des résolutions de l'AGNU puissent être considérés comme de telles normes devant donc s'imposer y compris aux États ne les ayant pas adoptées. Par ailleurs, il n'existe pas de texte officiel précisant quelles sont ces normes impératives. Il est cependant admis que figurent parmi celles-ci l'interdiction du recours à la force, de l'agression internationale, de la piraterie, de l'esclavage, du génocide, de l'apartheid, des crimes de guerre, des crimes contre l'humanité, de la torture ou des atteintes aux droits fondamentaux de la personne humaine.

Les traités

Les traités sont les accords internationaux par excellence. D'autres termes équivalents peuvent être employés, tels que conventions, accords, pactes, chartes, protocoles ou concordats (pour les accords conclus entre le Saint-Siège et les États). La Charte des Nations unies est, par exemple, l'un des traités les plus connus et les plus importants dans le système international actuel. Le droit des traités est codifié par les Conventions de Vienne de 1969 et de 1986. La Convention de Vienne sur le droit des traités a été signée en mai 1969 et est entrée en vigueur en janvier 1980. Elle a été complétée par la Convention de Vienne de 1986 sur le droit des traités entre États et organisations internationales et entre organisations internationales qui a été signée en mars 1986. Celles-ci définissent les règles relatives à la conclusion, l'application, la modification, l'interprétation et l'extinction des traités en codifiant en large partie les pratiques internationales déjà existantes.

Un traité est un accord international écrit régi par le droit international qui est conclu entre sujets du droit international public (États, organisations internationales) et qui est destiné à produire des effets de droit pour ses signataires. Les États qui le signent en toute souveraineté s'engagent donc à respecter les engagements qu'il contient, sans quoi ils contreviennent au droit international. Seuls les sujets du droit international public, à savoir les États et les organisations internationales, peuvent signer et ratifier des traités. Un accord conclu entre des entités subétatiques, des régions par exemple, ou entre un État et un particulier n'est pas considéré comme un traité.

Les traités ou conventions internationales peuvent avoir des formes différentes. Néanmoins, on retrouve dans un traité traditionnel trois parties : (1) un préambule contenant la liste des parties ; (2) le corps du traité divisé généralement en articles ; et (3) les signatures. Des parties peuvent également émettre des réserves. Il s'agit d'une déclaration unilatérale faite par un État lorsqu'il signe et ratifie un traité ou lorsqu'il y adhère.

Il existe des traités bilatéraux, plurilatéraux et multilatéraux en fonction de nombre de parties signataires. Les premiers sont des traités conclus entre deux États ou entre un État et une organisation internationale, tandis que les seconds sont des traités signés par plusieurs États, sans être ouverts pour autant aux autres États et les troisièmes sont des traités entre plus de deux États et ouverts à l'ensemble des États. On distingue également les accords en forme simplifiée des accords en forme solennelle en fonction de la nature de l'autorité qui le conclut et de son mode d'approbation (signature et/ou ratification). L'accord en forme simplifiée est un accord conclu au nom du gouvernement et qui ne fait pas l'objet d'une ratification par le Parlement. En France, il est généralement signé par le ministre des Affaires étrangères. Il s'agissait initialement de la pratique par l'exécutif des États-Unis des *Executive Agreements* qui visaient à contourner la procédure de ratification des traités par le Sénat à la majorité des deux tiers prévue par la Constitution américaine. Cette pratique s'est progressivement généralisée en dehors des États-Unis. L'accord en forme solennelle est un traité classique conclu au nom du chef de l'État et qui doit faire l'objet d'une ratification par le Parlement. En France, il est donc signé directement par le président de la République ou en son nom.

Éclairage

Le droit de la mer, largement coutumier, a été codifié par les conventions adoptées lors de la Conférence des Nations unies sur le droit de la mer de Genève en 1958, puis par la Convention des Nations unies sur le droit de la mer signée à Montego Bay en Jamaïque en 1982 et entrée en vigueur en 1994. Un État peut ainsi exercer sa souveraineté sur ses eaux territoriales, ou mer territoriale, jusqu'à 12 milles marins (1 mille marin équivalant à environ 1 852 mètres). Il existe aussi une zone dite contiguë jusqu'à 24 milles marins sur laquelle l'État dispose de droits de douane et de police. La Convention de Montego Bay a défini également la notion de zone économique exclusive (ZEE). C'est un espace maritime sur lequel un État côtier a des droits souverains pour l'exploration, l'exploitation, la conservation et la gestion des ressources naturelles, biologiques et non biologiques. La ZEE s'étend jusqu'à 200 milles marins (soit environ 370 km) des lignes de base à partir desquelles la largeur de la mer territoriale est mesurée dans cette zone. Au-delà, il y a la haute mer qui correspond aux eaux internationales où il existe une liberté totale de navigation.

La Cour internationale de justice (CIJ)

La principale organisation internationale chargée de veiller au respect du droit international public est la CIJ, le principal organe judiciaire des Nations unies appelé aussi Cour mondiale. Elle a une compétence contentieuse et consultative. Elle est compétente pour trancher les litiges qui lui sont soumis par les États, à savoir un désaccord sur un point de droit ou de fait, une contradiction, une opposition de thèses juridiques ou d'intérêts. En revanche, la CIJ n'est pas compétente pour juger les individus, à la différence notable de la Cour pénale internationale (CPI), ou les personnes morales privées. Elle peut également donner des avis consultatifs sur les questions juridiques que peuvent lui poser des organes et des institutions spécialisées de l'ONU. Elle est composée de 15 juges élus par l'AGNU et le CSNU pour un mandat de 9 ans. Elle a remplacé la Cour permanente de justice internationale (CPJI), qui avait été instaurée par la SDN et qui a siégé de 1922 à 1946. Celle-ci avait été la première juridiction internationale permanente dotée d'une compétence générale. Le mode de fonctionnement de la CIJ est néanmoins très symptomatique de la nature spécifique du système international fondé sur le principe de souveraineté étatique. La CIJ ne peut ainsi régler un différend entre États sans le consentement des États en question. Un État ne peut donc être jugé sans son consentement.

II. LA JUSTICE PÉNALE INTERNATIONALE

Les Tribunaux pénaux internationaux pour l'ex-Yougoslavie et pour le Rwanda

La fin de la guerre froide a remis au goût du jour l'idée de tribunaux internationaux pour juger des crimes de guerre, des crimes contre l'humanité et des génocides qui avaient été instaurés après la Seconde Guerre mondiale avec les tribunaux de Nuremberg et de Tokyo pour juger respectivement les crimes de guerre nazis et japonais. Le Conseil de sécurité des Nations unies a ainsi créé au début des années 1990 deux organes subsidiaires pour juger les violations graves du droit humanitaire international commises en ex-Yougoslavie à partir de 1991, avec le Tribunal pénal international pour l'ex-Yougoslavie (TPIY), et au Rwanda et par des Rwandais sur le territoire d'États voisins à partir de 1994, avec le Tribunal pénal international pour le Rwanda (TPIR).

Le TPIY, qui a été créé en 1993, est le premier tribunal pour crimes de guerre institué par les Nations unies et le premier tribunal international à juger de tels crimes depuis les tribunaux de Nuremberg et de Tokyo. Le TPIR a été créé un an plus tard. Le premier acte d'accusation établi par le TPIY l'a été en novembre 1994 contre Dragan Nikolic pour des crimes commis en Bosnie-Herzégovine. Le premier procès devant le TPIY s'est ouvert en mai 1995 et le premier jugement a été rendu en novembre 1996, à propos du massacre de Srebrenica en Bosnie-Herzégovine. Le Tribunal a notamment mis en accusation Sloboban Milosevic pour « crimes contre l'humanité et violations des lois ou coutumes de la guerre » au Kosovo dès le mois de mai 1999 alors qu'il exerçait encore la fonction de chef de l'État de la République fédérale de Yougoslavie. Il a été arrêté en avril 2001, puis transféré au TPIY en juin de la même année et son procès s'est ouvert en février 2002. Il est mort en prison en mars 2006, avant la fin de son procès.

La Cour pénale internationale (CPI)

Un certain nombre d'acteurs du système international, en particulier les organisations internationales non gouvernementales (OING) de protection des droits humains, militent depuis longtemps pour qu'il soit mis fin à l'impunité des responsables gouvernementaux dans la répression de leur propre population au nom du principe de non-ingérence dans les affaires intérieures et, plus largement, de tous ceux qui commettent les crimes les plus graves. Ceci a conduit à la mise en place progressive depuis les années 1990 d'un système judiciaire international jugeant les individus avec en particulier la création de la Cour pénale internationale (CPI).

La CPI est une cour permanente, à la différence des tribunaux pénaux instaurés pour juger les crimes commis durant un conflit et une période spécifiques. Contrairement au TPIY, au TPIR ou à la CIJ, elle n'appartient pas au système des Nations unies. Le Statut de Rome qui régit la CPI a été signé en juillet 1998 et est entré en vigueur en juillet 2002. De nombreux États, et non des moindres, se sont pourtant vivement opposés à sa création. C'est le cas en particulier des États-Unis, de la Chine, de l'Inde, de la Russie, mais aussi d'Israël, de l'Arabie Saoudite, de l'Iran ou de la Syrie qui n'ont pas signé le Statut de Rome car ils craignent notamment que, pour une raison ou pour une autre, certains de leurs ressortissants puissent être jugés devant la Cour.

La CPI est une cour compétente pour juger les personnes ayant commis depuis 2002, c'est-à-dire depuis l'entrée en vigueur du Statut de Rome, les « crimes les plus graves ayant une portée internationale » (art. 1er du Statut de Rome), à savoir le crime de génocide, les crimes contre l'humanité et les crimes de guerre. Sont justiciables les ressortissants des États ayant signé le Statut de Rome pour un crime commis depuis le 1er juillet 2002 sur le territoire d'un État signataire. La peine maximale requise est de 30 ans, mais la Cour peut éventuellement prononcer une peine d'emprisonnement à perpétuité.

Le premier procès devant la CPI s'est ouvert en janvier 2009, contre l'ancien chef de milice congolais Thomas Lubanga Dyilo, qui avait été arrêté en mars 2006 et qui est accusé d'avoir utilisé des enfants-soldats en République démocratique du Congo (RDC). La première condamnation a été prononcée contre lui en juillet 2012. La Cour s'est également distinguée en lançant des mandats d'arrêts internationaux contre des chefs d'État en exercice, comme le président soudanais Omar el-Béchir en 2009 ou le colonel Kadhafi en 2011. La difficulté pour la CPI réside bien entendu dans le fait qu'elle ne dispose pas de forces de police qui lui soient propres. L'arrestation des suspects passe donc par la coopération des États et peut par conséquent se heurter à leur souveraineté, même si les États signataires du Statut de Rome sont dans l'obligation de coopérer avec la Cour.

III. LES CRIMES LES PLUS GRAVES

Le crime de génocide

Les crimes jugés par la justice pénale internationale sont bien entendu les plus graves du point de vue de la communauté internationale. Ils sont d'ailleurs imprescriptibles. Le premier d'entre eux est le crime de génocide. Le terme « génocide » a été inventé en 1943 par le juriste polonais Raphaël Lemkin, qui a été le principal rédacteur de la Convention pour la prévention et la répression du crime de génocide de 1948. Il apparaît pour la première fois dans un document officiel en 1945 à l'occasion du procès de Nuremberg. Selon la Convention de 1948, un génocide correspond à des actes « commis dans l'intention de détruire, ou tout ou en partie, un groupe national, technique, racial ou religieux, comme tel » (art. II) : massacres de masse, atteinte grave à l'intégrité physique ou mentale de membres du groupe visé, déplacements forcés ou famines délibérément provoquées, stérilisations forcées et transfert forcé d'enfants du groupe à un autre groupe. Le génocide correspond donc à un certain nombre de crimes commis dans l'intention de détruire un groupe spécifique en tant que tel. Si les crimes perpétrés peuvent être prouvés, en revanche, il est souvent très difficile de démontrer l'existence d'une planification de la destruction systématique d'un groupe. C'est ce qui explique la difficulté pour les juges de juger un tel crime. C'est dans le cadre du conflit au Rwanda qu'en 1998 une première condamnation pour génocide a été prononcée depuis que ce crime a été défini par la Convention pour la prévention et la répression du crime de génocide de 1948.

Éclairage

Différents génocides ont été reconnus et répertoriés en tant que tels. C'est le cas des génocides commis durant la Seconde Guerre mondiale – contre les Juifs (1941-1945, Shoah) et les Tziganes (1939-1944) –, des génocides au Cambodge (1975-1979) et au Rwanda (1994, contre les Tutsis). En revanche, d'autres génocides restent controversés comme le génocide arménien (1915-1916), non reconnu par la Turquie, le génocide ukrainien (1931-1933, Holodomor), reconnu comme tel par l'Ukraine en 2006, ou encore le génocide amérindien.

Les crimes contre l'humanité et les crimes de guerre

Les crimes contre l'humanité ont été définis en premier lieu dans le Statut du Tribunal militaire international de Nuremberg en août 1945, puis dans l'article

7 du statut de Rome de la CPI. Ils représentent bien entendu les crimes les plus graves commis contre des populations civiles : meurtre, extermination, réduction en esclavage, déportation ou transfert forcé de population, emprisonnement ou autre forme de privation grave de liberté physique ; viol, esclavage sexuel, prostitution forcée, grossesse forcée, stérilisation forcée ; persécution de tout groupe ou de toute collectivité identifiable pour des motifs d'ordre politique, racial, national, ethnique, culturel, religieux ou sexiste ; et toute autre forme d'actes inhumains causant intentionnellement de grandes souffrances ou des atteintes graves à l'intégrité physique ou à leur santé physique ou mentale.

Les crimes de guerre correspondent aux infractions au droit de la guerre commises lors de conflits. Il existe, en effet, un droit des conflits armés (ou droit international humanitaire) qui est codifié dans les célèbres conventions de Genève. Quatre conventions ont été, en effet, signées à Genève en 1949. Elles portent sur l'amélioration du sort des blessés et des malades dans les forces armées en campagne ; l'amélioration du sort des blessés, des malades et des naufragés des forces armées sur mer ; le traitement des prisonniers de guerre ; et la protection des personnes civiles en temps de guerre. Parmi les principaux crimes de guerre mentionnés dans l'article 8 du statut de Rome de la CPI, qui reprend les infractions graves aux Conventions de Genève de 1949, on peut mentionner l'homicide intentionnel, la torture, les pillages, le fait de tuer ou de blesser un combattant qui s'est rendu ou de contraindre un prisonnier de guerre à servir dans les forces d'une puissance ennemie, les déportations, les attaques menées délibérément contre des civils ou encore le recours à des « boucliers humains ».

ATTENTION !

L'organe des Nations unies en charge des droits de l'homme est le Conseil des droits de l'homme. La Commission des droits de l'homme, largement discréditée, a été remplacée en mars 2006 par ce Conseil qui a la responsabilité de renforcer la promotion et la protection des droits de l'homme dans le monde. Il existe également un Haut-commissariat aux droits de l'homme qui est chargé de veiller à l'application des instruments internationaux de protection des droits de l'homme.

L'essentiel
à retenir

- Le droit international public se distingue nettement du droit interne car le principal sujet de ce droit, l'État, n'accepte aucune autorité qui soit supérieure à la sienne.

- Les principales sources du droit international public sont les traités, la coutume internationale et les principes généraux du droit.

- La Cour internationale de justice, qui est le principal organe judiciaire des Nations unies, juge les litiges entre États.

- Les tribunaux pénaux internationaux pour l'ex-Yougoslavie et pour le Rwanda ont été les premiers à avoir été mis en place depuis les tribunaux de Nuremberg et de Tokyo pour juger les criminels de guerre commis durant la Seconde Guerre mondiale.

- La Cour pénale internationale est la première cour permanente qui juge les individus ayant commis les crimes les plus graves.

- Les crimes les plus graves sont les crimes de génocide, contre l'humanité et de guerre.

Testez-vous !

1. Qu'est-ce que régissent les conventions de Vienne ?

2. Qu'est-ce que le Jus Cogens ?

3. Quelle est la principale différence entre les accords en forme simplifiée et les accords en forme solennelle ?

4. Qu'est-ce qu'un génocide ?

5. À quoi correspondent les conventions de Genève ?

➤ Chapitre V
Les organisations internationales (I) : Le système onusien

Ce que vous allez apprendre

- Les principales caractéristiques des organisations internationales intergouvernementales (OIG)
- Les principaux types d'OIG
- Les objectifs, la structure et le fonctionnement des principaux organes de l'Organisation des Nations unies (ONU)
- Le rôle spécifique du Conseil de sécurité des Nations unies
- Le rôle de l'Assemblée générale des Nations unies et du Secrétaire général de l'ONU

I. LES ORGANISATIONS INTERGOUVERNEMENTALES

Définition et rapide historique des organisations internationales

Le concept d'« organisation internationale » a été défini pour la première fois en 1956 par le juriste britannique Sir Gérald Fitzmaurice. Pour lui, il s'agit d'« un groupement d'États établi par convention, doté d'une constitution et d'organes communs, possédant une personnalité distincte de celle de chacun des États qui le composent et ayant la qualité de sujet de droit international avec compétence pour conclure des traités[1] ». Selon cette définition, une organisation internationale (OI) est une « organisation intergouvernementale », c'est-à-dire une organisation interétatique dans laquelle les États-membres sont représentés par leurs gouvernements, qui a été créée par les États sur la base d'un « acte constitutif » dénommé de façon différente selon les organisations (charte, constitution, pacte, statuts, traité, etc.) et déterminant « les règles de l'Organisation », ainsi que « sa mission ». Celle-ci est mise en œuvre par l'ensemble des « organes de l'Organisation », qu'ils soient « principaux » ou « subsidiaires », qui sont dotés d'un personnel permanent, d'un siège situé sur le territoire d'un État et d'un financement provenant des États-membres. Enfin, une organisation internationale possède la personnalité juridique internationale.

Même si le concept d'organisation internationale est le plus souvent associé aux organisations internationales intergouvernementales (OIG), il existe cependant d'autres OI dont la spécificité réside dans le fait que leurs membres ne sont pas des États. C'est notamment le cas des organisations non-gouvernementales (ONG) et des organisations internationales non-gouvernementales (OING) qui sont des associations nationales ou internationales sans but lucratif regroupant des personnes privées. À la différence des OIG, les ONG et les OING sont indépendantes des États et n'ont pas de personna-

Éclairage

Une organisation internationale possède une personnalité juridique distincte de celle des États qui la composent. À ce titre, elle est titulaire de droits et d'obligations. Elle a ainsi la capacité de négocier, de conclure et de signer des accords internationaux juridiquement contraignants, mais aussi d'avoir un patrimoine, de contracter (par exemple de signer des contrats de travail) et d'ester en justice, à savoir d'être assignée en justice ou bien d'assigner en justice. L'article 104 de la charte des Nations unies indique à ce propos que « l'organisation jouit sur le territoire de chacun de ses membres de la capacité juridique qui lui est nécessaire pour exercer ses fonctions et atteindre ses buts ».

1. Annuaire de la Commission du Droit international de 1956 dans la partie sur le droit des Traités (A/CN.4/101).

lité juridique. Parmi les OING les plus connues, on peut citer Médecins sans frontières, Amnesty International, le Comité international de la Croix rouge, Greenpeace, Oxfam, Care ou WWF.

L'émergence et le développement des organisations internationales sont liées à l'évolution des relations entre les États, et en particulier à la nécessité pour eux de coopérer dans un certain nombre de domaines. Les premières organisations internationales datent ainsi du XIXe siècle avec la création de la Commission centrale du Rhin prévue par le Traité de Vienne en 1815 et signée en 1831 par les États riverains pour faciliter la navigation sur le Rhin, suivie en 1856 par la création de la Commission européenne du Danube. Quelques années plus tard, plusieurs organisations internationales destinées à faciliter les communications ont été mises en place, telles que l'Union télégraphique internationale (1865), le Bureau international des poids et mesures (1875), l'Union postale universelle (1878) ou l'Union pour la protection des œuvres littéraires et artistiques (1883). De nombreuses organisations internationales ont été également créées tout au long du XXe siècle, notamment après la Seconde Guerre mondiale. Il existe aujourd'hui près de 250 organisations intergouvernementales.

Typologies des OIG

On distingue généralement deux types d'OIG en fonctions de leurs objectifs. Le premier correspond aux OIG généralistes dont les objectifs portent sur l'ensemble des relations internationales conçues comme des relations pacifiques basées sur la coopération entre États (Société des Nations-SDN, Organisation des Nations unies-ONU). Le second type est celui des OIG spécialisées qui peuvent être classées en plusieurs groupes : des organisations économiques (Organisation de coopération et de développement économiques-OCDE, Organisation mondiale du commerce-OMC), financières (Fonds monétaire international, Banque mondiale, banques régionales de développement telles que la Banque africaine de développement-BAD, la Banque asiatique de développement-BASD ou la Banque interaméricaine de développement-BID), politiques (Conseil de l'Europe), militaires (Organisation du traité de l'Atlantique Nord-OTAN), de sécurité (Organisation pour la sécurité et la coopération en Europe-OSCE), sociales (Organisation internationale du travail-OIT, Organisation mondiale de la santé-OMS), culturelles (Organisation des Nations unies pour l'éducation, la science et la culture -UNESCO) et techniques (Agence internationale de l'énergie atomique-AIEA, Union internationale des télécommunications-UIT). Il est possible également de classer les OIG en fonction de leur composition ou dleur degré d'ouverture : organisations universelles (ONU), régionales regroupant différents États situés dans la même zone géographique (Union européenne, Union africaine) et restreintes avec des conditions d'admission plus ou moins rigoureuses, à l'instar de l'OCDE, qui regroupe les États les plus avancés sur le plan économique, à l'exception de trois pays émergents, à savoir le Chili, le Mexique et la Turquie ; de l'Organisation des pays exportateurs de pétrole (OPEP) qui réunit les principaux exportateurs de pétrole ; de la Ligue des États arabes ; ou de l'Organisation internationale de la francophonie (OIF).

Diplomatie des conférences

Le fonctionnement des OIG est assuré par leurs organes dont les compétences et les pouvoirs sont définis dans leurs documents constitutifs. En général, chaque OIG est représentée sur la scène internationale par un haut fonctionnaire le plus souvent appelé secrétaire général (ONU, OCDE, OPEP, OTAN, Union africaine), mais aussi directeur général (FMI) ou encore président (Banque mondiale), qui s'appuie dans son travail quotidien sur un secrétariat général permanent. Les fonctions exécutives et législatives sont normalement attribuées à des organes intergouvernementaux suprêmes représentant à égalité tous les États-membres et se réunissant généralement une ou deux fois par an. Dans certaines OIG, il existe des organes plus restreints où seulement quelques États sont représentés : Conseil de sécurité à l'ONU composé de 15 membres dont cinq permanents et dix non-permanents ou Conseil d'administration au FMI réunissant 24 directeurs où quelques États-membres sont représentés par leur propre directeur, alors que les autres États-membres sont réunis par groupe sur des critères géographiques avec un directeur représentant tous les pays du groupe.

L'objectif principal des OIG consiste à créer un cadre institutionnel de négociations multilatérales fondé sur des règles établies par chaque organisation dans son domaine de compétences. Les multiples réunions qui se déroulent dans le cadre des OIG forment ainsi ce que Johan Kaufmann appelle une « diplomatie des conférences[1] » permettant aux États-membres de pouvoir se concerter et coopérer dans différents domaines où ils ont des intérêts communs. Par conséquent, la compétence normative dont jouissent certaines OIG est très importante car elle leur permet d'imposer des normes et des standards à leurs États-membres. C'est notamment le cas de la plupart des agences spécialisées des Nations unies mettant en œuvre des directives et des réglementations relatives au travail et à l'emploi (OIT), à la santé (OMS), à

1. *Conference Diplomacy*, Martinus Nijhoff Publisher, 1988.

l'agriculture et à la sécurité alimentaire (Organisation des Nations unies pour l'alimentation et l'agriculture-FAO), à la sécurité nucléaire (AIEA) ou encore à la stabilité financière (FMI). Toutefois, à partir du moment où les représentants des États-membres qui la composent défendent leurs intérêts propres, il existe nécessairement des tensions entre l'intérêt général de l'organisation et les intérêts particuliers de ces États.

L'appartenance aux OIG

Les conditions pour devenir membre d'une OIG sont définies dans son document constitutif. Ainsi, la Charte de l'ONU stipule dans son article 4 que « peuvent devenir membres des Nations unies tous autres États pacifiques qui acceptent les obligations de la présente Charte et, au jugement de l'Organisation, sont capables de les remplir et disposés à le faire ». L'admission de tout État remplissant les conditions requises se fait par décision de l'Assemblée générale des Nations unies sur recommandation du Conseil de sécurité qui peut s'y opposer si l'un de ses cinq membres permanents utilise son droit de veto.

Une fois qu'un État devient membre d'une OIG, il obtient le droit d'intégrer l'ensemble de ses organes, de participer au vote et de bénéficier des avantages que représente son adhésion à l'organisation. Certaines OIG permettent à des États qui ne sont pas des membres officiels d'assister à leurs travaux et discussions en tant que pays observateurs. Ainsi, même si le statut de pays observateur ne figure pas officiellement dans la Charte de l'ONU, les États non-membres ayant déjà intégré une ou plusieurs des institutions spécialisées de l'ONU peuvent demander le statut d'observateur permanent qui leur accorde le droit d'assister aux travaux et aux réunions annuelles de l'Assemblée générale. En 2013, deux territoires avaient le statut d'observateur permanent auprès de l'ONU : la Palestine et le Saint-Siège.

Tous les États membres d'une OIG disposent normalement des mêmes droits et ont les mêmes obligations, mais en réalité le principe d'égalité souveraine des États, c'est-à-dire « un État, une voix », n'est pas toujours appliqué. Alors que ce principe est respecté au sein de l'Assemblée générale de l'ONU où siègent les représentants de l'ensemble des États-membres, il ne s'applique pas au Conseil de sécurité composé uniquement de 15 membres et dont les cinq membres permanents disposent d'un droit de veto. La pondération des voix qui peut exister au sein des organes décisionnels de certaines OIG est le plus souvent établie en fonction de la contribution de chaque État-membre au budget de l'organisation sur la base de son poids économique (FMI, Banque mondiale) ou de son poids démographique (Union européenne). Ainsi, au sein du FMI et de la Banque mondiale, les pays occidentaux, les États-Unis en tête, sont les plus gros contributeurs au budget et ont, par conséquent, un poids supérieur, voire décisif, dans la prise de décision. Il est aussi bien évident que les organisations internationales qui ont l'impact le plus important dans le système international sont celles qui ont à leur tête une sorte de « directoire » formé par les représentants des principaux États (Conseil de sécurité, FMI, Banque mondiale), tandis que celles qui sont basées sur le principe d'égalité souveraine des États, et où par conséquent le poids des États du Sud est prépondérant, n'ont au final que peu d'influence et s'en tiennent généralement à des recommandations dont l'application est laissée au libre choix des États.

II. L'ORGANISATION DES NATIONS UNIES

De la SDN à l'ONU

L'Organisation des Nations unies est l'organisation la plus représentative au niveau mondial car elle regroupe le plus grand nombre d'États-membres, au total 193 début 2014. L'ONU a succédé à la Société des Nations (SDN), qui avait été fondée en 1919 dans le but de mettre en place une organisation internationale pour veiller au maintien de la paix par la promotion de la coopération entre les États, et éviter ainsi qu'une nouvelle guerre mondiale ne se reproduise après la Première Guerre mondiale. La SDN n'est malheureusement pas parvenue à atteindre ses objectifs en raison de l'absence de moyens militaires propres et de la dépendance vis-à-vis des contributions des États-membres, mais surtout en raison de l'absence de soutien de la part de plusieurs grandes puissances de l'époque : les États-Unis n'ont jamais intégré la SDN suite au refus du Congrès américain de signer le traité d'adhésion, alors que l'organisation avait été créée sur la base des propositions du président américain Woodrow Wilson ; l'Italie et le Japon s'en retirent dans les années trente, l'Allemagne, membre depuis 1926, quitte quant à elle l'organisation en 1933, et l'URSS en devient membre en 1934, mais seulement pour 5 ans.

Malgré l'échec de la SDN, le projet visant la création d'une organisation mondiale réunissant le plus grand nombre d'États n'a pas pour autant disparu. Il a été notamment inscrit dans la Charte de l'Atlantique signée en 1941 par le président américain Franklin Roosevelt et le premier ministre britannique Winston Churchill. Le projet a été précisé lors de différentes conférences internationales regroupant les dirigeants des puissances alliées, notamment les États-Unis, le Royaume-Uni, l'URSS et la Chine, d'abord à Moscou en octobre 1943, à Dumbarton Oaks en octobre 1944, puis en Yalta en février 1945. Il a abouti à l'organisation de la conférence de San Francisco du 25 avril au

26 juin 1945 durant laquelle les représentants de 51 pays ont élaboré et signé le 26 juin la Charte de l'Organisation des Nations unies. La Charte entre en vigueur le 24 octobre 1945 (date désormais célébrée dans le monde entier comme la Journée des Nations unies) après sa ratification par les cinq grandes puissances de l'époque (États-Unis, France, Chine, Royaume-Uni, URSS) et la plupart des autres pays signataires. La première Assemblée générale qui se tient le 10 janvier 1946 dissout la SDN, ses principes et une partie de sa structure étant néanmoins conservés et repris dans la Charte des Nations unies.

Cette charte fixe, tout d'abord, les objectifs principaux de l'organisation, à savoir le maintien de la paix et de la sécurité internationales, le développement de relations « amicales » entre les États fondées sur le respect du principe de l'égalité de droit des peuples et de leur droit à disposer d'eux-mêmes et le renforcement de la coopération internationale par la résolution des « problèmes internationaux d'ordre économique, social, intellectuel ou humanitaire ». Elle établit également les grands principes régissant les relations entre les États, notamment le principe de l'égalité souveraine de tous ses membres (Art. 2), le principe d'interdiction de recourir à la menace ou à l'emploi de la force contre l'intégralité territoriale ou l'indépendance politique de tout État (Art. 4) et le principe de non-ingérence interdisant toute intervention dans les affaires qui relèvent de la compétence nationale d'un État (Art. 7). Enfin, la Charte de l'ONU définit les droits et les obligations des États-membres, ainsi que la structure de l'organisation basée sur six organes : l'Assemblée générale, le Conseil de sécurité, le Secrétariat, le Conseil économique et social, le Conseil de tutelle et la Cour internationale de justice.

Les organes des Nations unies

L'Assemblée générale des Nations unies (AGNU)

L'Assemblée générale se compose des représentants de tous les États membres des Nations unies et applique le principe d'« un État, une voix » lors des séances de vote. Les décisions sur les questions importantes, comme l'élection des membres non-permanents du Conseil de sécurité, l'admission de nouveaux États-membres, la suspension des droits et privilèges d'un État-membre, l'examen et l'approbation du budget de l'ONU et la répartition des contributions des États-membres, sont prises à la majorité des deux tiers des membres présents et votants. Sur les autres questions, les décisions sont prises à la majorité simple. Certaines compétences de l'AGNU sont exclusives, notamment le vote du budget des Nations unies, l'examen des rapports des autres organes, la protection des droits de l'homme, alors que d'autres, les plus importantes, sont partagées, notamment avec le Conseil de sécurité, surtout quand il s'agit de l'admission de nouveaux membres, de la nomination du Secrétaire général de l'ONU ou de décisions liées au maintien de la paix. Les décisions de l'Assemblée générale sont généralement des recommandations. Cela signifie qu'elles n'ont pas de caractère juridiquement contraignant pour les États-membres. Les réunions de l'AGNU sont annuelles et se tiennent de septembre à décembre. Elles sont considérées par le ministère français des Affaires étrangères comme « le plus grand rendez-vous diplomatique de la planète[1] ».

Le Conseil de sécurité de l'ONU (CSNU)

Le Conseil de sécurité est l'organe suprême de l'ONU qui a, selon la Charte des Nations unies, « la responsabilité principale de maintien de la paix et de la sécurité internationales » (Art. 24). Le CSNU se compose de 15 États-membres répartis en deux catégories. La première regroupe les membres permanents qui sont au nombre de cinq, à savoir les États-Unis, la France, le Royaume-Uni, la Chine et la Russie, et qui disposent d'un droit de veto. Parmi les membres permanents, la Russie a succédé à l'URSS suite à sa dissolution en 1991 et la République Populaire de la Chine, reconnue par la communauté internationale comme le seul représentant officiel de la Chine, a remplacé Taïwan en 1971. La seconde catégorie réunit dix membres non-permanents élus pour un mandat de deux ans par l'Assemblée générale en tenant compte d'une représentation géographique équitable : 3 sièges pour le groupe Afrique, 2 sièges pour les groupes Amérique latine et Caraïbes, Asie et Europe occidentale et 1 siège pour l'Europe orientale. Les membres non-permanents sont renouvelés par moitié chaque année (soit 5 membres par an) et ne sont pas immédiatement rééligibles. Certains États, comme l'Allemagne, le Japon, le Brésil, l'Inde et la Canada, ont été très souvent désignés comme membres non-permanents. Au sein du CSNU, chaque État dispose d'une voix. Les décisions sur des questions de procédure sont prises par un vote affirmatif de 9 membres (sur 15). Les décisions sur les autres questions, notamment celles qui sont liées aux différends entre les États ou aux menaces contre la paix, nécessitent un vote affirmatif de 9 de ses membres, y compris de la part des membres permanents. Les documents votés par le CSNU sont appelés des résolutions. Elles ne sont pas adoptées si l'un des cinq membres permanents utilise son veto. Cependant, en cas d'abstention

1. www.diplomatie.gouv.fr/.

ou d'absence d'un membre permanent, une résolution peut être votée si aucun des autres membres permanents ne s'y oppose. Ainsi, par exemple, la résolution 1973 du Conseil de sécurité autorisant l'utilisation de la force contre les forces armées du colonel Kadhafi en Libye a été adoptée en mars 2011 par 10 voix pour et cinq États s'abstenant, dont deux membres permanents, la Russie et la Chine. En revanche, ces deux pays ont utilisé leur veto à plusieurs reprises entre 2011 et 2013 pour bloquer des projets de résolutions relatives au conflit en Syrie.

Le Conseil de sécurité a la particularité d'être le seul organe au sein du système onusien à disposer du droit de recourir à la force et peut ainsi décider d'une intervention militaire dans un pays ayant violé les principes du droit international afin de rétablir la paix. Enfin, à la différence de l'Assemblée générale, le CSNU est un organe permanent auprès duquel chaque État-membre doit avoir un représentant de façon permanente.

Éclairage

La composition du CSNU fait l'objet de nombreuses critiques. Elle est jugée insuffisamment représentative du monde actuel, d'autant que le nombre d'États membres de l'ONU est passé de 51 en 1945 à 193 en 2013 et que certaines régions, notamment l'Afrique, sont sous-représentées. Plusieurs propositions de réformes ont dès lors été avancées sans aboutir cependant à une quelconque décision jusqu'à présent. Elles visent à augmenter le nombre total de membres, mais aussi le nombre de membres permanents (MP). Elles divergent principalement sur la liste des pays appelés à devenir MP et sur la question du droit de veto : doit-il être maintenu pour tous les MP, doit-il être étendu aux nouveaux MP une fois qu'ils ont été admis ou bien seulement après quelques années d'appartenance ?

Le Secrétariat des Nations unies

Le Secrétariat de l'ONU comprend un Secrétaire général et le personnel placé sous son autorité. Le Secrétaire général, considéré comme le plus haut fonctionnaire de l'Organisation, est nommé par l'Assemblée générale sur recommandation du Conseil de sécurité pour un mandat de 5 ans renouvelable. Tous les secrétaires généraux jusqu'à présent, à l'exception de Boutros Boutros-Ghali, ont effectué deux mandats consécutifs. L'actuel Secrétaire général Ban Ki-moon (Corée du Sud), élu en janvier 2007, a été ainsi reconduit à son poste en 2012. Outre une fonction de nature administrative et l'obligation d'assister aux réunions de l'ensemble des organes de l'ONU et de présenter un rapport annuel sur l'activité de l'organisatiion à l'Assemblée, le rôle principal du Secrétaire général est avant tout de nature politique et diplomatique. Il consiste à représenter l'ONU sur la scène internationale et à jouer un rôle de négociateur et de médiateur. La Charte lui confère aussi le droit de saisir le Conseil de sécurité sur toute affaire qui lui semble importante pour le maintien de la paix et de la sécurité internationales. Dans ses tâches quotidiennes, le Secrétaire général peut s'appuyer sur le personnel de l'ONU qui se compose de plus de 40000 fonctionnaires.

Les autres organes des Nations unies

Les trois autres organes de l'ONU sont moins connus du grand public. Il s'agit du Conseil économique et social des Nations unies (ECOSOC), de la Cour internationale de justice (CIJ) et du Conseil de tutelle. L'ECOSOC est composé de 54 États-membres de l'ONU élus par l'Assemblée générale pour trois ans. Il est avant tout un lieu de débat sur des questions économiques, sociales, culturelles, ainsi que des questions liées à la santé, à l'éducation ou aux droits de l'homme, auxquels participent également des représentants du monde des affaires, des universitaires, ainsi que plus de 3700 ONG enregistrées en 2013, leur permettant d'avoir un statut consultatif auprès de l'ECOSOC. Celui-ci n'a cependant aucun pouvoir décisionnel. La CIJ est le principal organe judiciaire des Nations unies[1]. Enfin, le Conseil de tutelle, dont la mission était d'administrer les territoires placés sous tutelle de l'ONU, n'exerce plus officiellement ses fonctions depuis 1994.

Éclairage

Le budget de l'ONU repose sur les contributions versées par les États-membres en fonction d'un système de quote-part, qui est établi par l'AGNU sur la base de leur poids économique. En 2013, les États-Unis restaient le principal contributeur avec 22 % du total des contributions suivis par le Japon (10,8 %), l'Allemagne (7,1 %), la France (5,6 %) et le Royaume-Uni (5,2 %). Approuvé par l'Assemblée générale, le budget ordinaire de l'ONU est voté pour une durée de deux ans et s'élève pour la période 2012-2013 à 5,15 milliards de dollars. Outre le budget ordinaire, l'ONU dispose aussi d'un budget séparé destiné à financer les opérations de maintien de la paix (OMP) d'un montant de l'ordre de 7 milliards de dollars (2012-2013).

Organes subsidiaires, institutions spécialisées et organisations autonomes dans le système onusien

Selon la Charte de l'ONU, chaque organe principal des Nations unies peut créer ses propres organes subsidiaires (comités, commissions, conseils, groupes de travail, groupes d'experts et autres). C'est en particulier le cas de l'AGNU, du CSNU et de l'ECOSOC. Parmi les organes subsidiaires relevant de l'Assemblée générale, on peut citer le Haut Commissariat des Nations unies pour les réfugiés

1. Pour un développement sur la CIJ, voir le chapitre IV « Droit international et justice internationale ».

(UNHCR) créé en 1950, la Conférence des Nations unies sur le commerce et le développement (CNUCED) fondée en 1964 et visant l'intégration des pays en développement dans l'économie mondiale, ou encore le Programme des Nations unies pour le développement (PNUD), qui est notamment à l'origine de l'Indice de développement humain (IDH) qui permet de mesurer le niveau de développement humain des populations. Les organes subsidiaires du CSNU prennent souvent la forme de Comité de sanctions agissant auprès des pays qui ne respectent pas le droit international, tels que le Libéria, la RDC, le Soudan, la Côte d'Ivoire ou la Libye. Le Conseil de sécurité a également mis en place les Tribunaux pénaux internationaux pour l'ex-Yougoslavie et le Rwanda.

Dans le système de l'ONU, on compte aussi des institutions spécialisées et des organisations autonomes reliées à l'ONU par des accords spéciaux. On peut citer parmi ces institutions spécialisées la FAO, l'OIT, l'OMS, l'AIEA ou l'Organisation mondiale du tourisme (OMT). Cependant, les deux institutions spécialisées les plus connues sont le Fonds monétaire international (FMI) et le Groupe de la Banque mondiale.

L'essentiel à retenir

- Le concept d'« organisation internationale » se réfère le plus souvent à une organisation internationale intergouvernementale (OIG) dont les membres sont les représentants des États souverains.

- Une OIG est instituée par un acte constitutif qui définit sa mission, ses organes et leurs pouvoirs, ainsi que les moyens financiers dont elle dispose pour atteindre ses objectifs.

- On classe généralement les OIG en deux grands groupes en fonction de leurs objectifs : des OIG générales à l'instar de l'ONU, et des OIG spécialisées dans différents domaines (financier, économique, politique, etc.).

- Les six organes des Nations unies sont l'Assemblée générale, le Conseil de sécurité, le Secrétariat, le Conseil économique et social, le Conseil de tutelle et la Cour internationale de justice.

- L'Assemblée générale de l'ONU applique le principe d'égalité des États, alors que le Conseil de sécurité est un organe restreint composé de 5 membres permanents disposant d'un droit de veto et de 10 membres non-permanents.

- La composition actuelle du Conseil de sécurité fait l'objet de nombreuses critiques, mais aucune des propositions de réforme n'avait abouti en 2014.

? Testez-vous !

1. Qu'est-ce qu'une OING ?

2. En quelle année l'Organisation des Nations unies (ONU) a-t-elle été créée ?

3. Citez le nom d'au moins quatre organes des Nations unies ?

4. Comment les décisions sont-elles prises au sein du Conseil de sécurité ?

5. Quel organe des Nations unies peut autoriser le recours à la force ?

➤ Chapitre VI

Les organisations internationales (II) : La gouvernance économique globale

Ce que vous allez apprendre

- Les objectifs et le mode de fonctionnement des deux principales institutions financières internationales : le FMI et le Groupe de la Banque mondiale
- Le principe de conditionnalité appliqué par le FMI et la Banque mondiale et les critiques qui en découlent
- La mise en place des cycles de négociations commerciales (*Rounds*) sous les auspices du GATT, puis de l'OMC
- Les principales règles du commerce international établies par l'OMC
- Le rôle des groupes d'États informels, en particulier du G20

I. LES INSTITUTIONS ÉCONOMIQUES INTERNATIONALES

Les institutions financières internationales

Les institutions financières internationales (IFI) sont généralement des institutions financières qui fournissent une aide financière aux États qui font face à des difficultés budgétaires ou de balance des paiements et au secteur privé des pays qui cherchent à financer des projets de développement ou d'investissement.

Ce sont les banques de développement régionales telles que la Banque africaine de développement (BAD), la Banque asiatique de développement (BASD), la Banque interaméricaine de développement (BID) ou encore la Banque européenne pour la reconstruction et le développement (BERD). D'autres institutions financières font aussi partie des IFI, notamment la Banque centrale européenne (BCE), la Banque européenne d'investissement (BEI), la Banque islamique de développement (BID) et la Banque des règlements internationaux (BRI). Néanmoins, les deux IFI auxquelles on fait le plus souvent référence sont le Fonds monétaire international (FMI) et le Groupe de la Banque mondiale, qui sont les fameuses « institutions de Bretton Woods ». Elles ont été créées en 1944 lors de la Conférence de Bretton Woods (États-Unis) à l'instigation des États-Unis en tant qu'institutions spécialisées des Nations unies dans le but de mettre en place des institutions internationales permettant de créer un cadre juridique de base des relations économiques et financières internationales. La création d'une troisième organisation internationale spécialisée dans le commerce international a été également envisagée à cette époque, elle se serait appelée Organisation internationale du commerce (OIC), mais ce projet n'a pas abouti. Nous y reviendrons.

Fonds monétaire international (FMI)

Le FMI a été fondé le 22 juillet 1944 par 44 États représentés à la conférence des Nations unies à Bretton Woods dans le but de créer un cadre de coopération économique pour garantir la stabilité du système monétaire international et ainsi éviter l'éclatement de crises financières comme celle qui s'était produite à la fin des années 1920. Entrés en vigueur le 27 décembre 1945, les Statuts du FMI précisent que les objectifs de cette institution spécialisée de l'ONU sont de promouvoir la coopération monétaire internationale, de faciliter l'expansion et l'accroissement du commerce international, de promouvoir la stabilité des changes et de mettre des ressources à la disposition des États-membres confrontés à des difficultés de balance des paiements. En l'occurrence, le FMI peut décider d'octroyer des prêts à certains États-membres en fonction du montant de leur quote-part pour qu'ils puissent faire face aux déséquilibres momentanés de leur balance des paiements. Les prêts accordés par le FMI ont un taux d'intérêt calculé sur la base des principaux taux en vigueur sur les marchés monétaires internationaux, la seule exception étant dans le cas des pays en développement ou des pays pauvres auxquels le FMI attribue des prêts dits « concessionnels », c'est-à-dire des prêts à taux d'intérêt très faible, voire nul. Le rôle du FMI a cependant beaucoup évolué au cours des années. Tourné principalement vers les pays africains dans les années 1960, puis vers les pays d'Amérique latine confrontés à la crise de la dette à partir des années 1980 et enfin, dans les années 1990, vers des États issus de l'ex-URSS, le FMI intervient aujourd'hui prioritairement auprès des pays européens les plus touchés par la crise économique mondiale de 2008-2009 et la crise de la dette souveraine. Le déclenchement de la crise a, par ailleurs, considérablement renforcé le rôle du FMI car les ressources mises à sa disposition ont triplé en quelques années passant ainsi de 250 à 750 milliards de dollars suite à la décision prise par le G20 lors du Sommet de Londres en avril 2009.

Les ressources financières du FMI proviennent des contributions que les États-membres fournissent au Fonds en devises et en monnaies nationales proportionnellement à leur poids économique calculé sur la base d'une formule complexe qui tient compte du PIB de l'État, de son degré d'ouverture économique et de sa capacité à encaisser des chocs externes, et des réserves officielles de change. La répartition des quotes-parts au sein du FMI est un enjeu majeur car le montant de la quote-part d'un État-membre détermine en premier lieu l'aide financière qu'un pays peut obtenir de la part du FMI, celle-ci pouvant aller jusqu'à 200 % de sa quote-part annuellement sans dépasser 600 % au total. La quote-part détermine également le nombre de voix dont chaque État-membre dispose dans le processus de prise de décisions du FMI. Par conséquent, le principe d'« un État, une voix » ne s'applique pas au sein du Fonds et le poids dans le processus de décision de chaque État est lié au montant de son apport au Fonds, donc à sa richesse. Les États-

Éclairage

Depuis le début de la crise financière mondiale, plusieurs pays européens ont demandé une aide financière au FMI afin de surmonter les difficultés liées à leurs déséquilibres budgétaires ou extérieurs. En 2013, le FMI avait des accords avec 8 pays européens (Bosnie-Herzégovine, Grèce, Kosovo, Irlande, Moldavie, Portugal, Pologne, Roumanie), totalisant environ 140 milliards de dollars. 62 % du montant total des aides financières accordées par le FMI en 2013 étaient par conséquent destinées à l'Europe (source FMI).

Unis bénéficient ainsi d'une minorité de blocage avec près de 17 % des droits de vote, tandis que la majorité nécessaire à l'adoption des décisions importantes, telles que l'augmentation des quotes-parts ou la vente d'une partie des stocks d'or, est fixée par les Statuts à 85 %. Le rôle éminent joué par les États-Unis dans cette institution, dont le siège se situe d'ailleurs à Washington, constitue l'une des raisons pour laquelle le FMI fait souvent l'objet de critiques. Il est à noter également que, par tradition, un Européen est systématiquement désigné à la tête de l'institution, ce que dénoncent de plus en plus ouvertement les pays en développement et notamment les principaux pays émergents.

Une autre raison alimentant les critiques à l'égard du FMI tient au mode de fonctionnement de cette institution, notamment à la façon dont les États-membres sont représentés au sein de ses organes. En effet, le FMI a une structure bicamérale composée du Conseil des gouverneurs et du Conseil d'administration. Le Conseil des gouverneurs est l'organe suprême du FMI, qui se réunit normalement une fois par an, et au sein duquel chaque État est représenté par le ministre des Finances ou le gouverneur de la banque centrale. Il a notamment pour fonction d'approuver les augmentations de quotes-parts, l'admission de nouveaux membres ou encore des amendements aux Statuts du FMI. Le Conseil d'administration, quant à lui, est un organe permanent, mais restreint car composé du Directeur général du FMI, nommé par le Conseil d'administration pour un mandat renouvelable de 5 ans, et de 24 administrateurs élus par le Conseil des gouverneurs. Seuls 8 administrateurs sur 24 sont désignés par les États disposant des quotes-parts en capital les plus importantes (Allemagne, Arabie saoudite, Chine, États-Unis, France, Japon, Royaume-Uni, Russie). Les 16 autres administrateurs représentent tous les autres États-membres réunis par groupe sur une base géographique. Le Conseil d'administration examine tous les bilans économiques déposés par les États-membres, ainsi que toute autre question liée à l'économie mondiale. Ses décisions sont généralement prises par consensus ou à l'unanimité,

Éclairage

Les objectifs du Millénaire pour le développement (OMD) ont été définis et adoptés par tous les États membres de l'ONU qui se sont rassemblés du 6 au 8 septembre 2000 au siège des Nations unies à New York à l'occasion du Sommet du Millénaire. Il s'agit de 8 grands objectifs pour le développement que la communauté internationale s'est engagée à réaliser d'ici 2015 : (1) éliminer l'extrême pauvreté et la faim dans le monde ; (2) assurer l'éducation primaire pour tous ; (3) promouvoir l'égalité des sexes et l'autonomisation des femmes ; (4) réduire la mortalité infantile et post-infantile ; (5) améliorer la santé maternelle ; (6) combattre le VIH/sida, le paludisme et d'autres maladies ; (7) préserver l'environnement ; et (8) mettre en place un partenariat pour le développement. Source : www.un.org/fr/millenniumgoals/

mais le système de vote où la pondération des voix est établie en fonction des quotes-parts des États, peut être également appliqué.

Enfin, ce qui semble le plus nourrir la critique adressée au FMI, notamment de la part des ONG, concerne les modalités d'octroi et d'utilisation des prêts. Les prêts accordés par le FMI aux États-membres ou à leurs banques centrales afin de rétablir l'équilibre de leur balance des paiements sont soumis à une conditionnalité très rigoureuse. Cette dernière se traduit dans le pays concerné par la mise en place de politiques macroéconomiques (réduction des déficits budgétaires et extérieurs) et structurelles (privatisations, réforme de la fiscalité, réforme de la protection sociale). Or, les réformes exigées par le FMI pour que le pays retrouve une stabilité financière aboutissent à la mise en œuvre de fait de plans d'austérité (gel des salaires des fonctionnaires, gel des pensions de retraite, diminution du personnel administratif, augmentation de la TVA, augmentation des taxes sur le tabac, l'alcool et l'essence, etc.) qui ont généralement un impact très négatif pour la population et alimentent diverses formes de contestations sociales et politiques.

Éclairage

Il existe d'autres points communs entre le FMI et la Banque mondiale. On parle généralement à leur propos d'« institutions de Bretton Woods », car elles ont été créées lors de la Conférence de Bretton Woods de 1944, ou d'« institutions de Washington », à partir du moment où leur siège respectif est situé dans la capitale américaine. Elles incarnent aussi pour beaucoup ce qui a été appelé le « consensus de Washington ». Il s'agit d'un concept qui a été introduit par l'économiste américain John Williamson dans un article paru en 1989 pour désigner les politiques préconisées par les institutions situées à Washington en direction des pays d'Amérique latine. Ce « consensus » sur des politiques de type néolibéral a été perçu par les critiques comme une sorte de « Tables de la loi » néolibérale dont les politiques prônées par le FMI et la Banque mondiale seraient l'incarnation par excellence.

Groupe de la Banque mondiale

À l'instar du FMI, la Banque mondiale est une institution spécialisée des Nations unies dont les origines remontent également à la fin de la Seconde Guerre mondiale. En réalité, ce que l'on entend généralement par l'expression générique « Banque mondiale » correspond à un groupe composé de cinq institutions autonomes : la Banque internationale pour la reconstruction et le développement (BIRD), l'Association internationale de développement (AID), la Société financière internationale (SFI), le Centre international pour le règlement des différends relatifs aux investissements (CIRDI) et l'Agence multilatérale de garantie des investissements (AMGI). La BIRD, la plus ancienne des cinq institutions du Groupe, a été créée au même moment que le FMI lors de la Conférence de Bretton Woods de juillet 1944. Après avoir atteint son objectif premier visant la reconstruction des économies des pays européens dévastées par le conflit, la BIRD, ainsi que les autres institutions du Groupe sont devenues les principaux contributeurs à l'aide au développement et à la lutte contre la pauvreté en axant leurs activités plus particulièrement sur les grands objectifs du Millénaire pour le développement (OMD).

Le terme « Banque mondiale » désigne en général deux des institutions du Groupe : la BIRD et l'AID. Si leur activité principale consiste à attribuer des prêts aux États-membres, leurs cibles sont différentes. La BIRD octroie des prêts à des taux préférentiels destinés pour le financement de projets d'investissement dans les pays en développement (PED) qui ne sont pas en mesure de pouvoir emprunter de l'argent sur les marchés financiers à des conditions avantageuses. L'AID accorde, quant à elle, des dons et des prêts à long terme et sans intérêt aux États les plus pauvres. La BIRD comptait 188 États-membres en 2014, exactement comme le FMI, puisqu'un État doit d'abord être membre du FMI pour pouvoir intégrer la Banque mondiale. Les ressources de la BIRD proviennent principalement des fonds qu'elle lève sur les marchés financiers internationaux grâce au triple A que les agences de notation lui ont attribuée. Elle va ensuite re-prêter ces fonds aux États qui en ont besoin et leur apporter assistance technique et conseils. En 2012, la BIRD a ainsi levé des fonds pour un montant de près de 40 milliards de dollars[1].

ATTENTION !

À la différence du FMI qui accorde un soutien financier aux États qui font face à des difficultés de balance des paiements, la Banque mondiale octroie des prêts aux PED et notamment aux pays très pauvres destinés à financer des projets d'investissement sectoriels (transport, éducation, assainissement de l'eau, santé) ou d'autres activités spécifiques.

À l'instar du FMI, la structure de la BIRD est bicamérale. L'organe suprême est le Conseil des gouverneurs, composé de représentants de tous les États-membres, qui se réunit une fois par an à l'occasion des Assemblées annuelles auxquelles participe également le Conseil des gouverneurs du FMI. Le Conseil des administrateurs est l'organe restreint de la Banque mondiale qui comprend 25 administrateurs, ainsi que le Président du Groupe élu par le Conseil des administrateurs pour un mandat de 5 ans renouvelable. La Banque mondiale, comme le FMI, a un système de pondération des voix. Ainsi, le

1. *Rapport annuel de la Banque mondiale 2012.*

nombre de parts affectées à chaque nouveau membre de la Banque mondiale est déterminé par les quotes-parts qui lui ont été allouées par le FMI.

L'activité de la Banque mondiale est également souvent critiquée parce que ses prêts font l'objet de conditionnalités et qu'ils ont pu servir à financer des projets peu respectueux de l'environnement, mais aussi parce que l'institution est par tradition systématiquement dirigée par un Américain.

Organisation mondiale du commerce (OMC)

L'idée visant à créer une organisation économique internationale spécialisée dans le commerce est née à la fin de la Seconde Guerre mondiale afin de compléter les deux « institutions de Bretton Woods », le FMI et la Banque mondiale, par une troisième organisation qui serait en mesure de régir la coopération économique entre les pays dans le domaine du commerce international. Cependant, la Charte de La Havane, négociée lors de la Conférence des Nations unies sur le commerce et l'emploi ayant eu lieu du 21 novembre 1947 au 24 mars 1948 à Cuba, et qui envisageait la mise en place d'une Organisation internationale du commerce (OIC), intégrée dans le système de l'ONU, n'est jamais entrée en vigueur faute de ratification, entre autres, par le Congrès américain. L'OIC n'a par conséquent jamais pu voir le jour. Si elle avait été créée, elle aurait été une institution spécialisée des Nations unies, à l'instar des institutions de Bretton Woods.

À défaut d'organisation internationale, un accord de commerce multilatéral est tout de même signé à Genève en octobre 1947 par 23 États. Il s'agit de l'Accord général sur les tarifs douaniers et le commerce (AGTC), plus connu sous son sigle anglais, GATT pour *General Agreement on Tariffs and Trade*. Tout en créant les règles du commerce international, l'objectif premier du GATT consistait à favoriser la libéralisation des échanges en incitant

Éclairage

Le protectionnisme est une politique visant à introduire et à accroître les restrictions aux échanges. Celles-ci peuvent prendre la forme de barrières tarifaires ou non-tarifaires. Les premières correspondent aux droits de douane, tandis que les secondes sont des restrictions aux échanges autres que les droits de douane. Ce sont, par exemple, des mesures administratives qui sont des normes (de qualité, de conformité technique, de sécurité, etc.) qui peuvent être détournées de leur finalité initiale de protection des consommateurs pour devenir des outils protectionnistes, des restrictions quantitatives aux échanges, plus connues sous le nom de quotas, consistant à limiter le nombre ou la valeur de biens entrant sur le territoire d'un État pour une période donnée, les subventions aux exportations ou à la production ou encore les règles de contenu local qui imposent, par exemple, un pourcentage minimum de composants d'origine locale pour qu'un bien puisse être considéré comme national.

ses parties prenantes à supprimer certains tarifs douaniers, en particulier sur les marchandises. Le GATT a donc contribué à l'établissement d'un système commercial multilatéral dont le mode de fonctionnement est basé sur des cycles de négociations commerciales, les fameux « *Rounds* », souvent très longs, réunissant tous ses membres, afin d'aboutir, dans la mesure du possible, à un accord commercial.

Le succès du GATT est indéniable puisque, suite aux cycles de négociations commerciales qui se sont tenues de 1947 à 2000, les droits de douane sur les marchandises industrielles sont passés de 40 % à 4 %. Néanmoins, cet accord ne régissait que le commerce des marchandises et au fil des années, les exceptions et les dérogations, ainsi que les accords « plurilatéraux » (c'est-à-dire à participation volontaire) se sont multipliés. C'est ainsi que la dernière série de négociations appelées « cycle de l'Uruguay » (*Uruguay Round*), du nom du pays dans lequel les négociations ont débuté en 1986, a abouti aux Accords de Marrakech signés en avril 1994 par 123 États, qui ont donné naissance à l'Organisation mondiale du commerce (OMC) le 1er janvier 1995. En 2014, l'OMC dénombrait 159 États-membres, les derniers États importants à y être entrés sont la Chine, en 2001, puis la Russie, en 2012.

ATTENTION !

À la différence des autres organisations internationales intergouvernementales, les membres de l'OMC ne sont pas uniquement des États indépendants. L'Article XII de l'Accord instituant l'OMC précise que « Tout État ou territoire douanier distinct jouissant d'une entière autonomie dans la conduite de ses relations commerciales extérieures » pourra accéder à l'organisation. Ainsi, parmi les États membres de l'OMC, on compte Hong Kong, Taïwan et l'Union européenne.

Les Accords instituant l'OMC reprennent en grande partie les dispositions de l'Accord du GATT, mais à la différence de celui-ci, l'OMC est une véritable organisation internationale autonome dotée d'une personnalité juridique et disposant de ses propres institutions dont le siège se situe à Genève. Elle n'est cependant pas rattachée à l'ONU, comme c'était prévu pour l'OIC. L'organe suprême et décisionnel de l'OMC est la Conférence ministérielle qui se réunit une fois tous les deux ans au niveau des ministres du Commerce de tous les membres de l'Organisation. Le Conseil général, présidé par le directeur général de l'OMC, est également composé de représentants ou de délégués de tous les États-membres qui se réunissent de façon plus régulière. Selon la nature des débats, leurs réunions s'effectuent soit au sein de l'Organe de règlement des différends (ORD), soit au sein de l'Organe d'examen des politiques commerciales. La mise en place d'un mécanisme de règlement des litiges commerciaux assuré par l'ORD est considérée comme l'une des grandes réussites de l'OMC puisque cet organisme permet à tout État de le saisir à partir du moment où il estime que les pratiques commerciales d'un autre État enfreignent la liberté du commerce. Trois autres conseils relèvent du Conseil général et sont chargés de superviser le fonctionnement des accords de l'OMC dans leurs domaines respectifs. Il s'agit du Conseil du commerce des marchandises, du Conseil du commerce des services et du Conseil des aspects des droits de propriété intellectuelle qui touchent au commerce.

Contrairement au principe de pondération appliqué par le FMI et la Banque mondiale dans le processus de décisions, l'OMC met en avant le principe d'égalité des États et les décisions sont prises par consensus (une décision est adoptée sans vote à partir du moment où aucune partie prenante ne s'y oppose). Le premier cycle de négociations commerciales sous l'égide de l'OMC a été lancé à Doha en 2001 dans le but de réduire les obstacles aux échanges commerciaux dans plusieurs domaines relevant notamment de l'agriculture, des services et de la propriété intellectuelle. Il est aussi connu sous le nom Programme de Doha pour le développement car il vise à améliorer l'accès aux marchés des pays riches pour les produits agricoles en provenance des pays en développement. Suite à l'absence d'accord entre les États-membres de l'OMC, en particulier sur les questions concernant le retrait de toutes les subventions dans le domaine de l'agriculture, le cycle de Doha n'a abouti à aucun accord.

L'OMC est, en effet, la seule organisation économique internationale qui établisse les règles juridiques de base du commerce international. Il s'agit notamment de deux grands principes définis déjà dans l'Accord du GATT de 1947 et repris dans l'Accord instituant l'OMC. Le premier est « le principe du traitement de la nation la plus favorisée » (ou clause de la nation la plus favorisée, NPF) qui stipule que « tous avantages, faveurs, privilèges ou immunités accordés par une partie

Éclairage

Entre 1947 et 1994, huit cycles de négociations se sont tenus sous l'auspice du GATT. Les cinq premiers, ayant lieu respectivement en 1947 (Genève), 1949 (Annecy), 1951 (Torquay), 1956 (Genève) et 1964-1967 (Genève), ont débouché sur des accords concernant la suppression des droits de douane sur un grand nombre de marchandise Le *Kennedy Round* (1964-1967 a abouti à l'Accord anti-dumpin du GATT, suivi par le *Tokyo Round* (1973-1979), qui, outre les droits de douane, s'est auss intéressé aux mesures dites nc tarifaires (hors droits de douane). Enfin, le dernier cycle de négociations dans le cadre du GATT, dénommé *Uruguay Round* (1986-1994), a été le plus important car non seulement il a conduit à la création de l'OMC, mais a également élargi le champ des négociations commerciale au commerce des services, incluant aussi des questions liées à la propriété intellectuell à l'agriculture, au textile et au règlement des différends commerciaux.

contractante à un produit originaire ou à destination de tout autre pays seront, immédiatement et sans condition, étendus à tout produit similaire originaire ou à destination du territoire de toutes les autres parties contractantes » (AGTC, Partie I, Art. 1). Cela signifie que tout avantage commercial accordé à un pays membre ou non de l'OMC doit être appliqué à l'ensemble des États-membres de l'organisation. Il s'agit d'un principe de non-discrimination inconditionnel, les seules exceptions de produits ou services auxquels il ne s'applique pas étant précisées dans une « liste d'exception » à la NPF déposée individuellement par chaque État-membre de l'OMC. La clause de la nation la plus favorisée ne s'applique pas aux unions douanières et aux zones de libre-échange où les avantages commerciaux accordés à leurs membres ne sont pas nécessairement étendus à l'ensemble des États-membres de l'OMC.

Le second principe appelé « le principe du traitement national » détermine que « les parties contractantes reconnaissent que les taxes et autres impositions intérieures, ainsi que les lois, règlements et prescriptions affectant la vente, la mise en vente, l'achat, le transport, la distribution ou l'utilisation de produits sur le marché intérieur [...] ne devront pas être appliquées aux produits importés ou nationaux de manière à protéger la production nationale » (AGTC, Parie II, Art. 3). Selon ce principe, un État est donc obligé de traiter les produits nationaux et les produits importés de la même manière ou d'appliquer sur leur territoire les mêmes règles aux entreprises étrangères qu'aux entreprises nationales.

Éclairage

Deux autres principes caractérisent le commerce international. Il s'agit du principe de réciprocité et du principe de consolidation. Selon le premier principe, chaque pays s'engage à réduire les obstacles aux échanges vis-à-vis de ses partenaires commerciaux à partir du moment où ces derniers leur consentent des avantages équivalents. Le second principe stipule qu'un État s'engage à ne pas relever un tarif douanier sur un produit une fois qu'il a été fixé à un certain niveau. Il empêche par conséquent un État de revenir sur la concession qu'il a accordée sur le plan commercial.

Sur la base de ces grands principes, l'OMC crée la réglementation d'un cadre multilatéral pour les négociations commerciales. Elle fait néanmoins l'objet de nombreuses critiques en raison de son orientation libre-échangiste et de la prédominance en son sein des grandes puissances commerciales occidentales.

II. LES GROUPES D'ÉTATS INFORMELS : G8, G20

Les groupes d'États informels sont des réunions au niveau des chefs d'État ou de gouvernement des États qui en sont membres afin de discuter des grandes questions économiques, politiques et diplomatiques qui sont à l'agenda international. Depuis plusieurs décenies, ces groupements d'États constituent un forum de débat fournissant ainsi aux acteurs qui y participent un moyen de concertation, de délibération, et même de pression face aux organisations internationales économiques et politiques souvent critiquées pour être dominées par les principaux États occidentaux et surtout pour être inefficaces dans la gestion de crises et de conflits. La première réunion des six pays les plus industrialisés, le Groupe des six (G6), s'est tenue en novembre 1975 au château de Rambouillet à l'instigation du président français Giscard d'Estaing. Cette rencontre à six (France, États-Unis, Italie, Japon, RFA, Royaume-Uni) avait pour but de créer un instrument de travail informel qui permettrait aux pays occidentaux de se concerter afin de mieux pouvoir gérer les défis économiques et politiques auxquels ils étaient confrontés, en particulier la crise de l'énergie provoquée par le premier choc pétrolier de 1973. En 1976, les six ont été rejoints par le Canada pour devenir ainsi le G7. En 1998, le G7 est devenu le G8 en intégrant la Russie, avant qu'elle n'en soit exclue en 2014. Les dirigeants du G8 se réunissent régulièrement, au moins une fois par an, pour débattre des questions liées à l'économie, la politique, la sécurité (terrorisme, désarmement, non-prolifération), etc. Les réunions du G8 sont aussi ouvertes aux présidents de la Commission européenne et du Conseil européen, ainsi qu'aux représentants de certaines organisations internationales, notamment le secrétaire général des Nations unies et des représentants de la Banque mondiale et du FMI. Cependant, ces réunions sont souvent critiquées du fait que n'y participent qu'un nombre réduit d'États (plusieurs pays émergents y sont absents, dont la Chine) et qu'elles ne serviraient que d'instrument à la domination des États-Unis.

C'est ainsi qu'en 1999, dans le sillage de la crise financière en Asie de l'Est, un G20 a été créé en intégrant à la fois des pays industrialisés et des pays émergents, notamment les États membres du G8 (Allemagne, Canada, États-Unis, France, Italie, Japon, Russie, Royaume-Uni), l'Australie, l'Union européenne, ainsi que les principaux pays émergents (Afrique du Sud, Arabie Saoudite, Argentine, Brésil, Chine, Corée du Sud, Inde, Indonésie, Mexique, Turquie). Il réunit habituellement les ministres des Finances et les gouverneurs de banques centrales des États-membres. La première réunion de ce type a été organisée à Berlin en décembre 1999. Le premier sommet du G20 au niveau des chefs d'État et de gouvernements s'est tenu à Washington en novembre 2008 en vue de faire face à la crise financière et économique mondiale. Le G20 est un forum informel regroupant différents États censé être représentatif de l'économie mondiale étant donné que ses membres représentent les deux tiers de la population et plus de 80 % de la richesse et du commerce dans le monde. Même si les États du G20 ont des intérêts économiques et politiques souvent difficiles à concilier, ses objectifs sont la coordination des politiques économiques de ses membres, la mise en place d'une régulation financière susceptible de réduire les risques de crises financières et d'une nouvelle architecture financière internationale. Le G20 n'est pas une organisation internationale et n'a pas d'organe exécutif, il a cependant les moyens d'influencer les autres organisations internationales. À titre d'exemple, suite à une décision prise lors du sommet du G20 à Londres en 2009 concernant le budget du FMI, ce dernier a été multiplié par trois en passant de 250 à 750 milliards de dollars afin de permettre au Fonds de mieux intervenir dans les pays les plus touchés par la crise économique mondiale de 2009. En l'occurrence, on voit souvent comme le G20 l'embryon d'un « gouvernement économique mondial » ou encore le principal pilier de la « gouvernance mondiale ». Il a ainsi suscité beaucoup d'espoirs, notamment de meilleure régulation du système économique mondial, mais jusqu'à présent, ceux-ci ont été souvent déçus.

Éclairage

La gouvernance, notion apparue dans les années 1990, est une conduite des affaires publiques qui s'appuie sur une interaction entre les différents acteurs susceptibles d'être concernés par les décisions prises. Il stipule donc que les institutions publiques, que ce soit l'État à l'échelle nationale ou les organisations internationales, n'ont plus le monopole en la matière et que d'autres acteurs, comme les acteurs privés ou de la société civile, doivent être désormais impliqués dans ces affaires. On parle aussi de plus en plus souvent de la gouvernance globale pour faire état d'un embryon de gouvernement mondial, incarné aux yeux de certains par le G20, visant à faire face à un certain nombre d'enjeux et de défis globaux, tels que le changement climatique ou la stabilité du système financier.

L'essentiel à retenir

- Alors que la Banque mondiale est un groupe composé de cinq institutions distinctes, le terme « Banque mondiale » désigne le plus souvent la Banque internationale pour la reconstruction et le développement (BIRD) et l'Association internationale du développement (AID).

- Le rôle principal du FMI consiste à fournir une aide financière aux pays qui ont des difficultés de balance des paiements, alors que l'objectif principal de la Banque mondiale est d'accorder des prêts concessionnels à des pays pauvres pour le financement de projets structurels.

- Le FMI et la Banque mondiale appliquent le principe de pondération des voix pour la prise de décision en fonction de la contribution financière de chaque État-membre au budget respectif de ces deux organisations.

- L'OMC est la seule organisation internationale qui établisse et gère le cadre juridique du commerce international dans le but de libéraliser les échanges commerciaux.

- L'OMC applique le principe d'égalité des États et les décisions sont prises par consensus.

- Les groupes d'États informels (G8, G20) sont des forums de discussion réunissant des pays industrialisés mais aussi désormais des pays émergents sur les grandes questions économiques et politiques internationales.

? Testez-vous !

1. Quelles institutions internationales font partie de ce que l'on appelle communément les « institutions de Bretton Woods » ?

2. Quelles sont les principales missions du FMI ?

3. En quelle année l'OMC a-t-elle été créée ?

4. À quoi fait-on référence lors qu'on parle de « Rounds » au sein de l'OMC ?

5. Qu'est-ce que le G20 ?

Chapitre VII
L'Union européenne

Ce que vous allez apprendre

- L'Union européenne est une association volontaire d'États européens aspirant à former une union économique et politique
- Le processus d'adhésion à l'Union européenne est généralement long et complexe
- Les différentes vagues d'élargissement ont permis à l'Europe de passer de 6 à 28 membres en près de six décennies
- Le rôle et la composition des principales institutions européennes : Conseil européen, Parlement européen, Conseil de l'Union et Commission européenne
- Les spécificités du droit européen, qui est appelé droit de l'Union, par rapport au droit international

I. UNE ASSOCIATION VOLONTAIRE D'ÉTATS FORMANT UNE UNION

L'Union européenne est une association volontaire de 28 États européens qui se sont regroupés pour former une union économique et politique. Comme toutes les organisations intergouvernementales, l'UE a été créée par un traité, à savoir un accord international signé et ratifié par des États, qui fixe l'ensemble des compétences de l'Union. En l'occurrence, elle a été créée par le traité sur l'Union européenne signé à Maastricht le 7 février 1992 et entré en vigueur le 1er novembre 1993. Le traité en vigueur en 2014 était le traité de Lisbonne. Il ne s'agit pas d'un nouveau traité se substituant aux traités précédents, comme l'était le traité constitutionnel européen. Il ne fait que modifier les traités existants, à savoir les traités de Rome et de Maastricht. Son nom officiel est donc Traité modifiant le traité sur l'Union européenne et le traité instituant la Communauté européenne. L'Union européenne s'appuie par conséquent désormais sur deux traités : le traité de Maastricht, toujours appelé Traité sur l'Union européenne (TUE), et le traité de Rome, désormais appelé Traité sur le fonctionnement de l'Union européenne (TFUE), ces deux traités ayant été modifiés par le traité de Lisbonne.

CHRONOLOGIE DES TRAITÉS EUROPÉENS

1951 : Traité de Paris instituant la Communauté européenne du charbon et de l'acier (CECA)

1952 : Traité de Paris instituant la Communauté européenne de défense (CED). Celui-ci n'entrera jamais en vigueur car il a été rejeté par l'Assemblée nationale en France en 1954

1957 : Traités de Rome instituant la Communauté économique européenne (CEE), mais aussi la Communauté européenne de l'énergie atomique (CEEA ou Euratom)

1986 : Acte unique européen. Il s'agit du premier traité qui révise le traité de Rome

1992 : Traité de Maastricht. Il s'agit du traité sur l'Union européenne qui institue l'UE

1997 : Traité d'Amsterdam. Il révise les traités de Rome et de Maastricht

2001 : Traité de Nice. Il révise les traités de Rome, de Maastricht et d'Amsterdam

2004 : Traité établissant une Constitution pour l'Europe. Il est plus connu sous le nom de traité constitutionnel européen ou tout simplement de Constitution européenne. Il ne sera pas ratifié puisqu'il a été rejeté par référendum en France et aux Pays-Bas en 2005. Il n'est donc jamais entré en vigueur

2007 : Traité de Lisbonne. Il a été initialement qualifié de « traité simplifié » car il reprend les principales dispositions institutionnelles du traité constitutionnel européen. À l'instar des traités d'Amsterdam et de Nice, il révise les traités de Rome et de Maastricht. Il est entré en vigueur en décembre 2009.

2012 : Traité sur la stabilité, la coordination et la gouvernance. Il est plus connu sous le nom de Pacte budgétaire européen

Si la construction européenne a conduit à la formation d'une zone de paix et de la première entité économique et commerciale du monde, elle n'en a pas moins été jalonnée de nombreuses crises. Outre la crise de la dette souveraine que l'UE a connu au tournant des années 2000-2010, elle subit une crise structurelle liée aux trois « chocs » qu'ont pu représenter dans les années 2000 la mise en place de l'euro, les élargissements à l'Est en 2004 et 2007 et l'échec de la Constitution européenne en 2005. Cette crise structurelle vient peut-être même de plus loin, de la chute du mur de Berlin, de la libéralisation de l'Est de l'Europe et de la réunification allemande, qui ont contribué à modifier de façon définitive le visage du Vieux continent et l'idée que de nombreux États, dont la France, se faisaient de l'intégration européenne.

II. LES ÉTATS-MEMBRES ET LE PROCESSUS D'ADHÉSION

Le processus d'adhésion à l'Union européenne

L'Union européenne a défini en 1993 lors du Conseil européen de Copenhague quatre critères d'adhésion dans la perspective de l'élargissement aux pays d'Europe centrale et orientale. Le premier, qui est un critère de nature politique, stipule que, pour pouvoir adhérer à l'UE, l'État doit avoir mis en place des institutions stables garantissant la démocratie, l'État de droit, les droits de l'homme, le respect des minorités et leur protection. Le respect de ce critère politique est considéré comme un préalable à toute ouverture de négociations d'adhésion avec l'Union. Le second critère, de nature économique, est que l'État en question doit avoir une économie de marché « viable » susceptible de pouvoir faire face à la pression concurrentielle à l'intérieur de l'Union. Le troisième est celui de l'aptitude à assumer les obligations découlant de l'adhésion à l'UE. C'est ce que l'on appelle la reprise de l'acquis communautaire. Enfin, le quatrième critère est celui de la capacité d'absorption de l'UE. Il existe néanmoins un critère plus ou moins implicite que l'on ne retrouve pas dans les critères de Copenhague, mais qui est bel et bien présent. C'est celui de l'acceptabilité d'une candidature par les opinions publiques et les grands

Éclairage

La Turquie a signé un accord d'association avec la Communauté européenne dès 1963. Une union douanière a ensuite été instaurée entre l'UE et la Turquie en 1996. Ankara a déposé sa candidature en 1987, Celle-ci a été retenue lors du Conseil européen d'Helsinki de 1999. Les négociations d'adhésion ont débuté en octobre 2005. La perspective d'adhésion de la Turquie a suscité néanmoins de très vifs débats et cette question est loin d'être tranchée.

partis des principaux États de l'Union, notamment des États fondateurs. Ce critère a joué et continue de jouer un rôle fondamental dans la question de l'adhésion de la Turquie.

Le processus d'adhésion à l'Union européenne est plutôt complexe et généralement assez long. En premier lieu, si n'importe quel État peut déposer sa candidature auprès de l'Union européenne, qu'il soit européen ou non et même si l'UE ne définit pas de façon explicite ce qu'est un État européen et quelles sont les délimitations géographiques de l'Europe, seuls les États européens peuvent voir leur candidature retenue[1]. Il existe ensuite un statut de pays candidat qui est reconnu par la Commission européenne à partir du moment où l'État qui a déposé sa candidature remplit les conditions qui ont été définies dans les critères de Copenhague. La Commission doit alors émettre un avis favorable et le Conseil européen doit adopter à l'unanimité un mandat de négociation. L'obtention par un État du statut de candidat ne garantit pas qu'il puisse adhérer à l'UE, y compris s'il a ouvert des négociations. L'ouverture de négociations d'adhésion n'est pas non plus automatique après l'obtention du statut de candidat. Elle peut être bloquée, par exemple, par un ou plusieurs États-membres, comme c'est le cas pour la Macédoine (ARYM) suite au blocage de la Grèce.

ATTENTION !

Le traité de Lisbonne a introduit une clause de retrait volontaire de l'Union européenne, avec la possibilité pour l'État qui souhaite se retirer de l'Union de pouvoir y adhérer à nouveau ultérieurement. C'est la première fois qu'une telle clause est introduite dans les traités européens. Ce retrait n'est soumis à aucune condition particulière en dehors d'une période transitoire de deux ans. Un accord doit être alors négocié entre l'UE et l'État en question et le Conseil européen doit statuer à la majorité qualifiée après approbation du Parlement européen.

De l'Europe des Six à l'Europe des Vingt-huit

Les États fondateurs de la Communauté économique européenne (CEE) sont les six États d'Europe occidentale qui ont répondu favorablement au plan Schuman de mise en commun des ressources en charbon et en acier pour créer la Communauté européenne du charbon et de l'acier (CECA) : l'Allemagne (RFA), la Belgique, la France, l'Italie, le Luxembourg et les Pays-Bas. Il a fallu ensuite attendre une quinzaine d'années avant que la CEE ne s'élargisse

1. Cela a été le cas du Maroc qui a déposé une candidature à la Communauté européenne en 1987, candidature qui a été refusée par la Commission à ce titre.

en raison des vetos français, en 1963 et en 1967, vis-à-vis de l'adhésion de la Grande-Bretagne. En 1973, trois États entrent donc dans la CEE pour former l'Europe des Neuf – le Danemark, l'Irlande et le Royaume-Uni – ouvrant la Communauté vers le Nord de l'Europe et notamment vers l'une des principales puissances européennes, la Grande-Bretagne, qui s'avérera également être l'un des principaux obstacles à toute forme d'intégration plus poussée de l'Europe.

La CEE s'est ensuite élargie dans les années 1980 à des États d'Europe du Sud, plus pauvres et devenus ou redevenus récemment des démocraties : la Grèce en 1981, et l'Espagne et le Portugal en 1986. Cette adhésion va leur permettre de connaître un vif développement économique et une convergence significative de leur niveau de vie par rapport à la moyenne de la CEE, mais ce sont aussi les États qui ont été les plus durement touchés par la crise de la fin des années 2000.

La fin de la guerre froide a provoqué de nouvelles vagues d'élargissement. La première, en 1995, a concerné des États neutre, et riches, qui avaient notamment un statut singulier d'Etats-tampons entre l'Est et l'Ouest durant la guerre froide : l'Autriche, la Finlande et la Suède. Ce sont soit des États qui se montrent très durs vis-à-vis des pays dits du « Club Med » du Sud de l'Europe (Autriche, Finlande), soit des États qui partagent en grande partie la vision britannique de l'intégration européenne (Suède).

La seconde vague a été incarnée par les élargissements aux pays d'Europe centrale et orientale en 2004 (Chypre, Estonie, Hongrie, Lettonie, Lituanie, Malte, Pologne, Slovénie, Slovaquie, République tchèque), puis en 2007 (Bulgarie, Roumanie). Ces élargissements ont suscité de nombreuses polémiques car ils concernent tout d'abord de très nombreux États (12 au total, augmentant le nombre d'États de l'UE de 44 %) et parce que la plupart d'entre eux étaient beaucoup plus pauvres que la moyenne des Quinze et ont soutenu les États-Unis dans leur entreprise guerrière en Irak. De nombreux observateurs ont alors reproché à l'Union d'avoir

Éclairage

Le Royaume-Uni s'est montré toujours très réticent vis-à-vis d'une intégration européenne allant au-delà d'une simple zone de libre-échange. Il a ainsi négocié plusieurs clauses d'exemption par rapport à différents projets d'intégration, comme la zone euro, l'espace Schengen, l'espace de liberté, de sécurité et de justice ou encore par rapport à la Charte des droits fondamentaux de l'Union européenne. En 2012, il n'a pas adopté non plus le Pacte budgétaire européen. Il a été également le seul État à avoir organisé un référendum sur l'appartenance ou le retrait de la CEE, en 1975, référendum remporté par les partisans du maintien dans la Communauté. Le gouvernement de James Cameron a annoncé également en 2013 qu'il pourrait organiser un nouveau référendum de ce type dans les années à venir.

privilégié l'élargissement au détriment de l'« approfondissement » et d'avoir sans doute permis l'adhésion de certains pays de façon un peu trop prématurée. Les élargissements des années 2000 ont, en tout cas, amené la plupart des gouvernements et des opinions publiques à vouloir marquer une pause avant toute nouvelle adhésion. La Croatie est cependant devenue le 28e État-membre de l'Union européenne en juillet 2013, celle-ci étant le premier pays de l'ex-Yougoslavie ayant connu la guerre à adhérer à l'UE, à la différence de la Slovénie, où le conflit n'a duré que très peu de temps.

III. LES PRINCIPALES INSTITUTIONS EUROPÉENNES

Le Conseil européen : l'instance dirigeante de l'Union européenne

Le Conseil européen est la réunion au sommet de l'Union européenne qui rassemble régulièrement les chefs d'État et de gouvernement des États membres de l'UE, ainsi que le président du Conseil européen et le président de la Commission. Il se réunit obligatoirement à Bruxelles deux fois par semestre (en mars, en juin, en octobre et en décembre) sur convocation du président du Conseil européen.

Le Conseil européen a un rôle d'impulsion dans l'Union. Cela signifie qu'il définit les orientations politiques générales et les priorités de l'intégration européenne. Toutes les grandes décisions concernant l'intégration européenne sont par conséquent prises dans le cadre du Conseil, que ce soit la réforme des traités et des institutions, les élargissements, le financement du budget, le passage à l'euro ou les déclarations communes sur le plan diplomatique. Les décisions du Conseil n'ont pas de valeur juridique, celui-ci n'exerçant pas de fonction législative. En revanche, elles ont une valeur politique. Ses décisions seront par conséquent tôt ou tard transformées en texte ayant une valeur juridique. Le mode de décision au sein du Conseil est assez spécifique puisqu'il se prononce généralement par consensus. Une décision est donc adoptée sans vote à partir du moment où aucune des parties prenantes ne s'y oppose de façon explicite.

Enfin, le traité de Lisbonne a créé la fonction de président du Conseil européen pour un mandat de deux ans et demi, renouvelable une fois. Ce poste est occupé depuis 2009 par l'ancien premier ministre belge Herman van Rompuy. Ses fonctions principales sont d'assurer la préparation et la continuité des travaux du Conseil européen, et de présider et d'animer les travaux du Conseil. Son objectif est d'œuvrer pour faciliter la cohésion et le consensus au sein du Conseil européen. Dans l'état actuel des choses, il s'agit davantage d'une fonction de secrétaire général du Conseil européen que d'un embryon de présidence de l'Union européenne.

Le Parlement européen : le représentant des peuples européens

Le Parlement européen (PE) est la seule institution européenne qui soit élue au suffrage universel direct. Les élections au Parlement européen, plus connues sous le nom d'élections européennes, sont ainsi organisées tous les cinq ans depuis 1979. Le siège du PE se trouve à Strasbourg. Les députés européens sont donc élus pour un mandat de cinq ans, qui est renouvelable. Leur nombre a beaucoup varié en fonction des élargissements. En 2013, il était établi à 766 eurodéputés, le nombre de députés par pays étant défini en fonction de leur poids démographique : de 5 députés maltais jusqu'à 99 députés allemands, en passant par 74 députés français. Le traité de Lisbonne stipule néanmoins que leur nombre devrait s'établir à 751 à partir de 2014.

Éclairage

Le traité sur l'Union européenne modifié par le traité de Lisbonne définit comme institutions de l'Union les organisations européennes suivantes : la Banque centrale européenne (BCE), la Commission européenne, le Conseil de l'Union européenne (CUE), la Cour des comptes européenne (CCE), la Cour de Justice de l'Union européenne (CJUE) et le Parlement européen (PE).

Les pouvoirs du PE sont ceux d'un parlement assez classique, même s'ils sont moins étendus. Il dispose donc d'un pouvoir législatif. Il participe ainsi à l'élaboration des actes législatifs communautaires, souvent aux côtés du Conseil de l'Union, notamment dans le cadre de la procédure de codécision. Le PE et le Conseil de l'Union sont donc co-législateurs. Le Parlement européen a également le pouvoir d'adopter le budget de l'UE. Enfin, il bénéficie d'un pouvoir de contrôle politique sur les autres institutions. Il doit approuver la nomination du président de la Commission et des commissaires et il peut renverser la Commission par le vote d'une motion de censure à la majorité des deux tiers.

Le Conseil de l'Union : le représentant des États européens

Le Conseil de l'Union européenne est sans doute l'institution européenne la moins connue du grand public. Son pouvoir n'en est pas moins très important puisqu'il s'agit tout simplement du principal centre de décision de l'Union. Le Conseil est, en effet, l'institution européenne qui représente les intérêts des différents États-membres. Il se réunit au niveau des ministres par domaine de compétences. Il était d'ailleurs appelé auparavant le Conseil des ministres. Une centaine de sessions officielles du Conseil sont ainsi organisées chaque année. La présidence des Conseils est assurée par le ministre de l'État membre qui assure la présidence tournante de l'Union européenne pour un semestre. Cela signifie concrètement que le Conseil pour les affaires économiques et financières (Ecofin) réunit les ministres de l'Économie et des Finances des différents États-membres sous la présidence du ministre de l'Économie de l'État qui assure la présidence semestrielle de l'Union.

Le Conseil de l'Union dispose de compétences très étendues. Il exerce ainsi le pouvoir législatif. Il arrête le budget de l'Union avec le PE. Il exerce également la fonction exécutive. Cependant, dans la plupart des cas, il délègue ses compétences à la Commission pour l'exécution des règles communautaires. Le Conseil est aussi chargé d'assurer la coordination des politiques économiques des États-membres, de définir et de mettre en œuvre la Politique étrangère et de sécurité commune (PESC) ou encore de conclure des accords internationaux.

Il adopte les textes soit à l'unanimité, soit à la majorité qualifiée. Comme dans n'importe quelle organisation internationale, les représentants des États, qui disposent tous d'une voix, votent à l'unanimité dans les domaines où ils refusent d'être contraints d'appliquer une décision qu'ils n'auraient pas adoptée : fiscalité, PESC, coopération policière et judiciaire, révision des traités, adhésions. En revanche, et c'est ce qui fait la spécificité de l'intégration européenne par rapport aux autres organisations internationales, le Conseil vote aussi à la majorité qualifiée dans un certain nombre de domaines : agriculture, Marché unique, environnement, transports, emploi et santé, coordination des politiques économiques, politique monétaire, politique sociale, éducation, etc. Chaque État dispose alors d'un nombre de voix en fonction de son poids démographique : de 3 voix pour Malte à 29 voix pour l'Allemagne, la France, l'Italie et le Royaume-Uni. Pour qu'un texte soit adopté, il faut dès lors que deux conditions soient réunies : la première est qu'au moins 50 % des États-membres votent le texte (soit au moins 14 États-membres sur 28), la seconde est que le nombre de voix favorables soit au moins de 260 sur un total de 352 (soit 74 % des voix). Ce système devrait être remplacé à partir du 1er novembre 2014 par le principe de la double majorité : un texte est adopté si au moins 55 % des États-membres

Éclairage

Il existe au total dix formations spécialisées du Conseil : affaires générales, pour les dossiers affectant plus d'une politique de l'UE comme les questions institutionnelles ou budgétaires ; affaires étrangères ; affaires économiques et financières ; justice et affaires intérieures ; emploi, politique sociale, santé et consommateurs ; etc.

(soit au moins 16 États-membres sur 28) représentant au moins 65 % de la population de l'UE ont voté en sa faveur, une minorité de blocage étant établie à au moins quatre États-membres.

La Commission européenne : le représentant de l'intérêt général de l'UE

La Commission est souvent l'incarnation de l'Union européenne aux yeux du public et des eurosceptiques qui la décrivent souvent comme un gouvernement européen composé de technocrates tout-puissants. Elle est en fait l'organe exécutif de l'Union européenne qui représente l'intérêt général de l'UE. Elle est par conséquent censée être politiquement indépendante des États-membres. La Commission était composée de 28 membres en 2014, le principe étant celui d'un commissaire par État, alors que le traité de Lisbonne prévoyait initialement que leur nombre soit réduit à 18 à compter de novembre 2014. Le mode de désignation des commissaires est assez complexe. C'est d'abord le président de la Commission qui est élu. Il est désigné par le Conseil européen et ce choix doit être approuvé par le Parlement européen à la majorité simple. Une fois élu, le nouveau président de la Commission et le Conseil européen adoptent d'un commun accord la liste des autres personnalités devant composer la Commission sur la base des recommandations de chaque État-membre (chaque État-membre proposant le nom d'un candidat). Le Parlement européen doit ensuite approuver le collège dans son ensemble. Le Conseil européen nomme alors la Commission à la majorité qualifiée. Le mandat des commissaires est de 5 ans et il est renouvelable. José Manuel Barroso a présidé la Commission de 2004 à 2014.

La Commission a deux fonctions principales. La première est celle d'être l'exécutif de l'UE. Elle est ainsi chargée de préparer et de mettre en œuvre les décisions du Conseil de l'Union et du Parlement européen. Elle dispose à ce titre d'un droit d'initiative quasi exclusif. Elle est également responsable de la mise en œuvre des actes législatifs. La seconde fonction de la Commission est celle de gardienne des traités. Elle est donc chargée de veiller à l'application des traités sous le contrôle de la Cour de Justice de l'Union européenne (CJUE). Elle est également chargée de négocier les accords internationaux sous le contrôle du Conseil de l'Union. En tant qu'exécutif, la Commission européenne est responsable politiquement devant le Parlement européen. Elle peut donc être renversée par une motion de censure votée par celui-ci. La Commission est bien entendu l'institution européenne qui dispose des effectifs les plus élevés avec quelque 32 700 fonctionnaires en 2013 (source Commission européenne).

IV. LE DROIT DE L'UNION

Les spécificités du droit de l'Union

Les traités se situent au sommet de la hiérarchie des normes du droit de l'Union. Comme toute organisation internationale, l'Union européenne repose sur des traités qui fixent l'ensemble de ses compétences. En ce qui concerne l'UE, les traités de Paris, de Rome, de Maastricht, d'Amsterdam, de Nice et de Lisbonne, l'Acte unique européen, les traités d'adhésion et les actes assimilés (protocoles et conventions annexés aux traités) forment le droit primaire qui est au sommet de la hiérarchie des normes du droit de l'Union. Viennent ensuite les droits fondamentaux et les principes généraux du droit communautaire (PGDC), puis les actes adoptés par les institutions communautaires (droit communautaire dérivé) avec, en premier lieu, les actes contraignants (règlement, directive, décision), puis les actes non contraignants, et enfin la jurisprudence de la Cour de Justice de l'Union européenne (CJUE).

Le droit de l'Union a plusieurs spécificités qui peuvent le distinguer du droit international classique. Il est tout d'abord supérieur au droit national, y compris au droit constitutionnel. Cela signifie que les règles et les actes de droit national ne peuvent contredire les règles du droit de l'Union. Ce principe, qui ne figure pas dans les traités, été consacré par la jurisprudence de la Cour de Justice dans l'arrêt Costa/Enel du 15 juillet 1964. Par ailleurs, le droit de l'Union s'applique directement aux citoyens des États membres de l'Union européenne sans que ces derniers aient à intervenir ou à transposer ce droit en droit interne. Celui-ci s'impose directement aux citoyens européens. C'est ce que l'on appelle l'effet direct du droit de l'Union.

Éclairage

La Cour de Justice de l'Union européenne (CJUE) est l'institution juridictionnelle de l'UE. Elle a été mise en place dès 1952 par le traité instituant la CECA afin de veiller au respect du droit communautaire, devenu droit de l'Union depuis le traité de Lisbonne. Elle compte 28 juges, soit un par État-membre, et 8 avocats généraux, qui sont désignés d'un commun accord par les gouvernements des États-membres.
La jurisprudence de la CJUE a souvent tendu à être de nature fédéraliste.

Les actes européens juridiquement contraignants

Les actes juridiquement contraignants de l'Union européenne sont le règlement, la directive et la décision. Le règlement européen est une sorte de loi européenne. Il introduit une règle uniforme qui est applicable directement dans tous les États-membres. Il s'agit donc d'un acte de portée générale qui est directement applicable dans tout État-membre et qui fixe un objectif et les moyens pour l'atteindre. Si une législation nationale n'est pas compatible avec un règlement, dans ce cas, elle devient inapplicable.

La directive européenne est, quant à elle, une sorte de loi-cadre européenne qui fixe les objectifs à atteindre pour les États-membres dans un temps limité, tout en leur laissant le choix des moyens pour atteindre ces objectifs. Ils doivent donc transposer la directive dans leur droit national. Une directive peut s'appliquer à un seul État-membre, à plusieurs États-membres ou bien à l'ensemble des États-membres (ex. Directive sur l'harmonisation des législations nationales sur les normes relatives à la sécurité des produits). Enfin, la décision européenne est un acte obligatoire permettant de réglementer les situations particulières. Elle crée donc une obligation seulement pour les destinataires qu'elle désigne expressément, que ce soit un ou des États-membres, une ou des entreprises ou même un ou des particuliers.

L'essentiel à retenir

- L'Union européenne a été créée par le traité de Maastricht et c'est actuellement le traité de Lisbonne, qui révise les traités de Rome et de Maastricht, qui est en vigueur
- Les deux principaux critères pour adhérer à l'UE résident dans le fait qu'un État européen soit une démocratie et une économie de marché
- Ce n'est pas nécessairement la Commission européenne qui est l'institution européenne la plus importante, les États continuant à jouer un rôle fondamental
- Le droit européen est supérieur au droit national

? Testez-vous !

1. Quand l'Union européenne a-t-elle été créée ?

2. À quoi correspondent les critères de Copenhague ?

3. Quels États ont adhéré à l'Union européenne en 1995 ?

4. Quelle(s) institution(s) européenne(s) est ou sont en charge de la fonction législative ?

5. Quelle est la principale différence entre un règlement et une directive ?

LES PRINCIPAUX ÉTATS DANS LE SYSTÈME INTERNATIONAL

Chapitre VIII
Les États-Unis

Ce que vous allez apprendre

- Les facteurs de la puissance américaine : le dynamisme démographique, la puissance économique et la prédominance militaire
- La conception d'un « monde post-américain » qui renvoie à la remise en question de la prédominance absolue des États-Unis par les pays émergents, notamment la Chine
- La perspective du retour à l'indépendance énergétique des États-Unis
- Les conséquences des attentats terroristes du 11 septembre 2001 sur la politique étrangère de l'administration Bush
- La politique étrangère de l'administration Obama

I. LA PRINCIPALE PUISSANCE GLOBALE

Le dynamisme démographique américain

Avec une population de 316 millions d'habitants en 2013, les États-Unis sont la troisième puissance démographique mondiale après la Chine et l'Inde (source US Census Bureau). Celle-ci devrait dépasser 400 millions d'ici 2050. La population est donc l'un des facteurs de la puissance américaine. Son dynamisme démographique est lié à trois facteurs principaux. Le premier est la forte immigration que connaît le pays. Les États-Unis sont la destination la plus prisée au monde avec 40,4 millions d'immigrants à la fois légaux et illégaux, soit 13 % de la population américaine en 2011. Le deuxième facteur est lié à la politique du *« Brain drain »*, consistant à attirer des « cerveaux » du monde entier en leur proposant de meilleures conditions de travail en particulier dans les domaines de la science, des hautes technologies, de l'ingénierie et des mathématiques. Le troisième facteur est un taux de fécondité supérieur au seuil de renouvellement de la population (2,1 enfants par femme), notamment au sein de la population hispanique. D'ailleurs, selon le Bureau américain de recensement, d'ici 2043, les États-Unis devraient devenir une « nation composée de minorités majoritaires » (*a majority-minority nation*) en ce sens que les Blanc non-hispaniques ne seraient plus majoritaires, compte tenu de la progression importante de la part des Hispaniques.

La première puissance économique mondiale

Les États-Unis sont la première puissance économique mondiale avec un PIB nominal de 16 700 milliards de dollars en 2013, soit quasiment deux fois celui de la Chine (Graphique 1). Ils figurent également parmi les dix pays les plus riches au monde par habitant (source FMI). La puissance économique des États-Unis repose notamment sur la prédominance des firmes multinationales américaines et le rôle essentiel que celles-ci jouent dans l'économie mondiale. Parmi les 500 plus grandes multinationales par leur chiffre d'affaires, 132 sont américaines (26 %, source Fortune Global 500). Ainsi, un quart des investissements directs étrangers (IDE) auraient pour origine les FMN américaines qui investissement principalement en Europe, au Canada et au Mexique. En 2012, les États-Unis étaient donc à la fois le premier pays émetteur d'IDE avec 329 milliards de dollars (devant le Japon et la Chine) et le premier pays d'accueil d'IDE avec 168 milliards de dollars (devant la Chine et de Hong Kong) (source CNUCED).

Graphique 1 : Évolution du PIB des États-Unis et des autres principales économies entre 1980 et 2018, en milliards de dollars courants

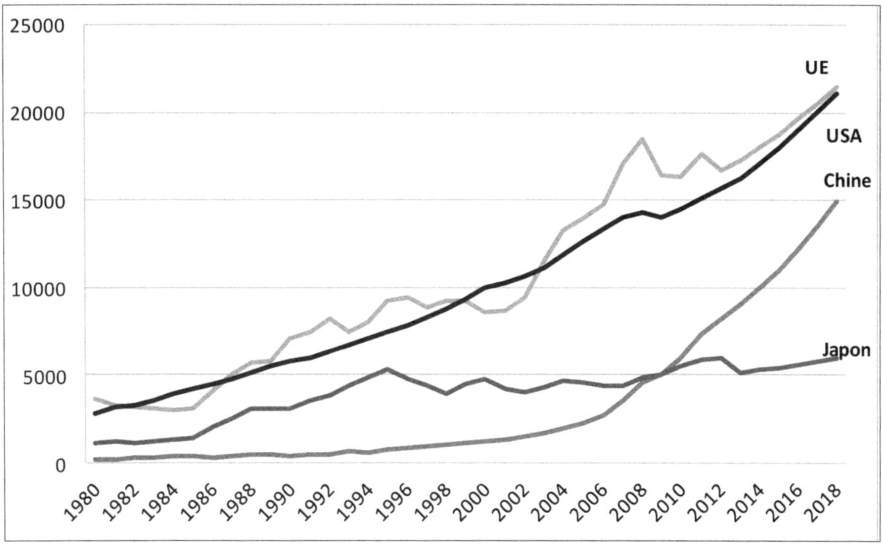

Source : FMI. Prévisions pour les données de 2013 à 2018.

Malgré la crise financière et économique mondiale de 2008-2009, les États-Unis restent la première puissance monétaire et financière mondiale. Le dollar américain reste la première monnaie de réserve dans le monde, ainsi que la monnaie qui fait l'objet du plus grand nombre de transactions sur les marchés de change (sources FMI et BRI). De surcroît, les deux principales places financières en termes de capitalisation boursière se trouvent aux États-Unis, avec le New York Stock Exchange (NYSE Euronext), plus connu sous le nom de Wall Street, et le NASDAQ QMX (source World Federation of Exchanges). Enfin, les banques américaines J. P. Morgan Chase et Bank of America figurent parmi les dix plus grandes banques dans le monde (source Global Finance).

Les États-Unis sont aussi une puissance commerciale incontournable. En 2011, ils étaient le premier importateur mondial de biens et de services, le premier exportateur de services et le deuxième exportateur de biens derrière la Chine (source OMC). Cependant, depuis les années 1980, les États-Unis enregistrent un important déficit de leur balance commerciale. Enfin, l'une des principales forces de l'économie américaine réside dans sa capacité d'innovation. Les États-Unis totalisent ainsi à eux seuls 35 % des dépenses mondiales en matière de recherche et développement, pour un montant équivalent à environ 3 % du PIB américain. Les principaux acteurs dans le secteur des technologies de l'information et de la communication, par exemple, sont américains avec Apple, Facebook, Google, Hewlett-Packard, IBM, Microsoft ou bien Twitter.

Une superpuissance militaire

Le leadership militaire américain est incontestable. Le budget de la défense des États-Unis est largement le plus élevé au monde puisqu'il représente environ 40 % des dépenses militaires mondiales. Les dépenses militaires américaines se sont envolées des attentats du 11 septembre 2001 jusqu'en 2010, avant de se réduire légèrement en 2011 et 2012 pour atteindre un montant de 668 milliards de dollars. En 2012, le budget de la défense des États-Unis était néanmoins cinq fois supérieur au budget de la défense de la Chine (source SIPRI). Les États-Unis sont également l'une des principales puissances nucléaires dans le monde occupant le second rang derrière la Russie en termes de stock d'armes nucléaires avec 7700 têtes nucléaires (source SIPRI). Ils totalisent à eux seuls 30 % des exportations d'armes conventionnelles dans le monde et sept des dix plus grandes entreprises dans le domaine de la défense, classées en termes de leur chiffre d'affaires en 2011, étaient américaines, avec en tête de ce classement Lockheed Martin et Boeing (source SIPRI). Leur avance technologique semble aussi très importante dans le domaine de l'armement. Enfin, dans le but de préserver leurs intérêts économiques et stratégiques et de lutter contre le terrorisme, les États-Unis ont créé le plus grand système d'alliances militaires au monde. Des bases militaires américaines permanentes se trouvent sur les cinq continents avec une forte concentration en Europe, dans les pays membres de l'OTAN, et au Moyen-Orient (Arabie Saoudite, Bahreïn, EAU, Koweït, Oman, Qatar, etc.). Depuis l'arrivée de Barack Obama au pouvoir, les États-Unis cherchent

Éclairage

L'Organisation du traité de l'Atlantique Nord (OTAN) est une alliance politique et militaire instituée par le traité de Washington signé le 4 avril 1949. L'objectif principal de l'OTAN consiste à garantir la sécurité de tous ses membres par des moyens politiques et militaires en mettant en avant le principe de « défense collective ». Ce dernier est défini dans l'article 5 du traité qui stipule « qu'une attaque armée contre l'une ou plusieurs d'entre elles [parties] survenant en Europe ou en Amérique du Nord sera considérée comme une attaque dirigée contre toutes les parties ». L'Alliance atlantique, créée dans le contexte de la guerre froide, a dû réorienter ses priorités avec la fin de la menace soviétique en mettant en avant de nouvelles menaces (instabilité à la périphérie du territoire de l'Alliance atlantique, prolifération d'armes de destruction massive, terrorisme, etc.) et en privilégiant désormais la gestion de crises. L'OTAN est ainsi intervenue militairement dans les Balkans durant les années 1990 (Bosnie, Kosovo), en Afghanistan à partir de 2001 et en Libye en 2011.

notamment à renforcer leur présence militaire en Asie-Pacifique en relançant leurs relations avec leurs principaux partenaires dans la région, notamment l'Australie, la Corée du Sud, le Japon, les Philippines et Singapour. À cet égard, la nouvelle stratégie de sécurité des États-Unis énoncée par le Pentagone en janvier 2012[1] parle du « pivot vers l'Asie », c'est-à-dire d'une réorientation des forces militaires américaines vers la région Asie-Pacifique au détriment de l'Europe dans le but de faire face aux défis économiques et stratégiques représentés en particulier par la montée en puissance de la Chine.

Vers un « monde post-américain » ?

Depuis le déclenchement de la crise financière et économique mondiale en 2008, on parle de plus en plus du déclin de la puissance américaine, notamment en matière économique. Cette thèse est tout particulièrement défendue par le journaliste américain Fareed Zakaria. Celui-ci parle ainsi de l'émergence d'un monde « post-américain[2] » dans lequel la prédominance de la puissance américaine serait mise en cause par l'affirmation de certains pays émergents, notamment les BRIC, avec la Chine à leur tête. En effet, la part du PIB américain dans l'économie mondiale tend progressivement à diminuer ces dernières années, passant ainsi de 30 % en 2000 à 22 % en 2013 (Graphique 2). Selon certaines projections, les États-Unis pourraient être ainsi dépassés par la Chine d'ici 2020-2030 en termes du PIB. Un autre symptôme de ce déclin supposé des États-Unis réside dans l'ampleur de leur endettement public. La dette publique américaine a ainsi passé le cap de 100 % du PIB en 2011 pour atteindre le taux de 106 % en 2013, soit environ 17000 milliards de dollars (source FMI). Cet endettement public est lié à une accumulation de déficits du budget fédéral, ce dernier ayant été particulièrement creusé durant la présidence de G. W. Bush en raison du financement des guerres en Afghanistan (2001) et en Irak (2003). Dans ce contexte, les États-Unis ont perdu, pour la première fois de leur histoire, leur triple A en août 2011 (note souveraine accordée par Standard & Poor's).

1. Département américain de la Défense, « *Sustaining U.S. Global Leadership: Priorities for 21st Century Defense* », January 2012.
2. *The Post-Americain World*, W. W. Norton & Company, 2008.

Graphique 2 : Évolution de la part du PIB des États-Unis dans l'économie mondiale entre 1980 et 2018, en comparaison de celle de l'UE et des BRICS, en %

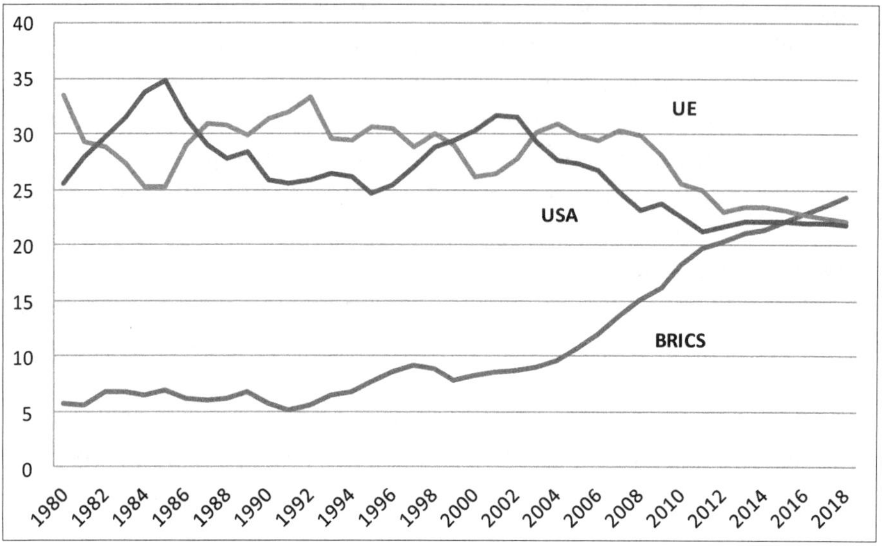

Source : FMI. Prévisions pour les données de 2013 à 2018.

ATTENTION !

La dette publique des États-Unis est plafonnée par le Congrès qui fixe depuis 1917 « la ligne de crédit maximale » que l'État fédéral ne peut dépasser sans l'accord des deux chambres du Congrès. Par conséquent, toute mesure concernant le relèvement du plafond de la dette doit être votée à la fois par la Chambre des représentants et le Sénat. La question du relèvement du plafond de la dette a fait l'objet de nombreuses tensions entre le Congrès dominé par les républicains et la Maison-Blanche démocrate depuis 2011.

Vers une indépendance énergétique des États-Unis ?

Les capacités de résilience de l'économie américaine semblent cependant importantes. En témoigne, par exemple, le grand retour des États-Unis sur le marché pétrolier. Depuis 2011, ils sont ainsi redevenus exportateurs nets de produits pétroliers, une situation inédite depuis 1949, notamment grâce au développement du gaz de schiste, c'est-à-dire du gaz non conventionnel issu de roches de schiste.

D'après le rapport de l'Agence américaine sur l'énergie publié en 2013, les États-Unis disposaient des deuxièmes plus importantes réserves mondiales d'huile de schiste, après la Russie, alors qu'ils se classaient au quatrième rang en termes de réserves de gaz de schiste (source *US Energy Information*

Administration). L'exploitation de ces nouvelles ressources énergétiques grâce aux avancées technologiques récentes ont permis aux États-Unis de devenir depuis 2009 le premier producteur mondial de gaz, devant la Russie, avec 20 % de la production mondiale (source BP Statistical Review of World Energy 2013). Par ailleurs, l'Agence internationale de l'énergie (AIE) prévoit que d'ici 2020, les États-Unis pourraient devenir le plus gros producteur de pétrole dans le monde devançant ainsi la Russie et l'Arabie Saoudite. Si les prévisions de l'AIE se confirment, on pourrait ainsi assister à une baisse des prix de gaz et de pétrole, ainsi qu'à une diminution progressive des importations pétrolières américaines, à tel point que les États-Unis pourraient devenir quasi autosuffisants en matière énergétique d'ici 2030 (source World Energy Outlook 2012). Cela pourrait inciter Washington à se désintéresser du Moyen-Orient et rendre l'Europe moins dépendante du gaz russe, à partir du moment où le prix du gaz pourrait être orienté à la baisse et où celle-ci pourrait importer davantage de charbon américain. On peut remarquer également que, depuis 2010, plusieurs centaines de milliers d'emplois industriels ont été créés aux États-Unis grâce à l'exploitation massive du gaz de schiste permettant même au pays d'envisager une réindustrialisation.

Éclairage

Le gaz et l'huile de schiste sont des hydrocarbures non-conventionnels dont l'extraction est très coûteuse car ils sont enfermés dans des roches très compactes et situés à plusieurs kilomètres de profondeur en sous-sol. À la différence du gaz et du pétrole conventionnels que l'on extrait par un forage vertical, l'extraction du gaz de schiste nécessite des moyens technologiques très complexes, notamment un forage horizontal ou une fracturation hydraulique, la technique la plus utilisée aujourd'hui, qui consiste à injecter de l'eau, du sable et des produits chimiques sous haute pression dans la roche dans le but de pousser le gaz vers la surface, technique qui est très controversée en raison de son impact potentiel pour l'environnement.

II. LA POLITIQUE ÉTRANGÈRE DES ÉTATS-UNIS

La nouvelle stratégie de la sécurité américaine : la « guerre contre le terrorisme »

L'histoire récente de la politique étrangère des États-Unis a été tout particulièrement marquée par les attentats terroristes du 11 septembre 2001. Ces derniers ont donné naissance à une nouvelle stratégie de la sécurité américaine fondée sur la « guerre contre le terrorisme ». Annoncée par le président Bush dans un discours prononcé le jour même des attentats, la « guerre contre le terrorisme » vise à combattre à la fois les terroristes qui ont commis ces attentats, notamment ceux appartenant à Al-Qaïda, et tout État ou régime qui est censé les protéger, tel que les Talibans en Afghanistan soupçonnés d'héberger et de soutenir les terroristes d'Al-Qaïda, et en particulier leur leader Oussama Ben Laden. C'est la raison pour laquelle, en octobre 2001, les États-Unis sont intervenus militairement en Afghanistan dans le cadre d'une coalition internationale. Cette dernière a été formée suite à l'application, sans précédent, des dispositions de l'article 5 du traité de l'OTAN à la demande des États-Unis. L'attaque du 11 septembre a été par conséquent considérée comme une attaque menée contre tous les membres de l'Alliance et le droit de légitime défense a été accordé aux États-Unis. Le 20 décembre 2001, le Conseil de sécurité des Nations unies a voté à l'unanimité la résolution 1386 autorisant la constitution d'une Force internationale d'assistance à la sécurité (ISAF) pour « aider l'Autorité intérimaire afghane à maintenir la sécurité à Kaboul et dans ses environs, de telle sorte que l'Autorité intérimaire afghane et le personnel des Nations unies puissent travailler dans un environnement sûr ». En 2003, à la demande de l'ONU et du gouvernement afghan, l'OTAN a pris le commandement de l'ISAF. 49 pays faisaient partie de l'ISAF en octobre 2013 (source OTAN).

Deux ans après la guerre en Afghanistan, une deuxième « guerre contre le terrorisme », a été déclenchée par l'administration Bush. En mars 2003, sous l'influence des néoconservateurs au sein de son Administration persuadés que le régime de Saddam Hussein soutenait les terroristes d'Al-Qaïda et que l'Irak disposait d'un programme nucléaire clandestin, le président Bush annonce sa décision, approuvée par le Congrès américain, d'intervenir en Irak. À la différence de la guerre en Afghanistan, la guerre en Irak a été lancée par les États-Unis de façon unilatéraliste et sans autorisation du Conseil de sécurité de l'ONU. En l'occurrence, cette guerre a suscité beaucoup de débats, notamment en Europe où certains pays, comme la France et l'Allemagne, ont ouvertement déclaré leur opposition à toute intervention militaire en Irak de la part des États-Unis qui serait, à leurs yeux, non-justifiée et illégitime du point de vue du droit international.

La doctrine Bush : la politique du « *hard power* »

Après le 11 septembre 2001, la politique étrangère de G. W. Bush est basée sur ce que l'on appelle souvent la « doctrine Bush ». Celle-ci s'inspire d'une vision plutôt manichéenne du monde selon laquelle la « guerre contre le terrorisme » est conçue comme une sorte de croisade contre l'Islam radical et contre tous les pays qui sont censés soutenir les terroristes. La nouvelle stratégie de « guerre contre le terrorisme » radicalise la politique étrangère de

Bush jusqu'au point de considérer qu'un État qui refuse de s'allier aux États-Unis dans leur combat contre le terrorisme est un ennemi, comme cela a été annoncé par le président Bush dans son discours du 20 septembre 2001 : « Soit vous êtes avec nous, soit vous êtes avec les terroristes ».

La « doctrine Bush » repose également sur l'idée selon laquelle les nouvelles menaces proviennent non seulement des terroristes, mais aussi des « États voyous » (*Rogue states*), c'est-à-dire des États jugés hostiles aux intérêts américains qui s'appuient sur des régimes autoritaires, représentent une menace pour la sécurité américaine et internationale car ils mènent une politique étrangère agressive en cherchant à se doter d'armes de destruction massive et en soutenant des actes terroristes. Plusieurs États ont été classés dans cette catégorie au cours de la présidence Bush, mais les trois États considérés comme étant les plus dangereux pour la sécurité américaine, et faisant ainsi partie de ce que G. W. Bush a appelé « l'Axe du Mal », étaient l'Irak, l'Iran et la Corée du Nord.

Afin de combattre les « États voyous », la doctrine Bush a mis en avant l'idée de « guerre préventive ». Cette dernière est définie comme une action militaire visant à prévenir de futures attaques éventuelles avant qu'il ne soit trop tard. La « guerre préventive » est ainsi légitimée comme une sorte d'acte de légitime défense par anticipation que les États-Unis ont mis en œuvre par rapport à l'Irak, avant que ce pays ne devienne trop puissant ou ne se serve de ses armes de destruction massive. Le concept de « guerre préventive » permet ainsi aux États-Unis de justifier leur intervention en Irak, ainsi que leur politique de « changement de régime » (*Regime change*) visant à renverser le régime de Saddam Hussein et à mettre en place un système politique davantage basée sur la démocratie et le respect des droits de l'homme. Dans cette logique, les États-Unis se réservent le droit de prendre des décisions de façon unilatérale sans concertation avec d'autres États, notamment avec leurs alliés, ou avec des institutions internationales. Enfin, la doctrine Bush est aussi basée sur l'idée de l'hégémonie américaine selon laquelle la prédominance des États-Unis dans le monde, y compris leur puissance militaire (le « *hard power* »), serait acceptée, et même souhaitée, par les autres États, car considérée comme indispensable au maintien de la sécurité internationale.

Éclairage

Les néoconservateurs sont un courant idéologique aux États-Unis incarné par un groupe d'intellectuels et d'experts, généralement proches du Parti républicain. Ils défendent une politique de fermeté en matière de politique extérieure et de défense et prônent un interventionnisme militaire à l'étranger. Ils ont notamment influencé l'administration Bush dans sa décision d'intervenir militairement en Irak en 2003.

La stratégie du « *smart power* » de Barack Obama

La politique étrangère de Barack Obama fait souvent l'objet de critiques, notamment par rapport au dossier israélo-palestinien sur lequel, contrairement à sa promesse de campagne, le président n'a pas pu beaucoup avancer ou au sujet de sa promesse non tenue de fermer la prison américaine de Guantanamo située à Cuba à cause de l'opposition du Congrès, pourtant dominé par les démocrates au moment du vote du décret signé par le président en mai 2009. Cependant, force est de constater que la politique étrangère du premier président métis dans l'histoire des États-Unis marque un changement par rapport à la politique étrangère de son prédécesseur. Le changement se fait, tout d'abord, par rapport aux deux guerres déclenchées par l'administration Bush, celle en Afghanistan et celle en Irak. À la différence du président Bush, qui inscrivait les deux guerres dans le contexte plus large de la « guerre contre le terrorisme », Obama dénonce ces guerres et considère que si la guerre en Afghanistan est une « guerre de nécessité », celle en Irak est une « guerre de choix » à laquelle il s'est opposé dès le début. Dès son arrivée au pouvoir le 20 janvier 2009, Obama a annoncé un plan visant à mettre fin aux deux guerres de Bush – d'abord à celle en Irak en retirant toutes les troupes américaines du pays en décembre 2011, et ensuite à celle en Afghanistan en transférant progressivement le contrôle de la sécurité du pays à l'armée afghane et en prévoyant un retrait complet des forces américaines d'ici fin 2014.

La politique étrangère d'Obama s'articule, en effet, autour d'une nouvelle vision du monde et du leadership américain selon laquelle le rôle des États-Unis serait non pas celui d'une puissance hégémonique, mais celui d'un leader qui serait « le premier parmi d'autres » (*Primus inter pares*) dans un monde marqué par une « interdépendance complexe » et composé non pas de rivaux mais de « multiples partenaires ». Le changement politique et la réaffirmation du leadership américain reposent pour l'administration Obama sur une conception élargie de la puissance américaine, qui va au-delà de la dimension purement militaire, incarnée par les concepts de « *smart power* » et « *smart diplomacy* ». Le « *smart power* » est généralement défini par la synthèse intelligente du « *hard power* » et du « *soft power* », alors que la « *smart diplomacy* » suppose une plus grande concertation entre les États-Unis et leurs partenaires visant ainsi un partage du coût et de la responsabilité sur la scène internationale. L'annonce officielle de l'adoption de la stratégie de « *smart power* » est faite le 13 janvier 2009. Le retour de la diplomatie sur le devant de la scène politique américaine, après une nette domination de la sécurité et de la défense pendant les années Bush, est l'une des principales applications du changement de politique opéré par Obama. Concrètement, la « *smart diplomacy* » s'est traduite par les nombreuses visites effectuées par Hillary Clinton aux quatre coins du monde pendant la durée de son mandat. Parmi les 112 pays visités par celle-ci, figurent des États traditionnellement boudés par Washington compte tenu de leur régime autoritaire et/ou de leur politique étrangère agressive, tels que la Birmanie, le Laos ou le Cambodge.

La stratégie du « *smart power* » permet aux États-Unis de redéfinir leur position par rapport à certains pays considérés par l'administration Bush comme rivaux ou comme des « États voyous » car hostiles aux intérêts américains. En l'occurrence, la politique étrangère d'Obama est souvent définie comme une politique de la « main tendue » car elle met davantage l'accent sur la diplomatie directe et le dialogue avec tous les États, y compris les « régimes extrêmes », tels que l'Iran, Cuba, la Syrie et la Corée du Nord. On parle aussi d'une stratégie de « *reset* », c'est-à-dire de « redémarrage », par rapport aux relations russo-américaines qui pourrait être illustrée par la signature du nouveau traité sur le désarmement nucléaire START (*Strategic Arms Reduction Treaty* ou réduction des armes nucléaires stratégiques) par Barack Obama et son homologue russe Dmitri Medvedev en avril 2010. Les relations sino-américaines ont été aussi marquées par une reprise du dialogue politique, ainsi que par la mise en place d'une politique de partenariat stratégique, et surtout économique, liée notamment au fait que la Chine est le plus important créancier de la dette publique américaine.

L'administration Obama a aussi clairement montré son intérêt pour la région Asie-Pacifique au détriment du Moyen-Orient et de l'Europe, comme en témoigne le premier voyage officiel d'Hillary Clinton en tant que secrétaire d'État qu'elle a effectué en Asie en visitant la Chine, le Japon, l'Indonésie et la Corée du Sud, en rupture avec à la tradition selon laquelle le secrétaire d'État américain se rend d'abord en Europe. Dans la même logique, le premier déplacement d'Obama lui-même après sa réélection en 2012 était aussi en Asie du

Éclairage

En 2013, suite aux déclarations d'un ancien employé de la CIA, Edward Snowden, la presse a révélé l'existence d'un vaste programme américain de surveillance des communications sur internet appelé Prism, qui avait été mis en place en 2007 par l'administration Bush et qui a été développé ensuite par l'administration Obama. Il permet à l'Agence nationale de sécurité (NSA) de collecter auprès des principaux acteurs d'internet (Google, Facebook, Microsoft, Yahoo !, etc.) des informations sur les e-mails, les fichiers photo, ou le contenu des communications audio et vidéo par internet d'un certain nombre de personnes dans le cadre de la lutte contre le terrorisme. D'autres révélations indiquent que cette surveillance s'étend aux communications dans des pays alliés et même des communications téléphoniques de plusieurs dizaines de dirigeants dans le monde.

Sud-Est. Le « pivot américain » vers l'Asie est au cœur de la nouvelle stratégie du Pentagone annoncée en janvier 2012. Il s'agit d'une redéfinition des priorités stratégiques des États-Unis, désormais focalisées sur le Pacifique, qui se traduit par un redéploiement des forces américaines dans la région, ainsi que par une participation marquée dans les forums économiques tels que le forum régional de l'Association des nations de l'Asie du Sud-Est (ASEAN). Le repositionnement américain en Asie-Pacifique est surtout justifié par la montée en puissance de la Chine à la fois sur le plan économique et politico-militaire.

Enfin, il convient de souligner que la combinaison du « *hard power* » et du « *soft power* » ne signifie pas nécessairement que l'administration Obama privilégie le second au détriment du premier. Ainsi, l'opération militaire menée par les forces spéciales américaines au Pakistan en mai 2011 sans en avertir au préalable les autorités pakistanaises, qui a abouti à la mort d'Oussama Ben Laden, relève de façon typique du « *hard power* ». Cette opération est, par ailleurs, considérée comme l'un des grands succès d'Obama dans la lutte contre le terrorisme car il a réussi à mettre fin à la traque de l'homme le plus recherché par Washington et jugé responsable des attentats du 11 septembre. Un autre exemple de la mise en œuvre du « *hard power* » américain est le fait que le président Obama soit le président américain qui a ordonné le plus grand nombre de frappes ciblées lors des missions accomplies par des drones, c'est-à-dire des avions sans pilote, en Somalie, au Yémen et au Pakistan, notamment dans les zones tribales pakistanaises.

L'essentiel à retenir

- Les États-Unis restent la première puissance économique, politique et militaire dans le monde
- L'autosuffisance énergétique des États-Unis est attendue d'ici 2030 grâce à l'exploitation du gaz de schiste
- Le concept du « monde post-américain » renvoie au déclin économique des États-Unis suite à la crise des subprimes et à la montée en puissance des pays émergents, notamment de la Chine
- Les attentats terroristes du 11 septembre ont profondément marqué la politique étrangère américaine donnant ainsi naissance à la « guerre contre le terrorisme » qui a inspiré la doctrine Bush, très axée sur le « hard power »
- La politique étrangère d'Obama est essentiellement basée sur la stratégie du « smart power » et la mise en place d'une « smart diplomacy »

? Testez-vous !

1. À quel rang les États-Unis se classent-ils parmi les pays les plus peuplés du monde ?

2. Quels sont les principaux symptômes du « déclin » des États-Unis ?

3. Quelles sont les caractéristiques principales de la « doctrine Bush » ?

4. Qu'est-ce que le « smart power » ?

5. À propos de quel pays l'administration Obama a-t-elle mis en place une stratégie qualifiée de « reset » (redémarrage) ?

Chapitre IX
La Chine

Ce que vous allez apprendre

- La Chine est assurément un géant démographique et économique, mais elle a aussi les traits d'un colosse aux pieds d'argile
- La Chine dispose de tous les attributs d'une grande puissance politique et militaire
- La politique extérieure chinoise est tendue entre deux pôles : un pôle coopératif et un pôle nationaliste
- La politique extérieure chinoise est d'abord mue par la volonté de favoriser le développement économique du pays, mais également par une grande soif de revanche historique

I. UN GÉANT DÉMOGRAPHIQUE ET ÉCONOMIQUE

Le pays le plus peuplé du monde

La force, mais aussi la faiblesse, traditionnelles de la Chine résident dans la taille de sa population. En 2013, celle-ci s'élevait ainsi à 1,357 milliard d'habitants, ce qui représentait 19 % de la population mondiale (Source : *Population Reference Bureau*). Ceci n'est pas nouveau puisque la population chinoise représente depuis des siècles une part significative de la population mondiale. La Chine est bien entendu le pays le plus peuplé du monde devant l'Inde (Graphique 1). En 2011, le magazine américain *The National Geographic* avait établi le portrait-robot de l'homme censé être le plus représentatif de l'humanité. Selon le magazine, il s'agissait d'un homme chinois de 28 ans appartenant à la principale ethnie du pays, l'ethnie han, qui est également le groupe ethnique le plus nombreux du monde.

Graphique 1 : La Chine, première puissance démographique mondiale en 2013

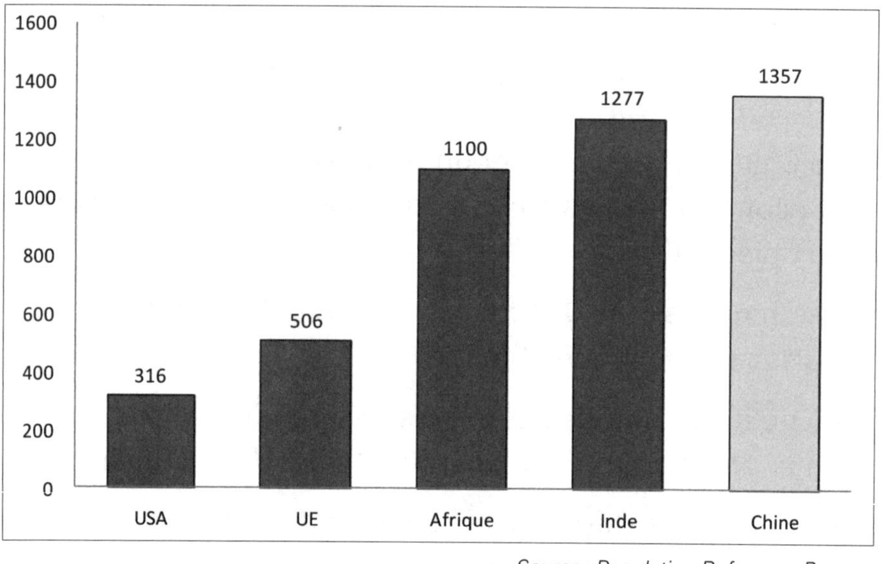

Source : Population Reference Bureau.

Une irrésistible ascension économique

Si l'on parle autant de la Chine ces dernières années, c'est bien entendu en raison de sa spectaculaire réussite économique. L'économie chinoise a connu, en effet, des taux de croissance exceptionnels depuis son ouverture en 1978-1979. Ce fut tout particulièrement le cas durant les années 1990 où ces taux ont été de l'ordre de 15 % en moyenne annuelle et durant les années

2000 où ils ont également dépassé le seuil des 10 %. La Chine, qui était la 7e puissance économique mondiale en 1999, derrière l'Italie, est ainsi devenue la 2de économie mondiale depuis 2010. Elle a donc dépassé l'Italie en 2000, la France en 2005, le Royaume-Uni en 2006, l'Allemagne en 2007 et le Japon en 2010 (Graphiques 2 et 3). Elle a aussi accédé récemment au rang de première ou de seconde puissance industrielle mondiale, selon les sources, d'où son surnom d'« atelier industriel du monde ».

Graphique 2 : Évolution du PIB de la Chine et des autres principales économies entre 1980 et 2018, en milliards de dollars courants

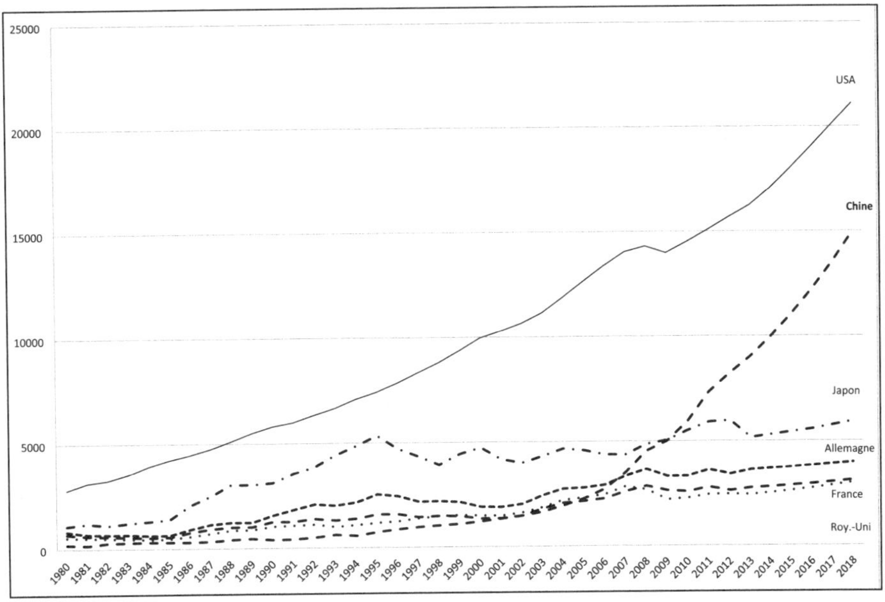

Source : FMI. Prévisions pour les données de 2013 à 2018.

La Chine est devenue également un acteur majeur du commerce international. Elle est le premier exportateur mondial de marchandises depuis 2009 et la première puissance commerciale mondiale[1] depuis 2012, et Shanghai est le premier port au monde pour le trafic de containers depuis 2010[2] (source CNUCED). Cela tend à montrer que la Chine constitue une sorte de vaste « hub » industriel au sein duquel les entreprises occidentales et asiatiques externalisent une partie de leur production pour réexporter ensuite les produits fabriqués ou assemblés sur place un peu partout dans le monde. Une partie importante des exportations chinoises sont donc en fait des exportations de produits assemblés en Chine par des entreprises étrangères. Le pays est, en

1. Mesurée par le volume des exportations et des importations.
2. 7 des 11 premiers ports dans le monde se trouvaient en Chine en 2010.

effet, le 2[d] bénéficiaire dans le monde des investissements directs étrangers (données pour 2010, source CNUCED). Enfin, pour faire tourner cette machine industrielle, la Chine est devenue l'un des plus gros consommateurs d'énergie dans le monde : le premier consommateur mondial de charbon, le 2[d] consommateur de pétrole (source BP) et, par voie de conséquence, le premier émetteur de CO_2 dans le monde depuis 2007 (source AIE).

Avec une économie largement tournée vers l'exportation, sur le « modèle » du Japon et des « dragons asiatiques », la Chine dégage de très importants excédents de la balance commerciale et de la balance des paiements, à un point tel que le pays dispose des plus importantes réserves de changes au monde. Elle a également créé des fonds souverains dont le montant des actifs est parmi les plus élevés du monde, avec le 3e fonds souverain dans le monde par le montant des actifs (SAFE Investment Company), alors que la Chine était à la tête de 4 des 10 plus grands fonds souverains du monde en 2013 (source : *Sovereign Wealth Fund Institute*). Enfin, elle est le premier créancier étranger des États-Unis par le montant des obligations d'État américaines qu'elle détient.

Graphique 3 : Évolution de la part du PIB en parité de pouvoir d'achat de la Chine dans l'économie mondiale entre 1980 et 2018, en comparaison de celle de l'UE et des États-Unis, en %

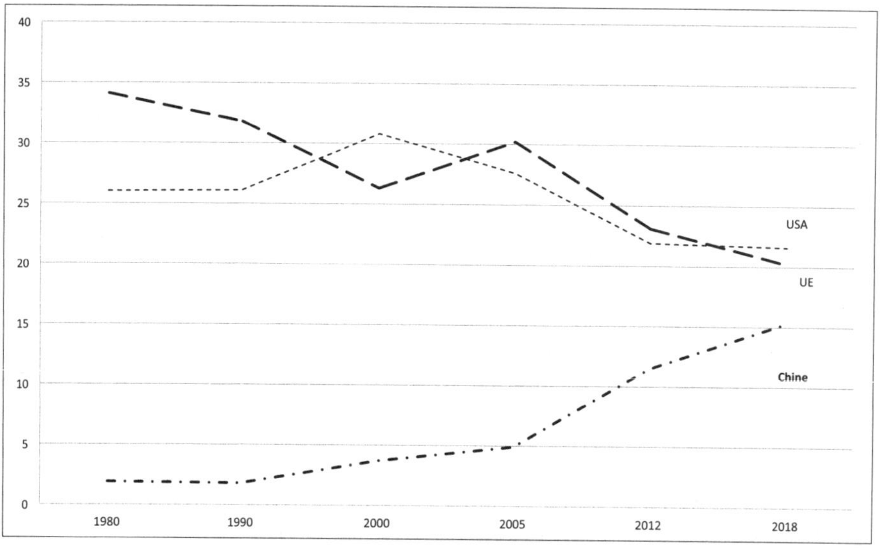

Source : FMI. Prévisions pour les données de 2013 à 2018.

L'Empire du milieu est également une place financière importante puisque les bourses de Hong Kong et de Shanghai figurent parmi les plus grandes bourses mondiales en termes de capitalisation boursière, respectivement au

6e et au 7e au rang mondial fin 2012 (source : *World Federation of Exchanges*), tandis que l'Industrial and Commercial Bank of China était la 4e banque mondiale par le montant de ses actifs en 2012 (source : *Global Finance*). Enfin, les entreprises chinoises sont aussi de plus en plus puissantes. Trois d'entre elles figuraient ainsi parmi les 7 premières entreprises mondiales par le montant de leur chiffre d'affaires en 2011 et on pouvait trouver 73 entreprises chinoises sur les 500 premières entreprises mondiales (source Fortune Global 500). Par ailleurs, le marché chinois apparaît de plus en plus attractif puisque, par exemple, le marché automobile chinois est devenu le premier marché mondial depuis 2009. Certains estiment ainsi que la Chine pourrait ravir aux États-Unis leur première place dans l'économie mondiale en termes de PIB à l'horizon 2020-2030.

Un colosse aux pieds d'argile ?

La Chine n'est pas pour autant assurée de devenir la principale puissance globale en lieu et place des États-Unis dans les décennies à venir. La montée de la puissance chinoise s'appuie, en effet, sur des facteurs qui ne paraissent pas aussi solides que ce que l'on pourrait penser spontanément.

Le pays est ainsi un géant démographique fragile. La population chinoise, dont le rythme de croissance s'est largement ralenti, devrait être ainsi dépassée par celle de l'Inde aux alentours de 2025. À plus long terme, on pourrait assister à une baisse significative de cette population en raison d'une réduction importante du taux de fécondité sous l'effet de la politique gouvernementale dite de l'« enfant unique ». Selon les projections des Nations unies, celle-ci pourrait baisser de plus de 450 millions d'habitants entre 2025 et 2100. Cela se traduirait par un vieillissement accéléré de la population avec un accroissement spectaculaire de la part des personnes âgées. Ceci aurait bien entendu un effet dépressif sur l'évolution de la population active chinoise, qui pourrait baisser de plus de 10 % entre 2010 et 2050.

La montée en puissance économique chinoise paraît donc plutôt fragile. Elle repose pour le moment sur une triple dépendance : une dépendance vis-à-vis des marchés et des investisseurs étrangers, vis-à-vis des approvisionnements en matières premières, notamment énergétiques, en provenance de l'extérieur et vis-à-vis d'une main-d'œuvre locale abondante et peu coûteuse. Ce sont autant d'éléments qui en se retournant pourraient contribuer à réduire le rythme de croissance chinois. On a pu le voir avec un ralentissement de la croissance du pays à partir du moment où la reprise dans les pays industrialisés a montré quelques faiblesses à partir de l'été 2011. La baisse prévisible de la population active chinoise et l'accroissement des salaires peuvent également rendre l'attractivité de la main-d'œuvre locale moins importante aux yeux des entreprises multinationales occidentales et japonaises. Enfin, la vulnérabilité de la Chine semble être grande face à un nouveau « choc » pétrolier ou à un accroissement brusque et spectaculaire du prix de toute autre matière première.

Un autre élément de fragilité réside dans la nécessité absolue pour les autorités chinoises de faire en sorte que l'économie enregistre des taux de croissance élevés afin de maintenir une stabilité sociale dans un pays en proie aux inégalités sociales de plus en plus criantes, aux disparités régionales, aux tentations séparatistes dans certaines régions, à l'impact d'un exode rural massif, du vieillissement prématuré de la population et des disparités numériques de plus en plus nettes entre les hommes et les femmes[1]. Or, sans une croissance économique forte, le gouvernement chinois pourrait être tenté de recourir au nationalisme en vue de favoriser une certaine cohésion de la société et ainsi de se maintenir au pouvoir, ce qui serait sans aucun doute un facteur de déstabilisation régionale, mais aussi internationale.

La dernière interrogation porte sur les réactions provoquées dans le reste de l'Asie et en Occident par la montée en puissance de la Chine. Celle-ci sera d'autant mieux acceptée que Pékin se situera dans une logique crédible de coopération. Dans le cas où les intentions chinoises ne seraient pas très claires et où le nationalisme tendrait à l'emporter sur la logique de coopération, les réactions pourraient être plus fermes face à ce qui serait perçu comme une politique agressive et des menaces chinoises pesant sur la stabilité régionale.

II. UNE GRANDE PUISSANCE

Une puissance politique globale émergente

La Chine dispose d'ores et déjà des différents attributs de la puissance internationale. Elle est membre permanent du Conseil de sécurité des Nations unies depuis 1971[2]. Elle a établi des relations diplomatiques avec la plupart des États dans le monde à partir des années 1970 et du spectaculaire rapprochement opéré avec les États-Unis, suite à la visite historique effectuée par le président Nixon en Chine en 1972. Pékin a ainsi établi des relations diplomatiques avec le Japon en 1972 et avec les États-Unis en 1979. Enfin, la Chine

1. La politique de l'« enfant unique » a conduit à privilégier la naissance des petits garçons sur celle des petites filles. Les autorités chinoises ont décidé d'assouplir cette politique en 2013.
2. En remplacement des nationalistes de Taiwan qui occupaient le siège de la Chine à l'ONU depuis 1945.

est intégrée dans les grandes institutions internationales et régionales. Elle appartient aux principales organisations internationales (ONU, Fonds monétaire international, Banque mondiale, Organisation mondiale du commerce, etc.), mais aussi au G20 et à quelques organisations transcontinentales et régionales (APEC-Forum de coopération économique Asie-Pacifique, Forum régional de l'ASEAN ou Organisation de coopération de Shanghai-OSC). La Chine cherche également à développer ses relations avec les autres pays émergents, notamment dans le cadre du sommet des BRICS.

Une montée en puissance significative sur le plan militaire

La Chine est, après les États-Unis, la 2de puissance militaire dans le monde en termes de dépenses militaires. On observe, en effet, une hausse constante des dépenses militaires chinoises depuis quelques années (Graphique 4). Celles-ci ont été ainsi multipliées par 8,6 entre 1989 et 2012 en dollars constants (source SIPRI). La Chine fait également partie du « club nucléaire ». Elle est détentrice de l'arme nucléaire depuis 1964, arme qu'elle a développée à l'époque grâce à l'aide soviétique. Selon certaines estimations, elle disposerait de plus d'une centaine de têtes nucléaires et d'un important arsenal de vecteurs (missiles intercontinentaux et missiles à moyenne portée). Elle est également l'un des principaux importateurs d'armes conventionnelles dans le monde.

Graphique 4 : Évolution des dépenses militaires chinoises entre 1988 et 2012 en comparaison de celles des États-Unis, en milliards de dollars constants (2011)

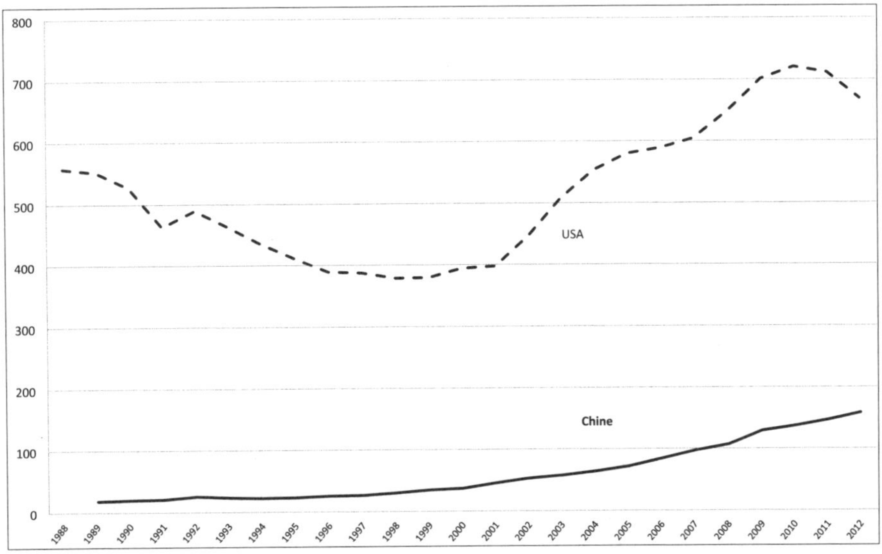

Source : SIPRI.

Pékin a plusieurs priorités en matière de défense. Le pays mise en particulier sur un effort de modernisation technologique de l'équipement de son armée et sur un développement de ses capacités de projection et d'intervention militaire à l'étranger. Cela s'est traduit, par exemple, récemment par le lancement en 2011 du premier porte-avions chinois et par le déploiement, pour la première fois en 2008, de forces navales chinoises au-delà de l'océan Pacifique, en l'occurrence dans le golfe d'Aden, qui se situe entre le Yémen et la Somalie.

La Chine justifie cette hausse spectaculaire des dépenses militaires par le fait d'être entourée, selon elle, d'États qui représenteraient une menace sur le plan militaire, que ce soit le Japon, la Corée du Sud, l'Inde ou le Vietnam. Elle exprime aussi le besoin de sécuriser les routes maritimes d'approvisionnement énergétique dans l'Océan indien et la Mer de Chine méridionale. Cette montée en puissance militaire de la Chine est néanmoins perçue avec beaucoup d'inquiétudes par certains États en Asie, mais aussi par les États-Unis.

Éclairage

L'Organisation de coopération de Shanghai (OCS) est une organisation internationale qui a été créée en juin 2001. Outre la Chine, elle a pour États-membres la Russie et les États d'Asie centrale (Kazakhstan, Kirghizstan, Ouzbékistan et Tadjikistan), tandis que l'Inde, l'Iran, la Mongolie et le Pakistan y ont un statut d'observateur. Ses objectifs principaux sont le renforcement de la confiance et des rapports de bon voisinage entre les États-membres, le maintien de la paix et de la stabilité régionales, qui se traduit notamment par une coopération dans le domaine de la lutte antiterroriste, et le développement de la coopération.

III. LA POLITIQUE EXTÉRIEURE CHINOISE

Le concept d'émergence pacifique

La politique extérieure chinoise semble être tendue entre deux pôles qui sont en partie contradictoires. Le premier est l'objectif prioritaire du développement économique du pays qui incite les autorités chinoises à jouer le jeu de la coopération internationale, en particulier avec les États-Unis. Il correspond au concept d'« émergence pacifique » élaboré en 2003 par les autorités chinoises pour rassurer la communauté internationale sur la nature pacifique de leurs intentions et sur l'impact positif de la montée en puissance de la Chine sur la scène globale.

L'objectif principal de la politique extérieure de Pékin semble être, en effet, principalement de créer un environnement international et régional qui soit propice au développement économique du pays, la priorité numéro un du gouvernement chinois. Il semble exister, en effet, une sorte de contrat tacite entre l'État et la société en Chine. Le gouvernement s'engage à tout faire pour que le pays sorte du sous-développement, que la population voit son niveau de vie s'accroître et que les inégalités sociales et les disparités régionales se réduisent. C'est à cette seule condition qu'une stabilité sociale peut être assurée dans le pays et donc que le maintien d'un régime communiste au pouvoir peut être envisagé. Cet impératif absolu de croissance nécessite par conséquent en premier lieu une insertion de la Chine dans l'économie mondiale et l'établissement de relations de coopération avec les zones jugées utiles de son point de vue sur le plan économique, tant en termes de débouchés, que de sources d'approvisionnement en ressources naturelles ou d'investissement.

Si la Chine souhaite que ses taux de croissance restent très élevés, elle a donc tout intérêt à développer de bonnes relations avec les grands pôles de l'économie mondiale que sont les États-Unis, le Japon ou l'Union européenne, à faire en sorte que ces pôles restent dynamiques sur le plan économique (par exemple en rachetant une partie de leur dette publique), à apaiser les tensions qui peuvent exister avec ses voisins en promouvant la paix et le rapprochement économique avec eux, notamment avec l'Inde, à nouer des relations avec certains États qui sont d'importants pourvoyeurs de ressources naturelles et d'hydrocarbures et enfin à assurer la sécurité de ses approvisionnements en ressources. C'est dans ce contexte que s'est ainsi développée ce que l'on appelle la « Chinafrique ».

La Chine est devenue, en effet, l'un des principaux partenaires économiques de l'Afrique en développant des échanges commerciaux avec le continent, en multipliant les accords commerciaux et énergétiques, en investissant massivement dans les infrastructures, l'agriculture et l'énergie africaines ou en facilitant les aides financières en faveur des gouvernements locaux. Cette coopération a même été institutionnalisée avec la mise en place de sommets Chine-Afrique depuis 2006. Même si ce rapprochement est controversé, il a largement contribué au décollage économique du continent depuis les années 2000. D'un certain point de vue,

Éclairage

La Chine a noué ces dernières années des partenariats stratégiques avec le Pakistan, le Bangladesh, le Sri Lanka, la Birmanie (Myanmar) ou le Cambodge en vue de protéger ses approvisionnements notamment énergétiques. Ces partenariats ont pris la forme d'un réseau de bases navales et aériennes et de station de surveillance qui s'étendent du Moyen-Orient jusqu'à la mer de Chine méridionale. C'est ce que certains observateurs ont qualifié de « collier de perles », concept qui a été rejeté par les autorités chinoises. Certains États, et plus particulièrement l'Inde, craignent néanmoins que ces ports orientés vers le commerce ne se transforment à un moment donné en bases navales militaires permanentes.

on peut donc affirmer que la politique extérieure chinoise est largement conditionnée par les besoins de l'économie nationale.

La tentation nationaliste chinoise

La politique de Pékin ne s'en tient pas seulement à cette ambition d'émerger de façon pacifique au premier plan de la scène internationale ou à la simple défense de ses intérêts nationaux. Ce besoin de stabiliser son environnement régional tend ainsi souvent à se heurter à la volonté d'assurer l'unité du pays, notamment autour la question de Taiwan, et de favoriser une hégémonie proprement chinoise en Asie. Au-delà, la Chine souhaite être considérée comme un acteur global responsable conformément à son « rang ». Le second pôle de la politique extérieure chinoise est, en effet, la vision proprement nationaliste de la Chine qui est susceptible de générer des tensions, voire potentiellement des conflits.

Les autorités de Pékin estiment tout d'abord que l'ensemble de ce qu'elles considèrent être des parties de la Chine doivent rentrer dans le giron national ou bien y rester. Cela vaut tout particulièrement pour Taiwan. Les nationalistes, qui ont perdu la guerre civile face aux communistes en 1949, se sont réfugiés sur l'île de Formose dans l'objectif de reconquérir à nouveau le continent. Ils revendiquent d'ailleurs la continuité de la Chine, en ayant appelé officiellement le territoire « République de Chine », Taiwan n'étant pas un État indépendant. C'est d'ailleurs Taiwan qui a occupé le siège de la Chine à l'ONU jusqu'en 1971. Pékin considère, de son côté, que Taiwan est une province chinoise provisoirement détachée sur la base de la théorie d'« une seule Chine ». Cela signifie qu'un État qui a établi des relations diplomatiques avec Pékin ne peut en aucun cas établir des relations similaires avec Taipei à partir du moment où il n'existe qu'une seule Chine, en l'occurrence la République populaire de Chine (RPC). L'une des principales priorités de la politique « extérieure » chinoise est donc de favoriser la réunification avec Taiwan et par voie de conséquence d'isoler au maximum l'île d'un point de vue diplomatique et surtout de tout faire pour empêcher le territoire de proclamer unilatéralement son indépendance. Ceci est même considéré comme un *casus belli* par Pékin. En 2005, la Chine a ainsi adopté une loi « anti-sécession » qui menace l'île du recours à des « moyens non pacifiques » en cas de déclaration d'indépendance, plus d'un millier de missiles balistiques chinois étant ainsi pointés vers Taiwan.

Parallèlement, la Chine refuse d'envisager toute forme de séparatisme de la part des provinces du Tibet ou du Xinjiang, en particulier pour des raisons économiques. Le Tibet dispose, en effet, de très importantes ressources en eau, tandis que le Xinjiang est un territoire riche en pétrole, en gaz et en ressources naturelles.

Pékin aspire également à ce que l'Asie soit dirigée par des Asiatiques, donc à une sorte de doctrine Monroe à la chinoise, en visant bien entendu les États-Unis. L'objectif de la Chine est par conséquent de faire en sorte que l'hégémonie américaine dans la zone Asie-Pacifique soit remise en cause au profit d'une hégémonie chinoise. Le fort réinvestissement de Washington dans la région, Barack Obama déclarant même que les États-Unis sont une « nation d'Asie-Pacifique[1] », constitue une réponse américaine à cette ambition chinoise. Celle-ci n'est pas non plus du goût d'autres États asiatiques qui craignent une telle hégémonie chinoise, perceptible à leurs yeux notamment dans l'attitude que Pékin adopte dans les contentieux territoriaux relatifs à la mer de Chine méridionale.

La Chine revendique également de plus en plus une place qui soit plus conforme à son rang réel dans les organisations internationales (augmentation de sa quote-part au Fonds monétaire international par exemple) ou dans les instances de régulation qui se sont mises en place récemment (comme le G20). Pékin développe à cet effet une politique de *soft power*, une alliance avec d'autres États contestant l'hégémonie américaine et aspirant à un monde multipolaire, comme la Russie, et une sorte de lobbying des États émergents à travers différents groupes, en particulier les BRICS.

LA CHINE CONTEMPORAINE ET LE MONDE EN 10 DATES

1950-1953 : Les troupes chinoises interviennent dans la guerre de Corée pour appuyer l'armée nord-coréenne face aux troupes sud-coréennes et des Nations unies

1962 : Offensive militaire chinoise dans le Nord de l'Inde suite à une série d'incidents frontaliers

1963 : Rupture sino-soviétique. En 1969, les troupes des deux pays s'affronteront suite à de nombreux incidents frontaliers

1964 : La Chine se dote de l'arme atomique

1971 : Admission de la République populaire de Chine à l'ONU pour occuper le siège de la Chine en remplacement de Taiwan

1978 : Signature d'un traité de paix et d'amitié avec le Japon. Les deux pays avaient rétabli leurs relations diplomatiques en 1972

1979 : Établissement de relations diplomatiques avec les États-Unis. En 1972, le président américain Richard Nixon avait effectué une visite historique en Chine. En février 1979, Pékin lance une offensive militaire contre le Vietnam, alors allié de l'URSS et qui était intervenu au Cambodge deux mois plus tôt pour renverser le régime des Khmers rouges, soutenu par la Chine. Ce conflit assez bref est un échec militaire pour l'armée chinoise

1992 : Déclaration conjointe signée avec la Russie constituant le fondement des relations entre les deux États et stipulant notamment que ceux-ci sont des pays amis

2001 : Adhésion de la Chine à l'Organisation mondiale du commerce (OMC)

2010 : La Chine devient la seconde puissance économique mondiale

1. Discours de B. Obama prononcé à Tokyo le 14 novembre 2009.

Une soif de revanche historique

Cette posture nationaliste est alimentée par la grande soif de revanche historique exprimée par les dirigeants chinois et la population du pays. Ils entendent faire en sorte que la Chine recouvre le rang qui lui est dû, de leur point de vue, et efface ainsi 150 années d'humiliations subies de la part des États occidentaux et du Japon. C'est ce qui explique que l'un des grands objectifs de Pékin soit de permettre à la Chine de retrouver la place qui était la sienne jusqu'en 1850, celle de principale puissance économique mondiale (Graphique 5) et de puissance régionale hégémonique en Asie.

Graphique 5 : La Chine, grande puissance économique avant la Révolution industrielle, part du PIB mondial en %

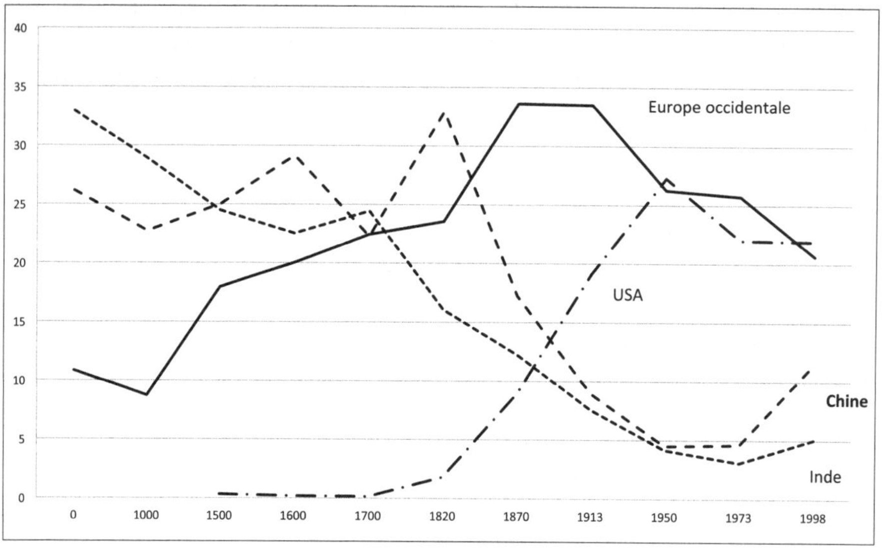

Source : Données A. Maddison.

Il existe, en effet, une grande fierté nationale en Chine liée à l'ancienneté et à la grandeur de la civilisation chinoise et à l'histoire du pays. Son émergence sur le plan économique et sur la scène internationale est ainsi perçue comme un moyen d'effacer 150 ans d'humiliations, notamment de la première guerre de l'Opium en 1840 jusqu'à la défaite du Japon en 1945. Même si la Chine n'a pas été totalement colonisée, cette période s'était néanmoins traduite par un dépeçage et un morcellement du pays. Un certain nombre de traités, qualifiés d'inégaux par les Chinois, du traité de Nankin signé en 1842 avec la Grande-Bretagne suite à la défaite de la Chine dans la première guerre de l'Opium au traité de Tianjin en 1858 suite à la seconde guerre de l'Opium, organisent ce dépeçage. Ils ont forcé la Chine à ouvrir différents ports au commerce étranger (dont les ports de Shanghai et de Canton) et à établir des relations diplomatiques avec les États occidentaux, en autorisant les troupes étrangères à remonter les eaux intérieures chinoises ou en instaurant le régime des concessions pour les étrangers, des parties du territoire chinois passant alors sous contrôle et sous juridiction étrangers, notamment à Hong Kong pour les Britanniques. C'est ce qui a été qualifié de « politique » ou de « diplomatie de la canonnière ». Ainsi, on pouvait trouver à Shanghai de la seconde moitié du XIXe siècle jusqu'à la Seconde Guerre mondiale une concession britannique, une concession américaine (celles-ci ont été fusionnées en 1863) et une concession française (de 1849 à 1946). Les dernières concessions étrangères à avoir existé en Chine ont été les concessions britannique sur Hong Kong (1842-1997) et portugaise sur Macao (1557-1999).

Cela explique trois tendances chinoises actuelles. La première est une grande sensibilité des Chinois vis-à-vis de tout ce qui peut être perçu par eux comme une nouvelle forme d'humiliation, pouvant aboutir à une victimisation par rapport aux humiliations subies par le passé et encore à l'heure actuelle de la part des Occidentaux et des Japonais. La seconde est une obsession du respect de la souveraineté et donc une forte sensibilité chinoise vis-à-vis de tout ce qui peut être considéré comme une ingérence dans les affaires intérieures du pays : des critiques relatives au non-respect des droits de l'homme ou des normes sociales et environnementales jusqu'aux « ingérences » à propos du Tibet ou de Taiwan. La troisième est par conséquent une grande soif de revanche de la part des Chinois qui peut se muer en « pulsions » nationalistes perceptibles lors d'un « incident » spécifique monté en épingle, impliquant en particulier le Japon, par exemple autour des îles Senkaku.

Éclairage

Ce sentiment de supériorité de l'Empire du milieu et de sa civilisation par exemple par rapport aux Européens a été palpable jusqu'au XIXe siècle. L'une des négociations entre les Européens et les autorités chinoises d'alors dans le cadre des traités dits « inégaux » a tout simplement porté sur l'annulation par ces autorités du terme « barbare » dans les documents diplomatiques pour qualifier les Occidentaux et plus largement les étrangers.

Les tensions entre les deux pôles de la politique étrangère chinoise

Sur certains dossiers, Pékin opte en faveur du premier pôle, mais sur d'autres, comme pour la mer de Chine du Sud, cela ne semble pas être le cas. Les relations entre Pékin et Washington sont particulièrement symptomatiques de cette tension dans la politique extérieure chinoise entre ce pôle coopératif et ce pôle nationaliste. Les États-Unis et la Chine ont ainsi tout intérêt à entretenir des relations harmonieuses à partir du moment où les premiers sont le principal marché de la Chine, tandis que celle-ci est le principal créancier étranger des États-Unis. En même temps, il est aussi évident qu'il existe une rivalité de moins en moins feinte entre les deux États pour occuper une position hégémonique dans la région Asie-Pacifique, que cette rivalité soit d'ordre économique, politique ou militaire. C'est ce qui explique les très nombreuses sources de frictions entre eux, sur le plan commercial ou monétaire, en matière de respect des droits de l'homme et des minorités ou encore sur certains dossiers internationaux (Corée du Nord, Iran, Syrie).

La stabilité régionale en Asie et même mondiale devrait donc dépendre en grande partie du choix que les autorités chinoises vont opérer entre ces deux pôles, un non-choix pouvant être également considéré comme une forme de menace par certains États asiatiques, comme le Japon et l'Inde, et par les États occidentaux.

L'essentiel
à retenir

- La Chine est le pays le plus peuplé du monde et la seconde puissance économique mondiale et pourrait même ravir la première place aux États-Unis dans les années 2020-2030, même si de nombreuses incertitudes pèsent sur son avenir démographique et économique.

- La Chine est une grande puissance qui dispose de l'arme nucléaire, d'un siège de membre permanent au Conseil de sécurité de l'ONU et qui est bien insérée dans le système international.

- La politique extérieure chinoise s'appuie sur le concept d'« émergence pacifique ».

- L'impératif de croissance est l'une des principales priorités des autorités chinoises actuelles et de la politique extérieure du pays.

- La Chine a une grande soif de revanche historique après 150 années d'humiliations subies de la part des Occidentaux et du Japon.

- Le choix que les autorités chinoises feront entre coopération et nationalisme devrait être déterminant pour la stabilité et la sécurité régionales en Asie et dans le monde.

? Testez-vous !

1. Quel rang la Chine occupe-t-elle actuellement dans l'économie mondiale ?

2. Quels sont les principaux attributs de la puissance internationale de la Chine ?

3. Quelle est la signification du concept d'« émergence pacifique » ?

4. Pour quelles raisons la Chine a-t-elle une immense soif de revanche historique ?

5. Pourquoi la question de Taiwan est-elle aussi sensible en Chine ?

CONFLITS ET TENSIONS DANS LE MONDE

Chapitre X
Conflits dans le monde et maintien de la paix

Ce que vous allez apprendre

- La guerre est interdite depuis les années 1920, ce qui n'a pas empêché bien entendu la multiplication des conflits depuis cette période
- La légitime défense en cas d'agression armée est le seul recours à la force qui soit jugé légitime dans le système international
- La sécurité collective, du mythe à la réalité
- L'évolution du nombre, de la nature et de la localisation des conflits dans le monde
- Le rôle des opérations de maintien de la paix et la question très controversée du droit d'ingérence humanitaire

I. L'INTERDICTION ET L'ILLÉGITIMITÉ DE LA GUERRE

Du Pacte Briand-Kellogg à la Charte des Nations unies

La guerre entendue au sens de conflit interétatique a largement perdu de sa légitimité au cours du XXe siècle, d'autant qu'elle est reconnue illégale depuis la première moitié de ce siècle. Elle n'est plus perçue par la plupart des États comme « une simple continuation de la politique par d'autres moyens[1] », ainsi que l'affirmait le général von Clausewitz au XIXe siècle, c'est-à-dire un instrument comme un autre au service de l'action extérieure des États.

Le Pacte de la Société des Nations (SDN) signé en 1919 suite à la Première Guerre mondiale prévoyait déjà une limitation du recours à la force. Les membres de la SDN devaient tout mettre en œuvre pour régler les différends qui pouvaient les opposer et ne devaient pas recourir à la guerre avant un délai de trois mois, le temps de procéder notamment à un arbitrage pour régler ces différends (art. 12). Par ailleurs, « si un membre de la Société recourt à la guerre, [...] il est ipso facto considéré comme ayant commis un acte de guerre contre tous les autres membres de la Société » (art. 16). Ces derniers doivent alors s'engager à rompre toutes relations économiques avec lui et toutes formes de communication.

Mais c'est le Pacte Briand-Kellogg[2] signé en 1928 qui interdit la guerre de façon explicite, ce pacte s'appelant d'ailleurs « Pacte général de renonciation à la guerre ». Il est signé par neuf États, dont les principales puissances de l'époque, à l'exception de l'URSS (Allemagne, États-Unis, France, Grande-Bretagne, Italie, Japon, etc.). Celles-ci « condamnent le recours à la guerre pour le règlement des différends internationaux et y renoncent en tant qu'instrument de politique nationale dans leurs relations mutuelles » (article 1er) et « reconnaissent que le règlement de tous les différends ou conflits [...] qui pourront surgir entre [elles], ne devra jamais être recherché que par des moyens pacifiques » (art. 2).

Même si ce pacte n'a en rien empêché la multiplication des conflits durant les années 1930-1940 et la Seconde Guerre mondiale, la vision qu'il défend a néanmoins été reprise dans la Charte des Nations unies. L'article 2

1. Carl von Clausewitz, *De la guerre*, Éditions de Minuit, 1959. L'ouvrage avait été publié initialement en 1832.
2. Du nom du ministre français des Affaires étrangères de l'époque, Aristide Briand, l'instigateur du pacte, et du secrétaire d'État des États-Unis, Frank B. Kellogg. Suite à ce pacte, A. Briand et F. Kellogg ont obtenu le prix Nobel de la paix en 1929.

de cette dernière indique ainsi que les membres des Nations unies « règlent leurs différends internationaux par des moyens pacifiques » et qu'ils « s'abstiennent, dans leurs relations internationales, de recourir à la menace ou à l'emploi de la force, soit contre l'intégrité territoriale ou l'indépendance politique de tout État, soit de toute autre manière incompatible avec les buts des Nations unies ».

La légitime défense, seul recours légitime à la force

Le seul recours légitime à la force reconnu par l'ONU est la légitime défense en cas d'agression armée, soit selon la terminologie de la Charte, « le droit naturel de légitime défense, individuelle ou collective, dans le cas où un membre des Nations unies est l'objet d'une agression armée » (art. 51).

C'est au nom de ce principe de légitime défense qu'une organisation militaire dite défensive comme l'Organisation du traité de l'Atlantique-Nord (OTAN) justifie sa légitimité, en particulier dans le célèbre article 5 du traité de Washington (traité de l'Atlantique Nord) qui indique que si l'un des États-membres est l'objet d'une attaque armée, celle-ci sera considérée comme une attaque dirigée contre l'ensemble des États-membres. Dans ces conditions, ces derniers peuvent alors recourir au droit de légitime défense reconnu par l'article 51 de la Charte des Nations unies. Les dispositions de cet article ont été appliquées une seule fois, le 12 septembre 2001, à la demande des États-Unis. Les différents États membres de l'OTAN ont alors déclaré qu'en s'attaquant aux États-Unis le 11 septembre 2001, les terroristes s'étaient en fait attaqués à l'ensemble des États membres de l'organisation. C'est donc au nom de ce droit de légitime défense que les États-Unis et leurs alliés, en particulier de l'OTAN, sont intervenus en Afghanistan à partir du mois d'octobre 2001. La résolution 1368 du Conseil de sécurité des Nations unies adoptée le lendemain même des attentats du 11 septembre définit, en effet, les attentats comme des actes de guerre et reconnaît par conséquent aux États-Unis le droit de légitime défense.

En revanche, la guerre préventive, plus ou moins au nom d'une sorte de légitime défense par anticipation, n'est pas légale au plan international. Une guerre préventive est, en effet, une opération militaire qui vise à prévenir de futures attaques éventuelles d'un agresseur potentiel. Israël a ainsi procédé à une attaque préventive contre l'Égypte, la Syrie et la Jordanie en 1967 (guerre des Six-Jours). Cependant, la guerre dite préventive récente la plus connue est bien entendu la guerre en Irak menée en 2003 à l'instigation des États-Unis et de leurs alliés. La doctrine de la guerre préventive a été définie par George W. Bush en janvier 2002, soit quelques mois après les attentats du 11 septembre 2001. Son objectif est d'empêcher qu'un agresseur potentiel ne devienne trop puissant ou trop menaçant, notamment parce qu'il se serait doté d'armes de destruction massive, ce qui contribuerait ainsi à sanctuariser son territoire. L'argument utilisé alors par l'administration Bush pour justifier l'attaque préventive contre l'Irak est qu'il est nécessaire d'agir vite avant que le pays ne puisse se doter d'armes de destruction massive et les utiliser ou transférer de telles technologies vers des groupes terroristes.

Le mythe de la sécurité collective

L'idée de sécurité collective est que la paix et la sécurité internationales doivent être garanties par la communauté internationale et la coopération entre les États, ceux-ci pouvant le cas échéant entreprendre une action commune visant à prévenir un conflit ou même à rétablir la paix par l'usage de la force. C'est ce qui a présidé à la création de la Société des Nations en 1919 et de l'Organisation des Nations unies en 1945. Le Pacte de la SDN indiquait ainsi que « toute guerre ou menace de guerre, qu'elle affecte directement ou non l'un des membres de la Société [des nations], intéresse la Société tout entière et [...] celle-ci doit prendre les mesures propres à sauvegarder efficacement la paix des nations » (art. 11). L'article 16 du Pacte indique également que « si un membre de la Société [des nations] recourt à la guerre, [...] il est ipso facto considéré comme ayant commis un acte de guerre contre tous les autres membres de la Société », ceux-ci s'engageant alors à agir en conséquence, notamment en rompant toutes relations économiques avec lui. La sécurité collective mise en avant par la SDN n'a pas pu empêcher cependant la montée des périls qui ont conduit au Second conflit mondial.

La Charte des Nations unies réaffirme ce principe de sécurité collective mais en tentant de pallier les insuffisances manifestes de la SDN par la création du Conseil de sécurité des Nations unies (CSNU) et la possibilité qui lui est donnée dans son chapitre VII[1] de pouvoir intervenir, y compris sur le plan militaire. En vue de maintenir la paix et la sécurité internationales, le CSNU dispose, en effet, de deux options. Il peut prendre des mesures n'impliquant pas le recours à la force. Dans ce cas, il peut appliquer des sanctions contre l'État agresseur ou source d'instabilité prenant la forme d'une interruption partielle ou complète des relations économiques et des communications. Mais il peut également recourir à la force en autorisant un blocus, voire des opérations militaires. Le chapitre VII de la Charte des Nations unies prévoyait

1. Action en cas de menace contre la paix, de rupture de la paix et d'acte d'agression.

même initialement l'existence d'une sorte d'armée des Nations unies, les États-membres s'engageant alors à mettre à la disposition du CSNU des forces armées sous l'égide d'un Comité d'état-major composé des chefs d'état-major des membres permanents du Conseil. La guerre froide et les blocages qui en ont découlé au sein du Conseil de sécurité entre Occidentaux et Soviétiques n'ont pas permis de mettre en œuvre de telles dispositions, en dehors du cas spécifique de l'intervention en Corée en 1950 sous la bannière de l'ONU permise par le boycott du CSNU par l'URSS.

La fin de la guerre froide et la mise en place d'une coalition militaire contre l'Irak suite à l'invasion du Koweït, avec l'aval de l'Union soviétique, ont laissé penser que la sécurité collective pouvait redevenir d'actualité, comme le célèbre discours du président américain George Bush en 1991 sur le Nouvel ordre mondial l'appelait de ses vœux. Néanmoins, l'incapacité de la communauté internationale à résoudre la question somalienne, avec l'échec spectaculaire de l'opération *Restore Hope*, ou à prévenir ou à arrêter les massacres commis en Bosnie-Herzégovine ou au Rwanda a ruiné encore une fois les espoirs de voir se mettre en place une sécurité collective.

II. L'ÉVOLUTION RÉCENTE DES CONFLITS DANS LE MONDE

Une baisse du nombre de conflits et de leurs victimes

Le début du XXIe siècle a été marqué par une multiplication des conflits violents (Afghanistan, Irak, Géorgie, Proche-Orient, conflits africains, etc.) et pourtant, lorsque l'on prend un peu de recul, on s'aperçoit que l'on assiste tout de même à une baisse du nombre de conflits (Graphique 1) et surtout du nombre de victimes de ces conflits (Graphique 2), notamment par rapport à l'immédiat après-guerre froide qui avait été caractérisé par une explosion du nombre de guerres.

Graphique 1 : Nombre de conflits dans le monde entre 1946 et 2009

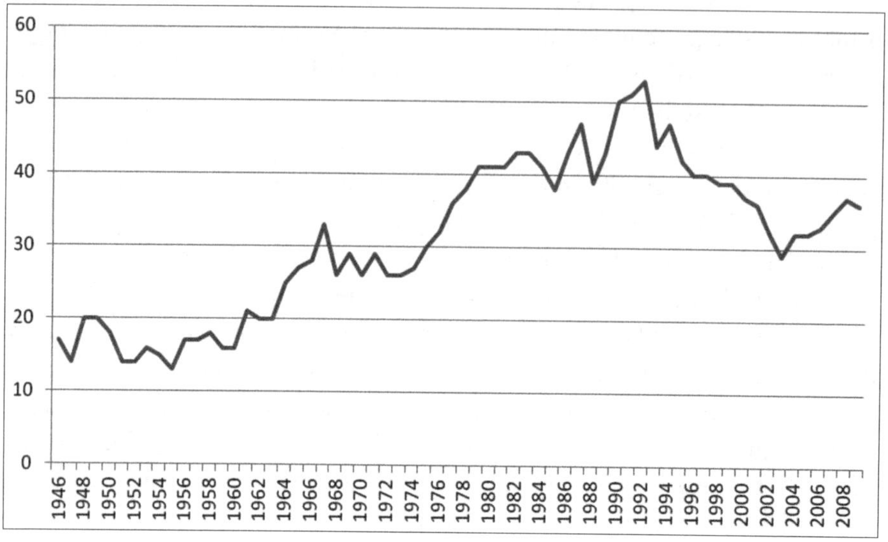

Source : Human Security Report Project.

Graphique 2 : Nombre de victimes de conflits dans le monde entre 1946 et 2008

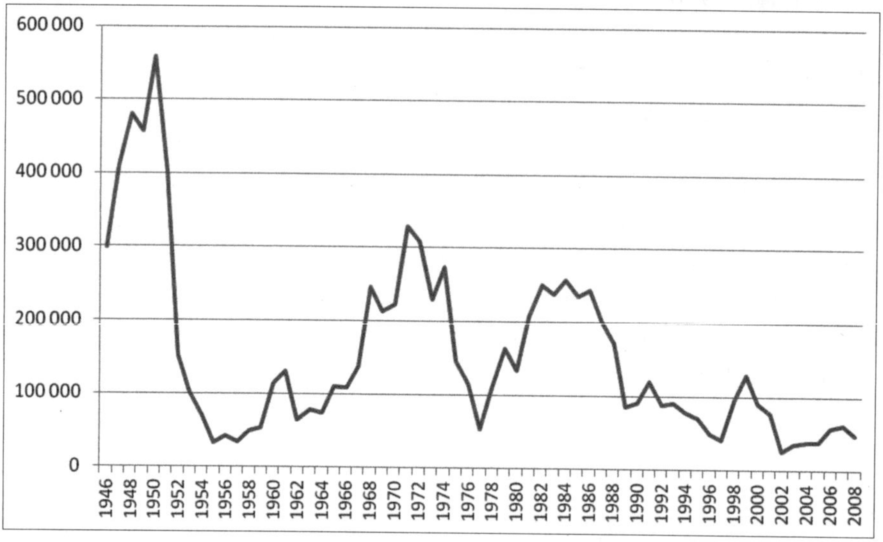

Source : Human Security Report Project.

Des conflits principalement intra-étatiques

Les conflits interétatiques, à savoir les guerres classiques entre armées régulières d'États, se font de plus en plus rares (Graphique 3). C'est encore plus le cas pour les conflits entre États développés. C'est un phénomène sans précédent dans l'histoire. Cela signifie que, depuis la fin de la guerre froide, mais c'était déjà le cas au moins depuis la fin des années 1970, les conflits dans le monde sont principalement intra-étatiques (Graphique 4). Ils peuvent prendre la forme de guerres civiles, comme ce fut le cas en Algérie ou comme c'est très fréquemment le cas en Afrique subsaharienne, ou de conflits séparatistes, dont les exemples récents les plus connus sont les conflits en Bosnie ou en Géorgie (Abkhazie, Ossétie du Sud). Certains de ces conflits intra-étatiques peuvent avoir néanmoins une dimension internationale. C'est l'une des spécificités des conflits de l'après-guerre froide. Ce sont d'ailleurs les conflits les plus meurtriers et souvent les plus médiatisés : conflits en République démocratique du Congo (RDC), en Irak ou en Afghanistan.

Graphique 3 : Nombre moyen de conflits internationaux par an entre 1950 et 2008

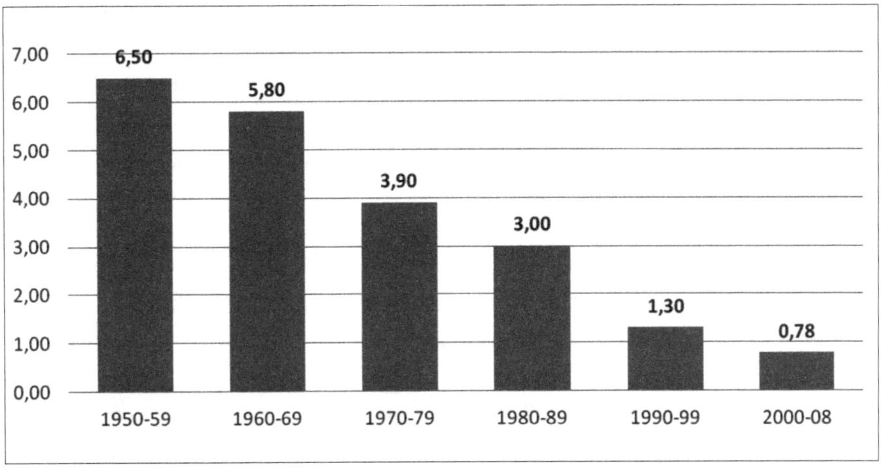

Source : Human Security Report Project.

Graphique 4 : Nombre de conflits armés par type de conflits entre 1946 et 2008

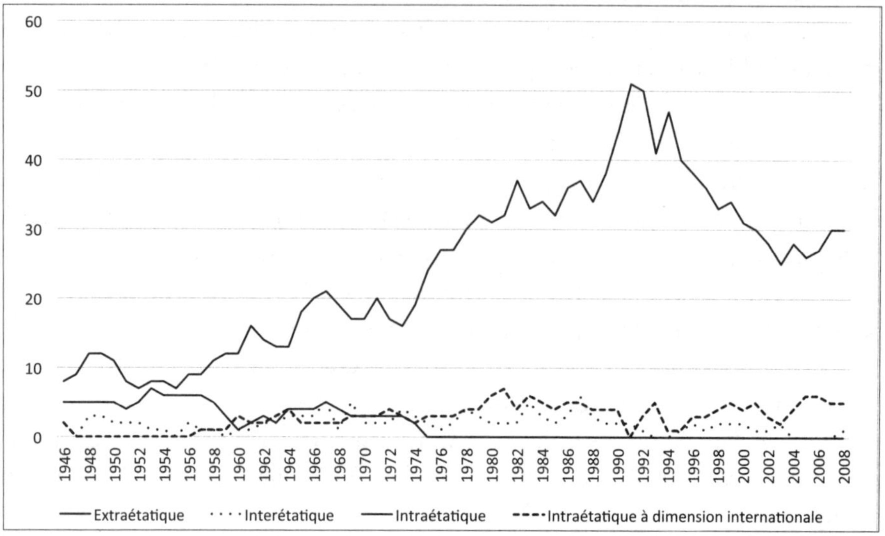

Source : Human Security Report Project.
Les conflits extra-étatiques étaient les conflits coloniaux.

La guerre en Irak a été particulièrement symptomatique de cette évolution récente de la nature des conflits puisque la guerre « classique » entre, d'un côté, les armées de la coalition et, de l'autre, l'armée irakienne a finalement duré très peu de temps en 2003, soit un peu moins de deux mois. Elle a cependant très rapidement laissé la place à des actions de guérilla dirigées contre les forces de la coalition, notamment à l'instigation d'anciens soldats de l'armée irakienne qui avaient été démobilisés.

Des conflits localisés principalement en Afrique et en Asie

Même si les médias accordent généralement une très large place au conflit israélo-palestinien, les conflits les plus nombreux et surtout ceux qui font le plus grand nombre de victimes se situent plutôt en Afrique et en Asie, principalement en Asie du Sud et en Asie centrale/occidentale (Sri Lanka, Afghanistan, Pakistan, Irak), tandis que les conflits sur les continents européen ou américain sont plutôt rares et font relativement peu de victimes (Graphiques 5 et 6). Les conflits les plus meurtriers depuis la Seconde Guerre mondiale se sont d'ailleurs aussi déroulés en Afrique et en Asie, le conflit ayant fait le plus grand nombre de victimes, directes et indirectes, depuis 1945 étant le conflit en République démocratique du Congo (Graphique 7).

Graphique 5 : Nombre de conflits armés par région entre 1946 et 2008

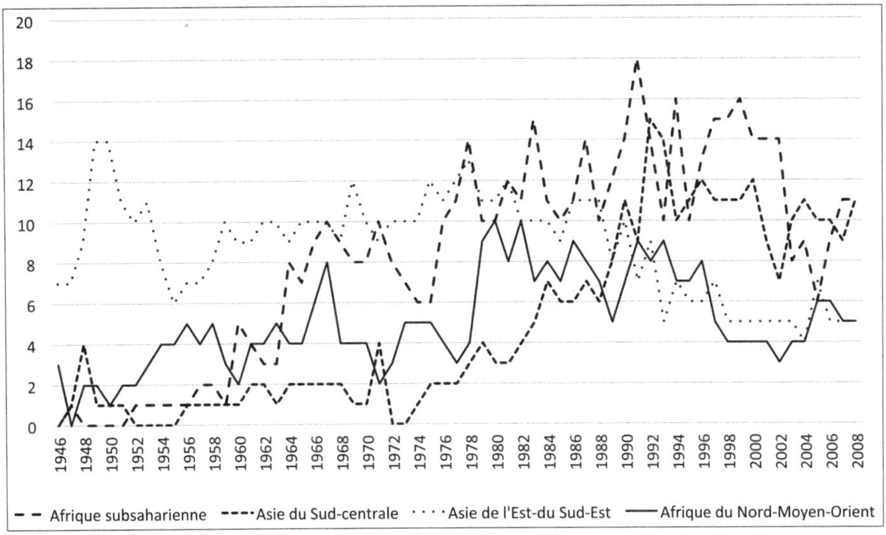

Source : Human Security Report Project.

Graphique 6 : Nombre de victimes de conflits armés par région entre 1989 et 2009

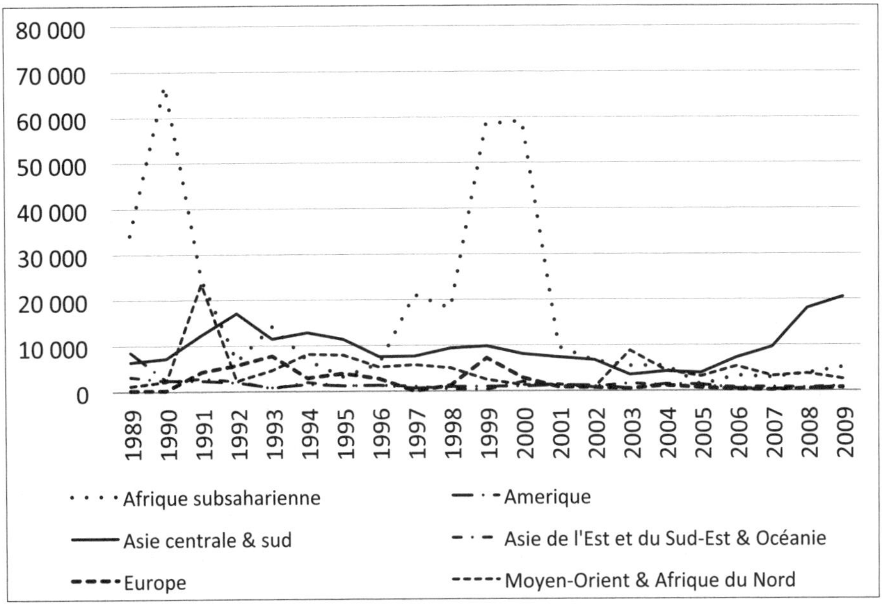

Source : Human Security Report Project.

Graphique 7 : Les conflits les plus meurtriers depuis la Seconde Guerre mondiale, en million de victimes

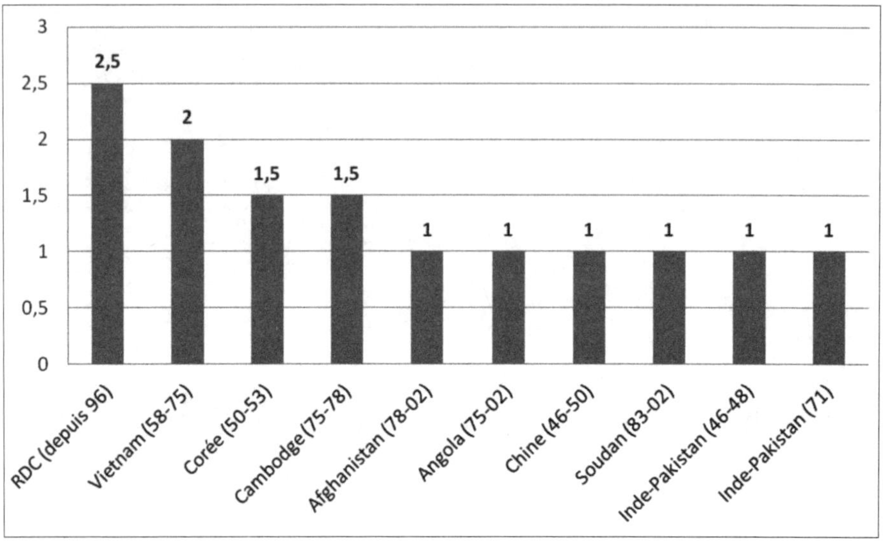

Source : Center for Systemic Peace.

Les conflits asymétriques

Une autre caractéristique des conflits contemporains réside dans l'importance des conflits dits asymétriques. Les conflits asymétriques, notion dont l'usage s'est répandu à partir du milieu des années 1990, se caractérisent par une asymétrie de moyens militaires entre les belligérants d'un conflit, mais aussi de volonté, et en particulier de sensibilité vis-à-vis des pertes humaines. Ils tendent à opposer généralement un ou des États, souvent démocratiques, à des groupes armés non étatiques. Ce type de conflit se fondant sur une asymétrie de moyens, le belligérant le moins bien doté en moyens militaires tend très souvent à recourir à des actions de guérillas et à des actes de terrorisme, notamment à des attentats-suicide ou à des prises d'otage, en partant de l'hypothèse selon laquelle les États démocratiques sont plus sensibles aux réactions de leur opinion publique, à la violence et au nombre de décès de leurs soldats.

Les exemples récents les plus emblématiques de conflits asymétriques sont les conflits en Irak (coalition vs. guérilla sunnite), en Afghanistan (coalition vs. guérilla menée par les Talibans), au Proche-Orient (Israël vs. Hezbollah au Liban et Israël vs. Hamas à Gaza) ou plus récemment au Mali (armée française vs. groupes djihadistes). L'évolution des conflits au Proche-Orient est symptomatique de cette montée des conflits asymétriques. Ils n'opposent plus, en effet, des armées régulières arabes à Israël comme lors de la guerre des Six-Jours de 1967 ou de la guerre du Kippour de 1973, mais des groupes armés non étatiques du Hamas et d'autres groupes à Gaza, ou du Hezbollah au Liban. Par ailleurs, le conflit qui se déroule au Mexique depuis 2006 constitue sans aucun doute une nouvelle forme de conflit asymétrique avec un conflit opposant le gouvernement à des cartels de la drogue (et des cartels entre eux), si ce n'est que l'asymétrie des moyens financiers, voire militaires, entre le gouvernement et les cartels n'est pas aussi évidente que cela. Selon certaines sources, ce conflit aurait fait plus de 60 000 morts entre 2006 et 2012.

ATTENTION !

Les conflits de demain seront peut-être des cyberguerres. Les États occidentaux considèrent désormais, la cybersécurité comme l'une de leurs priorités dans le domaine de la sécurité, notamment depuis qu'une première cyberattaque menée contre un État, en l'occurrence l'Estonie, a été officiellement constatée en 2007. L'Estonie a, en effet, fait l'objet d'une cyberattaque massive en provenance de Russie qui était dirigée contre les systèmes informatiques de l'administration du pays, mais aussi d'institutions financières et de médias. Ceux-ci ont été paralysés pendant plusieurs semaines. Cette attaque s'est produite suite à la décision des autorités estoniennes de déplacer un monument à la mémoire des soldats soviétiques de la Seconde Guerre mondiale à Tallinn.

La question spécifique des enfants-soldats

Le sort des enfants-soldats est l'une des situations sans doute les plus dramatiques dans le système international actuel. La situation n'est certes pas nouvelle, mais le recours à des enfants dans un cadre militaire semble s'être largement répandu ces dernières années. On estime ainsi que des enfants-soldats, y compris des enfants de moins de 10 ans, sont utilisés dans la plupart des conflits qui se produisent actuellement dans le monde, que ce soit en Afghanistan, en RDC, en Irak, au Proche-Orient, au Pakistan, en Somalie ou au Soudan. Les enfants-soldats sont des enfants (qui ont donc moins de 18 ans) enrôlés de façon plus ou moins volontaire, souvent par la force par exemple suite à un enlèvement, dans une armée régulière ou un groupe armé non étatique (milices armées) qui peuvent agir en tant que combattants, mais aussi pour des tâches non militaires (par exemple des jeunes filles recrutées à des fins sexuelles ou pour réaliser des mariages forcés). Nombre de ces enfants font l'objet de sévices et de graves violations des droits de l'homme et des droits de la guerre. Ainsi, certains enfants sont utilisés comme boucliers humains et même pour perpétrer des attentats-suicide. Ils peuvent commettre également eux-mêmes de nombreux crimes de guerre. L'enrôlement d'enfants de moins de 15 ans est ainsi considéré comme un crime de guerre par la Cour pénale internationale.

III. LE MAINTIEN DE LA PAIX

Les opérations de maintien de la paix

La mise en place et la gestion des opérations de maintien de la paix (OMP) sont assurées par l'Organisation des Nations unies (ONU) dans le but de garantir la paix et la sécurité internationales. Selon la définition de l'ONU, une OMP est un ensemble complexe d'éléments civils, militaires et policiers œuvrant ensemble pour aider les pays déchirés par des conflits à créer des conditions d'un retour à une paix durable.

Les OMP sont déployées uniquement après décision du Conseil de sécurité de l'ONU. Cependant, les OMP ne sont pas prévues par la Charte des Nations unies. C'est la raison pour laquelle Dag Hammarskjöld, alors qu'il était Secrétaire général de l'ONU de 1953 à 1961, expliquait que le maintien de la paix s'inscrivait dans le « chapitre six et demi » de la Charte de l'ONU, c'est-à-dire entre le chapitre VI concernant le règlement pacifique des différends et le chapitre VII autorisant l'utilisation de mesures coercitives en cas de rupture de la paix et d'acte d'agression. Les OMP consistent principalement à maintenir un cessez-le-feu entre les parties participant au conflit et à stabiliser la situation sur le terrain. Elles sont menées par les célèbres Casques bleus de l'ONU, en référence à la couleur bleue de leur casque, composés de militaires, policiers et civils dépêchés à l'ONU par les États-membres. Les Casques bleus peuvent intervenir dans un pays en conflit pour rétablir la paix seulement avec le consentement du pays concerné et en utilisant des moyens diplomatiques. Ils doivent aussi garder leur impartialité par rapport au conflit. En règle générale, les Casques bleus n'ont pas le droit de recourir à la force, sauf en cas de légitime défense ou éventuellement lorsque le recours à la force est clairement défini par leur mandat.

ATTENTION !

La décision concernant l'établissement, la mise en place, le déroulement ou la prolongation d'une OMP est prise par le Conseil de sécurité de l'ONU. Cependant, le financement d'une OMP appartient à l'ensemble des États membres de l'ONU qui, selon l'article 17 de la Charte des Nations unies, doivent tous contribuer aux OMP sur la base d'un barème de contributions établi par l'Assemblée générale en fonction du poids économique de chaque État-membre. En 2013, les cinq premiers pays contribuant aux OMP étaient les États-Unis (28,4 %), le Japon (10,8 %), la France (7,2 %), l'Allemagne (7,1 %) et le Royaume-Uni (6,7 %).

La première OMP connue sous le nom d'ONUST (Organisme des Nations unies chargé de la surveillance de la trêve en Palestine) a été mise en place en 1948 lorsque l'ONU a déployé des observateurs militaires au Moyen Orient pour surveiller l'Accord d'armistice conclu entre Israël et les pays arabes. En 1949, une deuxième OMP, le Groupe d'observateurs militaires des Nations unies pour l'Inde et le Pakistan (UNMOGIP), a été instituée pour surveiller le cessez-le-feu entre l'Inde et le Pakistan au Cachemire. Depuis 1948, l'ONU a mené 69 opérations de maintien de la paix dans le monde.

Le droit d'ingérence humanitaire

La notion de droit d'ingérence humanitaire est en contradiction flagrante avec le principe même de souveraineté des États et donc de non-ingérence dans les affaires intérieures qui sont pourtant les clefs de voûte du système international. Ce droit exige une réaction de la part de la communauté internationale en cas de situation de catastrophe humanitaire dans un pays où l'État n'est pas ou n'est plus en mesure d'agir ou en cas de répression d'une partie de la population civile par le gouvernement d'un État. Cette ingérence au nom de la protection des droits humains, on parle d'ailleurs aujourd'hui davantage de la « responsabilité de protéger » que de droit d'ingérence, est défendue par les ONG et l'a été notamment par une personnalité comme Bernard Kouchner.

Éclairage

En 2013, l'ONU était en charge de 15 OMP et d'une mission politique spéciale d'assistance en Afghanistan. Les Casques bleus étaient déployés dans plusieurs pays, dont la Côte d'Ivoire, la RDC, Chypre, Haïti, le Soudan, le Kosovo ou le Mali.

Ce droit a été reconnu pour la première fois en 1991 dans le cadre de la résolution 688 adoptée par le Conseil de sécurité des Nations unies à l'instigation de la France dans un contexte de répression des populations civiles kurdes par le gouvernement irakien. Cette résolution exige que l'Irak mette fin sans délai à cette répression (art. 2), insiste sur le fait que Bagdad permette un accès immédiat des organisations humanitaires internationales à tous ceux qui ont besoin d'assistance dans toutes les parties de l'Irak (art. 3) et lance un appel à tous les États membres de l'ONU et à toutes les organisations humanitaires pour qu'ils participent à ces efforts d'assistance humanitaire (art. 6). C'est également au nom de cette « responsabilité de protéger » la population civile qu'une résolution des Nations unies adoptée en mars 2011 a autorisé une intervention militaire en Libye. Ce droit est néanmoins extrêmement controversé puisqu'il est rejeté par de très nombreux pays du Sud, et notamment par les grands pays émergents, qui y voient souvent une forme de néocolonialisme de la part des grandes puissances occidentales.

L'essentiel
à retenir

- Le recours à la force pour régler les différends entre États est illégal, si ce n'est en cas d'agression armée, l'État agressé pouvant alors revendiquer la légitime défense
- L'idéal de sécurité collective permettant de garantir la paix par l'action concertée de la communauté internationale reste pour l'instant un vœu pieux
- Le nombre de conflits dans le monde et surtout le nombre de victimes tend à baisser depuis la fin de la guerre froide
- Les conflits sont désormais principalement de nature intra-étatique et se situent en grande partie en Afrique et en Asie
- Depuis 1948, l'ONU met en place des opérations de maintien de la paix (OMP) sur la base d'un mandat approuvé par le Conseil de sécurité visant à rétablir la paix dans des pays déchirés par des conflits

? Testez-vous !

1. Quelle est la principale disposition du Pacte Briand-Kellogg ?

2. Que stipule l'article 5 du traité de l'Atlantique-Nord qui est le fondement même de l'OTAN ?

3. Quels sont les exemples récents de conflits intra-étatiques à dimension internationale ?

4. Qu'est-ce qu'un conflit asymétrique ?

5. Que signifie le sigle « OMP » ?

Chapitre XI
Les conflits contemporains en Afrique subsaharienne

Ce que vous allez apprendre

- L'Afrique est le continent où les conflits ont été les plus nombreux et les plus meurtriers dans le monde dans la période récente
- Les principaux conflits en Afrique sont de nature intra-étatique
- Le génocide au Rwanda de 1994 a été le premier génocide perpétré dans le monde depuis les années 1970
- Le conflit en République démocratique du Congo (RDC) est le conflit dans le monde qui a fait le plus grand nombre de victimes depuis la Seconde Guerre mondiale
- Les autres principaux conflits qui se sont déroulés en Afrique : Darfour, Somalie, Côte d'Ivoire

I. UN CONTINENT DE CONFLITS ET DE VIOLENCES

L'Afrique est sans aucun doute le continent dans lequel les conflits ont été les plus nombreux depuis les années 1980, et surtout depuis la fin de la guerre froide, et ceux qui ont fait le plus grand nombre de victimes, puisque le conflit le plus meurtrier dans le monde depuis la Seconde Guerre mondiale a été le conflit en République démocratique du Congo (RDC), tandis que le conflit au Darfour et le génocide au Rwanda ont également provoqué un nombre considérable de victimes (Tableaux 1 et 2). Sur le continent africain, rares sont ainsi les États à ne pas avoir connu de conflit sur leur sol depuis 1975. Selon les données de l'Encyclopédie des conflits de l'Uppsala Conflict Data Program (UCDP)[1], à peine une douzaine d'États en Afrique n'avaient pas connu de conflit mineur ou de guerre depuis 1975. Cela signifie que, depuis 1975, des conflits se sont déroulés dans près de 80 % des États du continent africain.

Tableau 1 : Les conflits les plus meurtriers en Afrique depuis la Seconde Guerre mondiale

Zone de conflit	Nature du conflit	Période	Nombre de victimes
RDC	Guerre civile	Depuis 1996	2,5 millions
Angola	Guerre civile	1975-2002	1 million
Soudan	Guerre civile	1983-2002	1 million
Éthiopie	Conflit séparatiste avec l'Erythrée	1974-1991	750000
Mozambique	Guerre civile	1981-1992	500000
Rwanda	Guerre civile	1994	500000
Soudan	Guerre civile	1956-1972	500000
Soudan	Conflit séparatiste avec le Darfour	Depuis 2003	350000
Ouganda	Guerre civile	1971-1978	250000
Nigeria	Conflit séparatiste avec le Biafra	1966-1970	200000

Source : Major Episodes of Political Violence 1946-2012, *Center for Systemic Peace.*

Les conflits en Afrique dans la période récente ont été très rarement des conflits interétatiques, à l'exception notable du conflit entre l'Éthiopie et l'Erythrée qui s'est déroulé entre 1998 et 2000. Ce sont principalement des conflits intra-étatiques (conflits civils ou séparatistes), pouvant aussi impliquer des États voisins, comme cela a été le cas dans les conflits qui se sont déroulés en RDC (Tableau 2).

1. Ces données valaient au moins jusqu'au mois de septembre 2013.

Tableau 2 : Les conflits récents les plus meurtriers en Afrique

Zone de conflit	Nature du conflit	Période	Nombre de victimes
RDC	Guerre civile	Depuis 1996	2,5 millions
Angola	Guerre civile	1975-2002	1 million
Soudan	Guerre civile	1983-2002	1 million
Rwanda	Guerre civile	1994	500000
Soudan	Conflit séparatiste avec le Darfour	Depuis 2003	350000
Burundi	Guerre civile	1993-2005	100000
Éthiopie-Érythrée	Conflit interétatique	1998-2000	100000
Somalie	Guerre civile	Depuis 1988	100000
Algérie	Guerre civile	1991-2004	60000
Nigeria	Violences ethniques	2001-2004	55000

Source : Major Episodes of Political Violence 1946-2012, Center for Systemic Peace.

II. LES PRINCIPAUX CONFLITS RÉCENTS EN AFRIQUE

Le génocide au Rwanda

Le conflit civil africain qui a suscité le plus d'émois et le plus d'effroi dans la période récente est bien entendu le génocide qui a été perpétré au Rwanda en 1994, d'autant qu'il a été aussi à l'origine d'une déstabilisation durable de l'Afrique des Grands lacs, qui a débouché sur de nombreux conflits en RDC et au Burundi. Ce génocide est lié à une campagne d'extermination des Hutus dirigée contre les Tutsis, mais aussi contre certains Hutus modérés. Il s'est produit entre avril et juillet 1994 et aurait occasionné le décès de 500000 à 1000000 personnes, soit entre 6,5 % et 13 % de la population du pays à cette époque.

Les Hutus représentent la principale population du Rwanda et du Burundi, tandis que le Rwanda a été longtemps dominé par les Tutsis. Les différences qui pouvaient exister entre eux ont été largement renforcées et même « naturalisées » par le colonisateur belge qui a institutionnalisé l'inégalité au profit des Tutsis et la séparation entre les deux, alors que les Hutus et les Tutsis partageaient une même langue et une même culture. Une identité hutue va donc se constituer par opposition à l'identité tutsie et la vie politique au Rwanda, comme au Burundi d'ailleurs, suit une logique ethnique à partir de l'indépendance des deux pays en 1962, des conflits violents opposant régulièrement les deux « ethnies ». Les Hutus accèdent au pouvoir au Rwanda en 1961 et exercent une domination sans partage sur le pays jusqu'au début des années 1990 en menant une politique systématiquement anti-Tutsie, qui se traduit par de nombreux massacres et la mise en place d'un système de quotas pour les Tutsis limitant leur accès à l'école et à l'emploi.

Le génocide de 1994 s'inscrit tout d'abord dans le contexte d'un conflit civil opposant depuis 1990 le gouvernement rwandais hutu au Front patriotique rwandais (FPR), qui est principalement composé de Tutsis et dont les bases arrière se situent en Ouganda. Il s'inscrit aussi dans un contexte de libéralisation politique du pays depuis 1991. Un front de partis d'opposition au président hutu Juvénal Habyarimana, qui est au pouvoir depuis 1973, se met alors en place. Celui-ci souhaite dépasser les clivages entre Hutus et Tutsis. Or, des extrémistes hutus proches du président Habyarimana refusent d'envisager une telle évolution et jouent la politique du pire. Ils profitent de la nouvelle liberté d'expression pour attiser les haines contre les Tutsis et mettent systématiquement de l'huile sur le feu, en contribuant notamment à retarder les accords de paix conclus en août 1993 entre le gouvernement rwandais et le FPR.

L'événement déclencheur des massacres a été l'assassinat en avril 1994 du président Juvénal Habyarimana. Les tueries planifiées depuis plusieurs mois et menées à l'instigation des extrémistes hutus commencent dès le lendemain avec l'assassinat du premier ministre hutu modéré Agathe Uwilingiyimana. Elles visent à éliminer de façon méthodique les Tutsis et l'opposition hutue modérée. Trois jours après l'attentat, un gouvernement « intérimaire » est, en effet, constitué par ces extrémistes. Il s'appuie en particulier sur des milices, telles que les *interahamwe*.

Parallèlement aux tueries perpétrées au Rwanda par les extrémistes hutus, le FPR relance sa lutte armée contre les Forces armées rwandaises (FAR) du gouvernement hutu. Il parvient progressivement à prendre le contrôle de l'ensemble du territoire. En juillet 1994, il renverse le pouvoir hutu et constitue un gouvernement d'unité nationale en plaçant un hutu à la présidence de la République et au poste de premier ministre. Le tutsi Paul Kagamé, le leader du FPR, devient alors vice-président et le véritable « homme fort » du régime, avant de prendre la présidence du pays en 2000.

Éclairage

La communauté internationale a été accusée d'être restée trop passive face au génocide perpétré au Rwanda. Elle a néanmoins voulu très rapidement juger les auteurs de ces crimes. Le Conseil de sécurité des Nations unies a ainsi créé dès le mois de novembre 1994 le Tribunal pénal international pour le Rwanda (TPIR) pour juger les responsables de violations graves du droit humanitaire international commises sur le territoire du Rwanda, mais aussi par des Rwandais sur le territoire d'États voisins. C'est l'ancien maire de la ville de Taba au Rwanda, Jean-Paul Akayesu, qui a été ainsi le premier à être reconnu coupable de génocide par le TPIR, en septembre 1998. Ce fut la première condamnation pour génocide à être prononcée depuis que ce crime a été défini par la Convention pour la prévention et la répression du crime de génocide en 1948.

Les tueries cessent à partir de ce moment-là. Près de deux millions de Rwandais, dont de très nombreux Hutus, ont quitté le territoire du Rwanda durant le génocide pour se réfugier notamment au Zaïre, ce qui contribuera à déstabiliser durablement ce pays. La France, qui a été l'un des principaux soutiens du gouvernement hutu et qui a déployé des soldats en juin 1994 dans le cadre de l'opération Turquoise pour y mener une action humanitaire, a été accusée par le nouveau pouvoir d'avoir été complice du génocide.

Les conflits en RDC

Le conflit en République démocratique du Congo (RDC) est le conflit qui a fait le plus grand nombre de victimes dans le monde depuis 1945, avec quelque 2,5 millions de morts. Il s'est déroulé en deux parties. Un premier conflit civil s'est produit en 1996-1997 dans ce qui était encore le Zaïre et a abouti au renversement du président Mobutu, qui était au pouvoir depuis 32 ans, par l'alliance des rebelles zaïrois dirigés par Laurent-Désiré Kabila, du Rwanda et de l'Ouganda.

Ce conflit a été déclenché à partir d'octobre 1996 par une rébellion des Zaïrois tutsis d'origine rwandaise installés depuis longtemps dans la province du Kivu à l'Est du Zaïre dans un contexte où les réfugiés hutus affluent en masse dans la province suite au génocide rwandais et alors même que le Kivu sert de base arrière aux guérillas des pays voisins (Burundi, Ouganda, Rwanda). Les rebelles zaïrois sont alors épaulés par le Rwanda et l'Ouganda qui envoient des troupes au Kivu. Les divers opposants au régime du président Mobutu au Zaïre rejoignent également la rébellion et créent l'Alliance des forces démocratiques pour la libération du Zaïre (AFDL), dont le coordinateur est Laurent-Désiré Kabila, un vieil opposant au régime de Mobutu. Les forces de l'AFDL et les troupes rwandaises et ougandaises progressent alors en territoire zaïrois jusqu'au point où, en mai 1997, le président Mobutu est contraint à l'exil. Laurent-Désiré Kabila s'autoproclame président de la République démocratique du Congo (RDC), nouveau nom donné au pays en lieu et place de celui de Zaïre.

Le second conflit entre 1998 et 2003 a opposé, d'un côté, le nouveau pouvoir sous la présidence de Laurent-Désiré Kabila, soutenu par l'Angola, la Namibie et le Zimbabwe et, de l'autre, une rébellion soutenue par ses anciens alliés du Rwanda et de l'Ouganda, mais aussi par le Burundi. Au total, sept pays africains participent au conflit. C'est la raison pour laquelle de nombreux observateurs ont pu parler de « première guerre mondiale africaine » à ce propos. À l'instar du conflit de 1996-1997, le nouveau conflit démarre au Kivu. À partir de la fin de l'année 1997, Laurent-Désiré Kabila commence, en effet, à se détacher du Rwanda et de l'Ouganda en les accusant de piller les ressources minières à l'Est du pays et d'occuper une partie du territoire de la RDC. De leur côté, les gouvernements du Rwanda, d'Ouganda et du Burundi souhaitent renverser Kabila. En août 1998, une nouvelle rébellion de soldats congolais tutsis d'origine rwandaise se produit au Kivu et déclenche un nouveau conflit, cette fois contre le gouvernement Kabila. Celle-ci est principalement soutenue par le Rwanda, l'Ouganda et le Burundi, même si ces États sont eux-mêmes très divisés. Les troupes de Kabila sont, de leur côté, soutenues par les milices rwandaises et les ex-Forces armées rwandaises hutus impliquées dans le génocide au Rwanda, ainsi que par l'Angola, la Namibie et le Zimbabwe. Les combats dépassent rapidement la seule province du Kivu pour s'étendre à une grande partie de la RDC conduisant à une partition de fait du pays. Les rebelles occupent le Nord, l'Est et le Sud-Est du pays, tandis que le gouvernement, lui, contrôle sa partie Ouest. Un accord de cessez-le-feu signé à Lusaka en juillet 1999 n'empêche pas les combats de se poursuivre. Même si les troupes étrangères se retirent finalement de RDC fin 2002, le conflit reste cependant actif. C'est seulement à partir de la signature de l'Acte final du dialogue intercongolais au mois d'avril 2003 que la situation commence à s'améliorer progressivement dans le pays. Un gouvernement d'union nationale se met ainsi en place en juin 2003.

Le conflit du Darfour

Le Darfour est une région se situant à l'Ouest du Soudan, à la frontière du Tchad, de la République centrafricaine et désormais du Sud-Soudan. Elle est principalement composée de Fours, une ethnie noire-africaine, mais de confession musulmane, dans un pays très majoritairement composé d'Arabes et dominé politiquement par ces derniers depuis l'indépendance de 1956. Darfour signifie d'ailleurs littéralement le « pays des Fours ».

Un premier conflit du Darfour s'est déroulé de 1987 à 1989. Il opposa les Fours à des groupes armés arabes. Le conflit contemporain du Darfour, qui a débuté en février 2003, oppose l'armée soudanaise et les milices arabes (les milices *janjawids*) soutenues par le gouvernement aux mouvements rebelles de la région du Darfour, à savoir l'Armée de libération du Soudan (ALS) et le Mouvement pour la justice et l'égalité (MJE). Ces derniers accusent le gouvernement de Khartoum de favoriser les Arabes et d'opprimer les Noirs africains et aspirent à un Soudan démocratique et à un pluralisme culturel et politique. Le conflit a été déclenché par une attaque de l'ALS et du MJE sur la capitale du Darfour Nord, El-Fasher. À partir de ce moment-là, le gouvernement de Khartoum a décidé de mobiliser les milices *janjawids* pour qu'elles répriment violemment la rébellion, même s'il nie l'avoir fait. Le conflit est particulièrement violent et occasionne un grand nombre de victimes parmi les civils. Il se caractérise, en effet, par des massacres, des viols et des pillages commis en particulier par les milices *janjawids*. Il a pu prendre la forme d'une épuration ethnique et même fait craindre à un moment donné un génocide. En mars 2009, la Cour pénale internationale (CPI) a d'ailleurs lancé un mandat d'arrêt contre le président soudanais Omar el-Béchir pour crimes de guerre et crimes contre l'humanité au Darfour. Il s'agit donc depuis une décennie de l'une des situations humanitaires les plus préoccupantes dans le monde puisque le conflit était toujours actif en 2014.

Selon le Center for Systemic Peace, le nombre de victimes du conflit s'établirait à 350 000. Le nombre de déplacés au Darfour même et de réfugiés au Tchad est extrêmement élevé. L'Agence des Nations unies pour les réfugiés (UNHCR) comptabilisait ainsi en 2013 environ 2,3 millions de déplacés internes au Soudan et 140 000 réfugiés. Différentes missions de maintien de la paix et de protection des civils se sont déployées dans la région avec en 2004, la Mission de l'Union africaine au Soudan, puis en 2007, la Mission des Nations unies et de l'Union africaine au Darfour (MINUAD) dans le cadre d'une opération hybride Union africaine-ONU.

Le conflit en Somalie

La Somalie est depuis au moins deux décennies un État dit « failli », qui n'est plus en mesure d'exercer son autorité sur l'ensemble du territoire et sur la population qui s'y trouve. Elle arrive d'ailleurs régulièrement en tête de l'Indice des États faillis établi par l'organisation américaine Fund for Peace.

Le pays est devenu indépendant en 1960. Il forme alors une fédération, la République fédérale de Somalie, réunissant l'ancienne colonie britannique du Somaliland et l'ancienne colonie italienne de la Somalia. Il revendique également d'autres territoires peuplés de Somali pour former la Grande Somalie, que ce soit en Éthiopie (région de l'Ogaden au Sud-Est de l'Éthiopie), au Kenya (province du Nord du pays) ou à Djibouti (l'ancien Somaliland français). Cela conduira à plusieurs conflits armés entre la Somalie et l'Éthiopie, en particulier la guerre de l'Ogaden en 1977-1978, déclenchée par la Somalie et remportée par l'Éthiopie. Le pays est peuplé de musulmans et a même adhéré à la Ligue des États arabes en 1974. Il se caractérise également par l'importance du tribalisme, la Somalie étant avant tout sous l'influence des différents clans qui la composent.

Le commandant en chef de l'armée, le général Mohamed Siyad Barre, arrive au pouvoir en 1969 suite à un coup d'État militaire. Un an plus tard, il fait de la Somalie un État socialiste dirigé par un parti unique, le Parti socialiste révolutionnaire somalien (PSRS), et devient un allié de l'Union soviétique. Déstabilisé par son échec militaire en 1978 face à l'Éthiopie, le régime doit alors faire face à des opérations de guérilla menées par des groupes armés défendant les intérêts de différents clans. Parmi ces groupes, le Mouvement national somalien (SNM) revendique l'indépendance du Nord-Ouest du pays (Somaliland). Le général Barre est finalement renversé en 1991 et contraint à l'exil suite au déclenchement de la guerre civile à Mogadiscio. Celle-ci s'étend rapidement à tout le pays, à l'exception notable du Somaliland. Le pays s'enfonce alors dans la guerre civile qui oppose les milices des divers clans et l'État somalien s'effondre littéralement puisqu'il n'y a plus ni gouvernement, ni Parlement, ni armée nationale dans le pays. Celui-ci connaît même une famine dans le Sud. Une opération militaire multinationale, *Restore Hope*, dirigée par les États-Unis est ainsi déployée en Somalie en décembre 1992 pour tenter de rétablir la paix et venir en aide aux populations affamées. Les troupes étrangères finissent néanmoins par se retirer en mai 1993 sur un constat d'échec après avoir essuyé d'importantes pertes humaines.

La Somalie est désormais un pays de fait divisé en plusieurs parties. Le Somaliland, au Nord-Ouest correspondant à l'ancien Somaliland britannique, a proclamé son indépendance en 1991, sous le nom de République du Somaliland. Il s'agit d'un quasi-État disposant d'un certain nombre d'attributs des États classiques sans faire néanmoins l'objet d'une reconnaissance internationale. Ce territoire connaît d'ailleurs une certaine stabilité, contrastant avec la situation du reste de la Somalie. De son côté, le Puntland, au Nord-Est, se proclame région autonome en 1998, sans pour autant aller jusqu'à l'indépendance puisqu'il défend l'idée de fédération somalienne.

Dans le reste du territoire, au centre et au Sud, la Somalie doit toujours faire face à la rivalité des groupes armés appartenant à différents clans et également à la poussée des rebelles islamistes, dont le groupe Al-Shabbaab, qui a déclaré son allégeance à Al-Qaïda. Enfin, l'absence d'État a favorisé le développement d'actes de piraterie au large des côtes somaliennes qui a amené l'OTAN et l'Union européenne à mettre en place des opérations de protection des navires circulant dans la zone. Il est à noter qu'une partie de la Somalie a été à nouveau touchée par la famine durant l'été 2011.

Les conflits en Côte d'Ivoire

Jusqu'au début des années 1990, la Côte d'Ivoire était considérée comme un modèle de stabilité politique et de réussite économique en Afrique de l'Ouest, notamment grâce à ses exportations de cacao et de café. Cette stabilité a cependant été remise en cause par différents facteurs : l'introduction du multipartisme en 1990, le décès en 1993 de Félix Houphouët-Boigny, le « père de la nation » ivoirienne, qui était au pouvoir depuis 33 ans, et la crise économique des années 1990. Cela provoque un certain nombre de tensions internes dans le pays d'autant que les responsables politiques tendent à exploiter les différences ethniques, religieuses et régionales en mettant notamment l'accent sur le concept d'« ivoirité » et donc sur le rejet des migrants, mais aussi des « Nordistes » : l'« ivoirité » d'Alassane Ouattara est ainsi remise en cause, celui-ci ne pouvant pas se présenter à l'élection présidentielle.

L'instabilité politique se traduit dans un premier temps en 1995 par la réélection controversée à la présidence d'Henri Konan Bédié, le successeur d'Houphouët-Boigny, puis par l'irruption de violences intercommunautaires en 1998, enfin, par une violence politique inaugurée en 1999 par un coup d'État militaire perpétré par le général Robert Gueï au mois de décembre, le premier dans l'histoire de la Côte d'Ivoire, suivi par une insurrection populaire en 2000 suite à l'élection de Laurent Gbagbo à la présidence alors que Robert Gueï s'était proclamé élu. La guerre civile débute en septembre 2002 avec le déclenchement d'une rébellion armée dans le Nord du pays. Elle est suivie en novembre par un soulèvement armé de deux mouvements dans l'Ouest du pays. Ces groupes se réunissent début 2003 pour former les Forces nouvelles (FN), qui dominent la partie septentrionale du territoire ivoirien.

En janvier 2003, les accords signés à Marcoussis en France prévoient la mise en place d'un gouvernement de réconciliation nationale intégrant les forces de l'opposition. La France déploie alors l'opération Licorne, suivie quelques mois plus tard par la Mission des Nations unies en Côte d'Ivoire (MINUCI, remplacée à partir de 2004 par l'Opération des Nations unies en Côte d'Ivoire-ONUCI). Cela n'empêche pas pour autant la poursuite des violences. Les accords conclus à Accra (Ghana) en juillet 2004 permettent de mettre en place un gouvernement de réconciliation nationale avec la réintégration de ministres de l'opposition. Un communiqué de fin de guerre est signé en avril 2005 par les principaux responsables politiques ivoiriens : Laurent Gbagbo, Alassane Ouattara et Henri Konan Bédié (accord de Pretoria). Enfin, en mars 2007, suite aux accords de Ouagadougou, le chef de la rébellion, Guillaume Soro, est nommé premier ministre, mettant ainsi fin à la partition de fait du pays. Au total, plus d'une dizaine d'accords de paix ont été signés en Côte d'Ivoire.

Le second conflit civil est lié à l'élection présidentielle de 2010. Le mandat du président Laurent Gbagbo, au pouvoir depuis 2000, était censé s'achever en octobre 2005. Compte tenu de la crise traversée par le pays, le Conseil de sécurité de l'ONU a reconnu à plusieurs reprises l'impossibilité d'organiser une nouvelle élection présidentielle et a donc décidé de prolonger le mandat de Gbagbo. Le scrutin présidentiel est enfin organisé en octobre-novembre 2010. La Commission électorale indépendante (CEI) proclame la victoire d'Alassane Ouattara qui recueille 54 % des suffrages. Un recours est alors déposé par Laurent Gbagbo devant le Conseil constitutionnel, qui juge les résultats de la CEI non valides et annonce la victoire de Laurent Gbagbo avec 51,5 % des suffrages. Le lendemain, les deux candidats prêtent serment et chacun nomme un premier ministre.

Les violences entre les partisans des deux camps débutent quelques jours plus tard. Une grande partie de la « communauté internationale » reconnaît alors la victoire d'Alassane Ouattara. Laurent Gbagbo est finalement arrêté en avril 2011 par les forces pro-Ouattara appuyées par l'ONUCI et les troupes françaises. Selon le Center for Systemic Peace, le premier conflit civil, tout comme le second, auraient fait respectivement 3000 victimes.

CHRONOLOGIE DU CONFLIT RÉCENT AU MALI

Mi-janvier 2012 : Offensive militaire touareg dans le nord du Mali menée à l'instigation du Mouvement national de libération de l'Azawad (MNLA), mouvement indépendantiste formé en octobre 2011. La rébellion prend le contrôle de la plus grande partie du nord-est du pays.

Mars 2012 : Coup d'État militaire au Mali qui renverse le président Amadou Toumani Touré, au pouvoir depuis 2002. Les militaires reprochent au gouvernement son impuissance face à la rébellion touareg.

Fin mars-début avril 2012 : Prise de Gao par les rebelles touareg le 31 mars, puis de Tombouctou le 1er avril. Le coup d'État tend donc à accélérer la déstabilisation du Nord du pays plutôt qu'à en reprendre le contrôle.

Avril 2012 : Les militaires maliens rendent le pouvoir aux civils. Un gouvernement d'union nationale est alors mis en place au Mali. Le MNLA, de son côté, proclame unilatéralement l'indépendance de l'Azawad dans les territoires occupés au Nord du Mali et annonce la fin de ses opérations militaires, alors que le groupe islamiste radical Ansar Eddine prend le contrôle de Tombouctou.

Juin 2012 : Suite à de violents combats opposant les rebelles touaregs du MNLA aux groupes islamistes radicaux (Al-Qaïda au Maghreb islamique-AQMI, Ansar Eddine et Mouvement pour l'unicité et le Jihad en Afrique de l'Ouest-Mujao), le MNLA est chassé des principales villes qu'il avait prises au Nord-Mali. La charia est instaurée dans la région fin juillet 2012.

Début janvier 2013 : Offensive le 10 janvier des groupes islamistes qui s'emparent de la ville de Konna au centre du Mali. Elle déclenche une riposte française le lendemain, à la demande du gouvernement malien. Cette opération est soutenue par le Conseil de sécurité des Nations unies le 14 janvier. La Communauté économique des États d'Afrique de l'Ouest (Cédéao), de son côté, autorise le 11 janvier l'envoi immédiat de troupes dans le cadre de la Mission internationale de soutien au Mali (Misma). Après une phase de bombardements aériens, l'opération terrestre débute le 15 janvier avec le déploiement de troupes françaises au Nord-Mali.

Fin janvier 2013 : Reprise par les troupes françaises et maliennes des villes jusqu'alors occupées par les groupes djihadistes.
Février 2013 : Une opération militaire dans le massif des Ifoghas au Nord-Est du Mali est lancée par les troupes françaises et tchadiennes pour y combattre les groupes islamistes qui s'y sont réfugiés.
Avril 2013 : Le Conseil de sécurité de l'ONU autorise la création d'une force de maintien de la paix au Mali, la Mission intégrée des Nations unies pour la stabilisation au Mali (Minusma), qui a pour objectif de prendre le relais de la force panafricaine (Misma) et est autorisée à recourir à la force. Elle a été déployée en juillet 2013.

L'essentiel à retenir

- Une large majorité des États africains a connu un conflit depuis 1975.
- Ce sont les Tutsis et les Hutus modérés qui ont été les victimes du génocide au Rwanda en 1994.
- Le conflit en République démocratique du Congo (RDC) a été décrit comme la « Première guerre mondiale » africaine car il a impliqué pas moins de sept États.
- Le conflit du Darfour est un conflit entre le gouvernement et des mouvements rebelles de la région du Darfour.
- La Somalie n'a plus d'État depuis 1991.
- La Côte d'Ivoire était un modèle de stabilité politique avant le déclenchement d'une guerre civile au début des années 2000.

Testez-vous !

1. Quel groupe a perpétré le génocide au Rwanda ?

2. Comment s'appelait la République démocratique du Congo avant 1997 ?

3. Dans quel pays le conflit du Darfour se déroule-t-il ?

4. Quel est le nom de la région de Somalie qui a déclaré unilatéralement son indépendance ?

5. Quelle a été l'origine du second conflit civil en Côte d'Ivoire ?

➤ Chapitre XII
Les conflits contemporains en Asie

Ce que vous allez apprendre

- L'Asie est le continent où les conflits ont été les plus meurtriers durant la période de guerre froide
- Depuis quelques années, les conflits se concentrent principalement en Asie du Sud
- Les conflits et tensions entre l'Inde et le Pakistan sont liés en premier lieu à la question du Cachemire
- Le conflit au Sri Lanka a été le conflit civil le plus meurtrier en Asie depuis les années 1980
- Les quatre phases des conflits afghans, de l'intervention soviétique de 1979 au départ des troupes occidentales en 2014

I. DES CONFLITS CONCENTRÉS EN ASIE DU SUD

L'Asie a été le continent des conflits les plus importants et les plus meurtriers durant la guerre froide avec les guerres de Corée, du Vietnam et d'Afghanistan, mais aussi des conflits liés à la décolonisation et à ses conséquences (Indochine, Inde-Pakistan, Bangladesh) ou encore à des expériences politiques extrêmes, comme la Révolution culturelle en Chine ou le régime des Khmers rouges au Cambodge (Tableau 1). Malgré les tensions récurrentes intercoréennes ou entre la Chine et Taiwan, la zone de conflit majeure sur le continent asiatique se situe désormais en Asie du Sud, principalement en Afghanistan et au Pakistan (Tableau 2).

Tableau 1 : Les conflits les plus meurtriers en Asie depuis la Seconde Guerre mondiale

Zone de conflit	Nature du conflit	Période	Nombre de victimes
Vietnam	Conflit interétatique/ civil	1958-1975	2 millions
Cambodge	Régime des Khmers rouges	1975-1978	1,5 million
Chine	Répression des propriétaires fonciers	1950-1951	1,5 million
Corée	Conflit interétatique/ civil	1950-1953	1,5 million
Afghanistan	Intervention soviétique/Guerre civile	1978-2002	1 million
Chine	Guerre civile	1946-1950	1 million
Inde-Pakistan	Conflit interétatique	1946-1948	1 million
Pakistan-Bangladesh	Guerre civile	1971	1 million
Indochine	Guerre d'indépendance	1945-1954	530000
Chine	Révolution culturelle	1966-1975	500000
Indonésie	Répression des communistes	1965-1966	500000

Source : Major Episodes of Political Violence 1946-2012, *Center for Systemic Peace.*

Selon les données de l'Encyclopédie des conflits de l'Uppsala Conflict Data Program (UCDP)[1], les États asiatiques qui n'ont pas connu de conflit mineur ou de guerre depuis 1975 sont relativement peu nombreux. C'est tout particulièrement le cas en Asie du Sud ou en Asie du Sud-Est où tous les États de la région, hormis Singapour, ont connu un conflit à un moment ou à un

1. Ces données valaient au moins jusqu'au mois de septembre 2013.

autre depuis une quarantaine d'années. Seule l'Asie de l'Est semble avoir été quelque peu épargnée par les conflits durant cette période. Ce fut le cas, un peu paradoxalement, de la Corée du Nord, mais aussi de la Corée du Sud, du Japon, de la Mongolie et de Taiwan.

Tableau 2: Les conflits récents les plus meurtriers en Asie

Zone de conflit	Nature du conflit	Période	Nombre de victimes
Afghanistan	Intervention soviétique/Guerre civile	1978-2002	1 million
Sri Lanka	Guerre civile (Tamouls)	1983-2009	75000
Chine	Conflit civil au Xinjiang	1980-1998	10000
Afghanistan	Intervention internationale	Depuis 2001	37000
Inde	Conflit séparatiste au Cachemire	Depuis 1990	35000
Pakistan	Conflit dans les zones tribales	Depuis 2004	33500
Inde	Conflit civil avec les Sikhs	1983-1993	25000
Sri Lanka	Guerre civile	1987-1990	25000

Source: Major Episodes of Political Violence 1946-2012, *Center for Systemic Peace.*

L'Asie est un continent où plusieurs conflits interétatiques (ou affrontements interétatiques) se sont produits depuis la fin des années 1970 – Cambodge-Vietnam, Cambodge-Thaïlande, Chine-Vietnam, Inde-Pakistan – et l'un des seuls continents où la menace de tels conflits reste encore élevée – Corée du Nord-Corée du Sud, Inde-Pakistan, Chine-Taiwan –, alors même qu'au moins l'un des deux protagonistes est doté de l'arme nucléaire (Chine, Corée du Nord, Inde, Pakistan). Néanmoins, les conflits les plus courants en Asie, comme dans d'autres continents, sont avant tout des conflits interétatiques, en particulier des conflits séparatistes et/ou impliquant des minorités ethniques ou religieuses.

II. LES PRINCIPAUX CONFLITS RÉCENTS EN ASIE

Les tensions indo-pakistanaises

La principale zone de tension en Asie, qui a occasionné de très nombreux conflits ouverts et affrontements armés ces dernières décennies, se situe avant tout en Asie du Sud, entre l'Inde et le Pakistan. Les tensions entre les deux États ont pour origine la partition de l'Empire britannique des Indes suivant un critère religieux.

Même si sa population était majoritairement hindouiste, l'Inde, ou une partie de l'Inde, fut à plusieurs reprises dominée par les musulmans. Au sein de l'Empire britannique des Indes, les musulmans vont progressivement chercher à reconstruire leur identité en s'appuyant principalement sur la dimension religieuse, d'autant que le colonisateur britannique n'a eu de cesse de diviser les deux communautés, musulmane et hindoue, cette dernière représentant la majorité de la population. À partir de la fin du XIXe siècle, l'idée selon laquelle les communautés musulmane et hindoue doivent former des nations distinctes commence à émerger pour se concrétiser durant les années 1930 avec la « théorie des deux nations » stipulant que chacune des communautés doit avoir son propre État. C'est d'ailleurs aussi durant cette période que le terme « Pakistan[1] » est inventé par un groupe d'étudiants musulmans en Angleterre. La théorie des deux nations est avant tout soutenue par la Ligue musulmane qui en fait sa ligne officielle en 1940. Celle-ci revendique par conséquent la création d'un État musulman « séparé », tandis que les nationalistes indiens du Parti du Congrès, dominé par les hindous, s'y refusent de façon catégorique en aspirant à la création d'une Union indienne qui soit indépendante, laïque et qui réunisse musulmans et hindous.

Or, lorsque l'indépendance de l'Empire des Indes se concrétise en août 1947, c'est l'option de la partition qui l'emporte dans la loi d'indépendance votée par le Parlement britannique. Deux États sont alors créés suivant un critère religieux: l'Inde, qui se proclame laïque et qui comprend une importante minorité musulmane, et le Pakistan qui, lui, est fondé sur une base religieuse. Le territoire pakistanais présente alors une singularité. Il est composé d'un Pakistan occidental et d'un Pakistan oriental. Le premier se trouve au Nord-Ouest de l'ancien Empire des Indes et le second au Nord-Est (Bengale oriental). Cependant, ces deux parties composées de populations distinctes d'un point

---

1. Celui-ci est l'acronyme du nom de plusieurs provinces – Pendjab, Afghania, Kashmir-Cachemire, Sind, BalouchisTAN – et signifie en même temps en ourdou, la langue officielle du pays, le « pays des purs ».

de vue culturel et linguistique se situent à une distance de plus de 1 500 kilomètres l'une de l'autre en étant séparées physiquement par le territoire indien.

La création de l'Inde et du Pakistan a eu deux conséquences décisives. La première est un très important transfert de population avec le déplacement de quelque 17 millions de personnes : des musulmans quittant le territoire indien ou des hindous quittant le territoire pakistanais. Ensuite, sous l'influence des éléments radicaux au sein des deux communautés, des affrontements violents se produisent très rapidement et font plusieurs centaines de milliers de morts.

Les conflits du Cachemire

À partir de ce moment-là, le principal contentieux entre l'Inde et le Pakistan va devenir la question du Cachemire, qui constitue le symbole par excellence de la partition inachevée de l'Empire britannique des Indes. Le territoire situé dans la partie la plus septentrionale de l'Inde et au Nord-Est du Pakistan, qui est très majoritairement peuplé de musulmans depuis le XIVe siècle est, en effet, revendiqué par les deux États. Initialement, le maharadjah hindou du Cachemire refuse toute forme de rattachement à l'un ou à l'autre de ces États. Néanmoins, il finira par accepter le rattachement de son État à l'Inde en octobre 1947, ainsi que l'aide militaire de cette dernière, alors que des groupes armés pakistanais agissent sur son territoire et qu'une partie de la population de la région favorable au rattachement au Pakistan commence à se soulever. Cela provoque l'intervention immédiate des armées indienne et pakistanaise au Cachemire et donc le premier conflit indo-pakistanais qui se déroule jusqu'à la fin de l'année 1948. Le conflit s'achève par la conclusion d'un cessez-le-feu entre les belligérants sous l'auspice des Nations unies. Chaque État occupe alors une partie du Cachemire, leur zone d'occupation étant délimitée par une ligne de cessez-le-feu appelée « ligne de contrôle ».

À compter de 1949, le Cachemire est par conséquent coupé en deux zones de part et d'autre de cette « ligne de contrôle ». Le territoire est partagé entre, d'une part, une partie indienne, qui est la partie méridionale du Cachemire appelée Jammu et Cachemire et qui est contestée par le Pakistan (elle représente près de deux tiers du territoire), et, d'autre part, une partie pakistanaise, qui comprend les parties occidentale et septentrionale, appelées Azad Cachemire et Zones nord, et qui sont contestées par l'Inde. Le Cachemire est également composé de deux parties sous administration chinoise et qui sont revendiquées par l'Inde, dont l'Aksai Chin suite au conflit sino-indien de 1962 perdu par l'Inde. Pour les Indiens, l'ensemble de l'ancien État princier doit être partie intégrante du territoire indien, alors que les Pakistanais prônent l'organisation d'un référendum d'auto-détermination en partant de l'hypothèse selon laquelle la majorité musulmane de la population cachemirie devrait choisir le Pakistan. Cette position est soutenue par la Chine, le principal allié du Pakistan en Asie. Le référendum qui avait été promis par l'Inde dès 1947 n'a cependant jamais été organisé.

Un nouveau conflit relatif au Cachemire se produit en août-septembre 1965. C'est le second conflit indo-pakistanais. Il est provoqué par une offensive militaire pakistanaise au Cachemire. La riposte de l'Inde, soutenue militairement par l'Union soviétique, provoque une défaite pakistanaise. Enfin, en 1999, le Cachemire a été encore une fois au cœur des tensions indo-pakistanaises avec la « crise de Kargil », suite à des incursions d'activistes cachemiris pakistanais avec l'aide du Pakistan au sein du territoire cachemiri indien. Cela a entraîné des échanges de tirs entre les armées indienne et pakistanaise avant que les groupes armés pakistanais ne finissent par se retirer, le Pakistan essuyant ainsi un nouveau revers, dans un contexte où les deux États sont désormais dotés de l'arme nucléaire.

Ces conflits n'ont pas modifié le statu quo initial de 1949. Le Cachemire constitue un front important pour de nombreux groupes djihadistes au sein duquel ils se sont illustrés par de très nombreuses actions terroristes et continue par conséquent de nourrir les animosités entre l'Inde et le Pakistan. Il empêche ainsi toute forme de normalisation des relations entre les deux États.

En dehors du Cachemire, il y a eu également un autre contentieux important entre l'Inde et le Pakistan, celui de l'indépendance du Bangladesh. Le conflit n'avait donc pas le Cachemire comme enjeu central, mais plutôt le Bengale oriental. En 1971, une rébellion éclate au sein de ce territoire. Elle est dirigée contre les autorités d'Islamabad et la domination exercée par les Pendjabis du Pakistan occidental sur les Bengalis du Pakistan oriental. Ces derniers proclament l'indépendance du Pakistan oriental en mars 1971. L'Inde intervient alors militairement pour soutenir les Bengalis, avec également l'appui de l'URSS. Le conflit s'achève en décembre par la défaite du Pakistan et la reconnaissance de l'indépendance corrélative du Bangladesh. À l'instar de la partition entre l'Inde et le Pakistan, celle qui se produit entre le Pakistan et le Bangladesh conduit des millions de personnes, de 6 à 8 millions selon les estimations, à se déplacer d'un territoire à l'autre.

La donne stratégique dans la région a bien entendu été modifiée par l'accession de l'Inde et du Pakistan à la puissance nucléaire, les deux États procédant à des essais en mai 1998. La motivation indienne était d'abord de conjurer les menaces militaires en provenance de la Chine, et pas nécessairement du Pakistan, alors que les deux pays ont été en guerre l'un contre l'autre en 1962 et que Pékin dispose de l'arme atomique depuis 1964. La Chine est également le principal allié du Pakistan en Asie. Un premier essai nucléaire indien, de nature dite « pacifique », avait été ainsi réalisé en 1974. La volonté indienne de se doter de l'arme nucléaire a bien évidemment conduit le Pakistan à vouloir faire de même, dans l'objectif de rétablir l'asymétrie militaire par rapport à l'Inde et donc de dissuader New Delhi de lancer une éventuelle attaque militaire conventionnelle contre le territoire pakistanais. Les deux États, qui entendent aussi affirmer leur statut de grande puissance en accédant ainsi au « club » nucléaire, ont fait l'objet de sanctions internationales suite à ces essais.

Le conflit au Sri Lanka

C'est au Sri Lanka que l'on a assisté ces dernières années à la guerre civile la plus meurtrière en Asie. Le pays est devenu indépendant en 1948 et a pris son nom actuel, qui était le nom du territoire avant la colonisation britannique, en lieu et place de Ceylan, en 1972. Même si les Cingalais, qui sont d'origine indienne (du Nord de l'Inde) et très majoritairement bouddhistes, représentent une large majorité de la population, le pays est composé de plusieurs autres communautés : les Maures, qui sont musulmans, et surtout les Tamouls, dits indiens ou sri lankais (ou « autochtones »), qui sont également d'origine indienne (mais du Sud de l'Inde) et hindouistes et qui représenteraient environ 17 % de la population. Les Cingalais et les Tamouls parlent également des langues différentes, en l'occurrence le cingalais et le tamoul.

La vie politique sri lankaise est largement dominée par les Cingalais. Les mouvements politiques nationalistes cingalais qui se développent dans les années 1950 font ainsi en sorte que la langue cingalaise soit la seule langue officielle (ce n'est qu'en 1987 que le tamoul est reconnu comme langue officielle, au côté du cingalais) et que l'État favorise la culture cingalaise et la religion bouddhiste. Cela alimente bien entendu les rancœurs des Tamouls.

À partir de la fin des années 1970, les Tamouls sri lankais, plus précisément le mouvement armé des Tigres de libération de l'Eelam tamoul (LTTE) fondé en 1976 et plus connu sous le nom des Tigres tamouls, revendiquent l'indépendance de leur territoire en dénonçant l'oppression dont ils feraient l'objet de la part du gouvernement dominé par les Cingalais. Ces revendications se transforment à partir de 1983 en un véritable mouvement insurrectionnel conduisant le gouvernement sri-lankais à déployer des troupes dans le Nord et l'Est de l'île.

Le conflit opposant le gouvernement sri lankais aux Tigres tamouls se caractérise par son extrême violence, les Tamouls recourant à des actions de type terroriste, tandis que ces derniers font l'objet de nombreux massacres dans les régions majoritairement composées de Cingalais. Le conflit s'est notamment traduit par l'assassinat du premier ministre indien Rajiv Gandhi en 1991 et du président sri lankais Ranasinghe Premadasa en 1993. Il a conduit également l'Inde à intervenir au Sri Lanka en 1987 pour y mener une opération de maintien de la paix qui s'est soldée par un échec.

Le LTTE, qui a été classé parmi les organisations terroristes par plusieurs pays, dont les États-Unis et l'Union européenne, disposait d'un très important équipement militaire terrestre, mais aussi naval et aérien, et a contrôlé jusqu'à un tiers du territoire sri lankais au cours des années 1990. Une offensive militaire lancée en 2008 par le gouvernement sri lankais contre les Tigres tamouls a cependant abouti à une victoire militaire au cours du premier semestre 2009 et lui a permis de reprendre entièrement le contrôle du territoire du Nord, mettant ainsi fin au conflit. Celui-ci a fait au total quelque 70 000 victimes.

ATTENTION !

Les Tigres tamouls ont été parmi les premiers, dès 1987, à perpétrer des attentats-suicide. Ils ont été les premiers à le faire à l'aide de ceintures d'explosifs en 1991 ou à avoir recours à des femmes-kamikazes. Ce sont eux également qui auraient commis le plus grand nombre d'attentats de ce type dans le monde. Selon la rumeur, les leaders des Tigres portaient en permanence une capsule de cyanure sous la forme d'un pendentif pour pouvoir se suicider dans le cas où ils seraient capturés. Le mouvement était également connu pour avoir enrôlé des femmes et des enfants.

Les conflits en Afghanistan

L'Afghanistan a traditionnellement été un lieu de passage commercial et culturel entre le Moyen-Orient et l'Asie en se situant à l'intersection de différentes cultures, notamment des cultures perse et indienne. Au XIXe siècle, le pays était également un État tampon entre les empires russe et britannique. Il est aussi l'un des rares États de la région à ne pas avoir été colonisé. Au XIXe siècle, les Britanniques ont d'ailleurs échoué par deux fois à mettre la main sur le pays lors des guerres anglo-afghanes.

La stabilité de l'Afghanistan a commencé à être mise en cause à partir du coup d'État qui renverse, en juillet 1973, le roi Zaher Shah, qui était au pouvoir depuis 1933. Une république est alors proclamée, alors que l'Afghanistan était une monarchie depuis 1747. Ce coup d'État ouvre une période d'instabilité chronique que le pays connaît encore de nos jours. Un régime communiste y est instauré à partir de 1978 suite à un nouveau coup d'État. Ce nouveau régime est cependant peu accepté par une grande partie de la population. Il conduit, en décembre 1979, à une intervention militaire soviétique dans le pays dans l'objectif officiel d'aider un régime allié qui fait face à un puissant mouvement de rébellion musulmane, sur le modèle de l'intervention de courte durée effectuée par les troupes du Pacte de Varsovie en Tchécoslovaquie en 1968.

À partir de ce moment-là, le conflit afghan va se dérouler en quatre phases. La première est marquée par l'intervention militaire soviétique de 1979 à 1989. Outre l'aide apportée à un régime allié, l'objectif de l'Union soviétique est de faire en sorte qu'un régime hostile ne s'installe pas à ses frontières alors que la Révolution islamique bât son plein dans l'Iran voisine de l'Afghanistan. Les Soviétiques parviennent à rétablir l'ordre dans les grandes villes et les points stratégiques, sans pouvoir pour autant imposer l'autorité du gouvernement communiste sur l'ensemble du territoire. Ils font face, en effet, à un important mouvement de résistance de la part d'une guérilla qui est soutenue militairement et financièrement par les États-Unis, le Pakistan, la Chine, l'Iran et l'Arabie Saoudite. Le conflit connaît un important tournant en 1985-1986. En 1985, Mikhaïl Gorbatchev arrive au pouvoir en URSS avec le souhait de retirer les troupes soviétiques d'Afghanistan et à partir de l'année suivante, les États-Unis fournissent des armes aux combattants afghans, les moudjahiddines, en particulier des missiles pour pouvoir abattre les hélicoptères soviétiques. Un accord de paix est finalement signé en 1988 entre l'Afghanistan, l'URSS, les États-Unis et le Pakistan. Les troupes soviétiques se retirent du pays d'octobre 1988 à février 1989.

La première phase du conflit afghan a été d'une grande violence puisqu'il a fait 15 000 victimes du côté soviétique et environ un million du côté afghan, sur une population afghane totale de 13,2 millions en 1980 et de 11,7 millions en 1990 (source ONU). L'Afghanistan a été ainsi durablement déstabilisé avec quelque six millions de réfugiés afghans en Iran et au Pakistan durant les années 1980 et deux millions de déplacés à l'intérieur du pays.

Il s'agit du dernier conflit majeur de la guerre froide, mais aussi sans doute de l'une des causes importantes de l'affaiblissement de l'URSS. Le pays sort, en effet, épuisé économiquement et moralement de ce conflit. Celui-ci a notamment contribué à aviver les tensions ethniques au sein de l'URSS. Les Tadjiks et les Ouzbeks présents dans l'armée soviétique se battaient ainsi à contrecœur contre leurs compatriotes en Afghanistan. La mise en échec de l'Armée rouge a largement rogné sa puissance et son prestige. Par ailleurs, les anciens combattants d'Afghanistan (les *Afghantsy*) ont eu de grandes difficultés à se réinsérer dans la vie civile. Enfin, les sanctions occidentales appliquées suite à l'intervention soviétique, en particulier les embargos sur les technologies, ont fortement nui à l'économie du pays.

Cette phase du conflit afghan a été également la matrice de l'islamisme sunnite radical contemporain avec la montée en puissance des mouvements islamistes au sein de la guérilla afghane. Ceux-ci bénéficiant d'un important soutien de l'étranger ont, en effet, pris l'ascendant au sein de la guérilla afghane sur les mouvements traditionnalistes. En outre, des combattants musulmans du monde entier se sont joints à leur combat. C'est également dans le cadre de ce conflit qu'une personnalité comme Oussama Ben Laden a fait ses premières armes.

La seconde phase du conflit en Afghanistan est celle de la guerre civile. Elle est déclenchée en avril 1992 avec la fin du gouvernement Nadjiboullah, qui a été soutenu par les Soviétiques jusqu'en 1991, et la prise de Kaboul par des moudjahiddines. Elle oppose différents mouvements de guérilla de l'ancienne résistance aux Soviétiques, notamment des deux principales ethnies : les Pachtouns du Sud sous la conduite principale du mouvement dirigé par Gulbuddin Hekmatyar et les Tadjiks du Nord dirigés par le commandant Massoud (alliés aux Ouzbeks et aux Hazaras). C'est dans ce contexte de guerre civile qu'émerge le mouvement des Talibans en 1994. Ils rétablissent progressivement l'ordre dans le Sud du pays, puis l'Ouest en 1995, avant de prendre Kaboul en septembre 1996. C'est en 1997-1998 qu'ils contrôlent la plus grande partie du territoire afghan. Les combats se poursuivent néanmoins entre, d'un côté, les Talibans et, de l'autre, les Tadjiks, les Ouzbeks et les Hazaras rassemblés dans une coalition dirigée par le commandant Massoud.

La troisième phase est donc la présence des Talibans à la tête de l'Afghanistan de la prise de Kaboul en 1996 jusqu'à l'intervention de la coalition emmenée par les États-Unis en 2001. Ils mettent en place un régime qui est plutôt populaire au début. Les Talibans ramènent, en effet, l'ordre et la paix dans le pays après des années de guerre et d'anarchie. Ils incarnent aussi la revanche des Pachtouns, l'ethnie la plus nombreuse et dominante sur le plan politique en Afghanistan, alors que ceux-ci ne sont plus au pouvoir depuis 1992. Néanmoins, ce régime apparaît rapidement comme l'un des plus violents et rétrogrades mis en place dans le monde depuis plusieurs décennies. Il est également mis au ban des nations en raison du refuge qu'il offre à Oussama Ben Laden et à Al-Qaïda à partir de 1996.

La dernière phase du conflit est bien entendu celle qui suit l'intervention étrangère dans le pays en 2001 emmenée par les États-Unis. Celle-ci est effectuée au nom de la légitime défense après les attentats du 11 septembre 2001 aux États-Unis, même si ces attaques n'ont pas été perpétrées par les Talibans ou même par des Afghans. Le lendemain même des attentats, le Conseil de sécurité de l'ONU définit, en effet, les attentats comme des actes de guerre et reconnaît aux États-Unis le droit de légitime défense. Ainsi, environ un mois après les attentats est déclenchée l'opération « Liberté immuable » dirigée par Washington. Elle est appuyée par le déploiement en décembre 2001 de troupes dans le cadre de la Force internationale d'assistance à la sécurité (ISAF) sous mandat du Conseil de sécurité, troupes qui passeront sous le commandement de l'OTAN en 2003. Alliées à l'Alliance du Nord qui progresse rapidement sur le territoire afghan, ces opérations conduisent au renversement du régime taliban en décembre 2001. Les Talibans quittent le pouvoir sans pour autant que leurs principaux dirigeants ne soient arrêtés. Une administration intérimaire est alors mise en place sous la présidence d'Hamid Karzaï. Celui-ci sera officiellement élu à la tête de l'État afghan en octobre 2004 lors de la première élection d'un chef d'État afghan au suffrage universel.

Se met alors progressivement en place un conflit de nature asymétrique. Les Talibans poursuivent, en effet, leur combat contre les armées de la coalition en particulier à partir de 2005-2006 en procédant à des actions militaires, à des attentats (notamment des attentats-suicide) et à des enlèvements. Ces actions causent beaucoup de pertes parmi les troupes occidentales et contribuent à miner la légitimité de cette opération militaire aux yeux des opinions publiques. Les Talibans exploitent également le rejet qu'inspire au sein de la population afghane la présence étrangère dans le pays et l'action du gouvernement mis en place en 2001.

Le départ des troupes étrangères est prévu fin 2014, celui des troupes françaises ayant été effectif fin 2012. La situation qui prévaudra après le départ de ces troupes reste néanmoins encore largement floue. Le pouvoir en Afghanistan semble être, en effet, dans l'incapacité de restaurer l'ordre dans le pays et de s'imposer sur l'ensemble du territoire sur fond de clientélisme et de corruption généralisée, même si les forces afghanes ont pris officiellement en charge la sécurité du pays en juin 2013 en prenant ainsi le relais de l'ISAF. Le retour de la guerre civile et/ou des Talibans au pouvoir dans une partie ou la totalité de l'Afghanistan paraît donc loin d'être exclu.

L'essentiel à retenir

- L'Asie est le seul continent où il existe une menace de conflit interétatique alors qu'au moins l'un des deux États concernés est doté de l'arme nucléaire : Corée du Nord-Corée du Sud, Inde-Pakistan, Chine-Taiwan.
- La question du Cachemire constitue le symbole par excellence de la partition inachevée de l'Empire britannique des Indes entre l'Inde et le Pakistan.
- Le conflit civil au Sri Lanka a opposé le gouvernement cingalais aux séparatistes tamouls.
- L'Afghanistan connaît une instabilité chronique depuis les deux coups d'État qui se sont produits dans les années 1970 et l'intervention militaire soviétique de 1979.
- Les Talibans ont été à la tête de l'Afghanistan de 1996 à 2001 avant d'être obligés de quitter le pouvoir suite à l'intervention d'une coalition emmenée par les États-Unis et de mener des actions de guérilla contre les troupes de la coalition.

Testez-vous !

1. Quels États asiatiques sont dotés de l'arme nucléaire ?

2. Quelle était la particularité géographique du Pakistan lors de son indépendance ?

3. Quel État a été créé suite à l'indépendance du Bengale oriental ?

4. Dans quel pays trouve-t-on les Tigres tamouls ?

5. En quelle année les troupes occidentales devraient-elles quitter l'Afghanistan ?

Chapitre XIII
Les conflits contemporains dans l'ex-URSS et les Balkans

Ce que vous allez apprendre

- Les conflits dans l'ex-URSS et les Balkans sont le résultat de l'éclatement de l'Union soviétique et de la Yougoslavie et de la présence d'importantes minorités au sein des nouveaux États indépendants
- Les principaux conflits qui se sont déroulés dans l'ex-URSS : les conflits en Tchétchénie, en Géorgie et du Haut-Karabakh
- L'éclatement progressif de la République socialiste fédérative de Yougoslavie au début des années 1990
- Les principaux conflits qui se sont déroulés dans l'ex-Yougoslavie : les guerres de Slovénie, de Croatie, de Bosnie et du Kosovo

I. LES CONFLITS DANS L'EX-URSS

Des conflits liés à l'éclatement de l'Union soviétique

Les conflits dans l'ex-URSS ont été déclenchés suite à l'éclatement de l'Union soviétique en 1991 et au séparatisme d'un certain nombre de régions au sein des nouveaux États indépendants, y compris la Russie. Les nouveaux États ont, en effet, hérité des frontières tracées lors de la période soviétique qui pouvaient comprendre d'importantes minorités. Ces aspirations séparatistes sont notamment exprimées par des minorités russophones ou culturellement proches de la Russie qui refusent de reconnaître l'autorité des nouveaux gouvernements et qui ont décidé de former des quasi-Etats (Transnistrie, Abkhazie, Ossétie du Sud). Enfin, les interventions militaires des gouvernements face aux minorités sécessionnistes se sont soldées la plupart du temps par des échecs.

Les conflits en Tchétchénie

La Tchétchénie est une République appartenant à la Fédération de Russie située au Sud-Ouest du pays. Les relations entre Moscou et les Tchétchènes, qui sont musulmans depuis le XVIe siècle, ont toujours été plutôt conflictuelles depuis la conquête de la région par la Russie au XIXe siècle. Le territoire est également riche en ressources pétrolières et gazières.

Deux conflits se sont déroulés récemment en Tchétchénie : le premier, de 1994 à 1996, et le second, de 1999 à 2009. En novembre 1991, dans le contexte de l'effondrement de l'URSS, une république indépendante regroupant la Tchétchénie et l'Ingouchie est unilatéralement proclamée à Grozny par le général Djokhar Doudaev qui est élu président de cette République. De 1991 à 1994, les Russes, qui ne reconnaissent pas cette indépendance, subissent une série d'humiliations de la part des autorités tchétchènes. L'armée russe, assez mal préparée, intervient en Tchétchénie en décembre 1994. Les combats y sont très violents d'autant que celle-ci fait face à une vive résistance de la part des forces tchétchènes. L'intervention se traduit par un échec pour l'armée russe. Un accord signé au Daghestan en août 1996 met fin aux combats. Un accord de paix est finalement signé en mai 1997. Il ne règle toutefois pas la question du statut définitif de la République et la situation continue d'être instable dans la région.

Celle-ci se dégrade à nouveau de façon significative en 1999 lorsque des combattants tchétchènes affrontent des troupes russes à la frontière de la Tchétchénie et du Daghestan et des groupes islamistes tchétchènes pénètrent au Daghestan dans l'objectif de créer un État islamique indépendant dans une partie du Daghestan et de la Tchétchénie. Suite à une série d'attentats commis en Russie et attribués par les autorités russes à des Tchétchènes, le nouveau premier ministre russe, Vladimir Poutine, décide d'intervenir à nouveau militairement en Tchétchénie en septembre 1999. Les combats sont encore plus violents que lors de la première guerre. En février 2000, Moscou annonce la fin des opérations en Tchétchénie, et en janvier 2002, l'état-major russe affirme avoir remporté la victoire sur le plan militaire.

Une nouvelle Constitution est adoptée en Tchétchénie en 2003 suite à un référendum controversé. Elle maintient celle-ci dans la Fédération de Russie. À partir de ce moment-là, différents présidents pro-russes sont élus, alors que des milices, notamment celle dirigée par le clan Kadyrov, collaborent activement avec l'armée russe et font régner la terreur dans la région. Les combats et les actions violentes se poursuivent néanmoins. Finalement, en avril 2009, les autorités russes annoncent que l'opération de contre-terrorisme est terminée en Tchétchénie. La brutalité de l'intervention russe dans la région a notamment été dénoncée par de nombreux défenseurs des droits de l'homme.

Les conflits en Géorgie

La Géorgie est l'une des premières républiques soviétiques à proclamer son indépendance dès le mois d'avril 1991. Cependant, à l'instar d'autres États de l'ex-URSS qui accèdent à l'indépendance cette année-là, elle doit rapidement faire face aux aspirations sécessionnistes de minorités qui se trouvent sur son territoire, dans un contexte de flambées des nationalismes, tant du côté géorgien que du côté des minorités (principalement en Abkhazie et en Ossétie du Sud), et de montée des tensions interethniques.

L'Abkhazie, région du Nord-Ouest de la Géorgie, déclare ainsi son indépendance en juillet 1992. Celle-ci n'est pas reconnue internationalement. Les velléités indépendantistes des Abkhazes ne sont cependant pas nouvelles puisque ceux-ci réclament un rattachement à la fédération de Russie depuis 1978. Cela conduit à des affrontements armés entre l'armée géorgienne et les troupes rebelles soutenues par la Russie qui débutent en août 1992 pour s'achever en septembre 1993, l'armée géorgienne ne réussissant pas à reprendre le contrôle de la région. Un accord de cessez-le-feu signé en mai 1994 sous l'égide de la Russie autorise le déploiement de forces de maintien de la paix dans la région, qui sont principalement russes. Entre-temps, plus de la moitié de la population, principalement des Géorgiens, a fui la région. Cela ne règle pas pour autant le statut de l'Abkhazie.

De leur côté, les Ossètes d'Ossétie du Sud, région du Nord de la Géorgie, souhaitent depuis longtemps être rattachés à l'Ossétie du Nord, qui appartient à la fédération de Russie. Un mouvement séparatiste émerge à la fin des années 1980 conduisant à des violences interethniques dans la région à un point tel que des troupes soviétiques y sont déployées afin d'y maintenir la paix. L'Ossétie du Sud se déclare « république autonome » par rapport à la Géorgie en septembre 1990. Cette décision est annulée par le Parlement géorgien au mois de décembre et le gouvernement géorgien va même jusqu'à abolir ce même mois le statut d'autonomie que la région avait depuis les années 1920. Cela provoque en janvier 1991 le déclenchement de la guerre entre la Géorgie et l'Ossétie du Sud, qui est soutenue par la Russie. En décembre 1991, le Parlement ossète proclame l'indépendance de l'Ossétie du Sud. Celle-ci est confirmée par la population ossète en janvier 1992 lors d'un référendum. Un cessez-le-feu est finalement signé en Russie en juin 1992, sans régler pour autant le statut de la région, alors que l'Ossétie du Sud adopte en 1993 une constitution qui en fait une République, procède à une élection présidentielle en 1996 ou demande en 2002 à être intégrée à la Fédération de Russie. Le conflit a également entraîné un important déplacement de populations. En 2004, de nouveaux affrontements se produisent entre l'armée géorgienne et les forces séparatistes.

L'élection en 2004 de Mikheïl Saakachvili à la présidence de la Géorgie a néanmoins marqué un tournant puisque celui-ci s'est engagé à restaurer la souveraineté géorgienne sur l'ensemble du territoire. La tension entre la Géorgie et les Républiques sécessionnistes monte ainsi progressivement jusqu'à l'été 2008. Une série d'accrochages entre l'armée géorgienne et des forces d'Ossétie du Sud sur fond de tensions croissantes entre la Géorgie et la Russie incitent Tbilissi à lancer le 7 août 2008 une attaque massive (attaque aérienne et offensive terrestre) contre l'Ossétie dans l'objectif d'en reprendre le contrôle. Les troupes russes présentes sur le sol ossète en tant que forces de maintien de la paix sont mobilisées dès le lendemain. Le 10 août, l'armée géorgienne faisant face aux troupes sud-ossètes et russes est dans l'obligation d'évacuer l'Ossétie du Sud. Le 11, le gouvernement indépendantiste d'Abkhazie se déclare à son tour en « état de guerre » contre la Géorgie et les troupes russes pénètrent en territoire géorgien. Un accord de cessez-le-feu proposé par l'Union européenne est signé par le président Mikheïl Saakachvili le 15 août et le lendemain par son homologue russe, Dmitri Medvedev. Une semaine plus tard, la Russie affirme avoir retiré totalement ses forces de Géorgie. Le conflit aurait fait un peu plus de 1 000 morts.

La Géorgie n'a donc pas été en mesure de récupérer les territoires perdus. Même si l'Ossétie du Sud et l'Abkhazie restent officiellement sous souveraineté géorgienne, elles sont *de facto* devenues indépendantes. Depuis la fin du conflit de 2008, leur rapprochement a été effectif avec la Russie. Moscou a ainsi reconnu l'indépendance des deux républiques séparatistes de Géorgie fin août 2008 et a établi des relations diplomatiques avec celles-ci. En septembre de la même année, la Russie a signé des accords de coopération avec l'Ossétie du Sud et l'Abkhazie en vue d'y installer des bases militaires russes. Enfin, au mois de novembre, un traité d'amitié a été promulgué entre la Russie et ces deux territoires. Le rouble est reconnu comme monnaie officielle en Abkhazie et en Ossétie du Sud et leurs citoyens peuvent obtenir la citoyenneté russe. On peut donc affirmer qu'il s'agit d'une annexion *de facto* de ces Républiques à la Fédération de Russie.

Le conflit du Haut-Karabakh

Le conflit du Haut-Karabakh, un territoire situé au Sud-Ouest de l'Azerbaïdjan, est le résultat lointain de la décision de Joseph Staline en 1923 de rattacher ce territoire majoritairement peuplé d'Arméniens à la République socialiste soviétique d'Azerbaïdjan, alors que les Azéris sont turcophones. Compte tenu des contentieux historiques qui peuvent exister entre les Arméniens et des turcophones proches des Turcs, cela ne pouvait que déboucher tôt ou tard sur un conflit.

Dès 1988, dans ce qui était encore l'URSS, les Arméniens du Haut-Karabakh revendiquent ainsi le rattachement de la province à l'Arménie, ce que refusent la RSS d'Azerbaïdjan et l'Union soviétique, tandis que cette revendication est soutenue par des mouvements nationalistes en Arménie même. En représailles, de nombreux massacres visant des Arméniens sont alors perpétrés en Azerbaïdjan. Cela entraîne des troubles interethniques, ainsi qu'un important déplacement de population entre les deux États.

Une guerre larvée entre les Arméniens (Arméniens du Haut-Karabakh aidés par des volontaires venus d'Arménie) et les Azéris débute au Haut-Karabakh en janvier 1990 pour se transformer en conflit ouvert fin 1991, alors que l'Arménie et l'Azerbaïdjan viennent d'accéder à l'indépendance, respectivement en septembre et en août 1991. Le Haut-Karabakh proclame unilatéralement son indépendance par rapport à l'Azerbaïdjan en janvier 1992, sous le nom de République du Haut-Karabakh. Il s'agit d'un quasi-État qui n'est pas reconnu internationalement. Par ailleurs, les troupes arméniennes du Haut-Karabakh, soutenues par l'Arménie, occupent la province et même en 1993 une partie notable du Sud-Ouest du territoire azéri suite à une offensive armée arménienne, ces territoires permettant alors de relier le Haut-Karabakh à l'Arménie. Il faudra attendre 1994 pour qu'un cessez-le-feu définitif soit signé entre l'Arménie et l'Azerbaïdjan, même si le contentieux entre les deux États est loin d'être réglé. Au terme de cet accord, les Arméniens du Haut-Karabakh conservent le contrôle de la province, mais aussi d'un territoire jouxtant celle-ci.

II. LES CONFLITS DANS LES BALKANS

L'éclatement de l'ex-Yougoslavie

Sept États sont issus de l'ex-Yougoslavie : Bosnie-Herzégovine, Croatie, Kosovo, Macédoine (ARYM), Monténégro, Serbie, Slovénie. L'éclatement de la Yougoslavie a conduit à des conflits armés en Slovénie et surtout en Croatie, en Bosnie et au Kosovo. Ce sont les seules guerres qui se sont produites sur le continent européen depuis la Seconde Guerre mondiale.

ATTENTION !

Le nom officiel de la Macédoine est Ancienne République yougoslave de Macédoine (ARYM). Elle a été admise à l'Organisation des Nations unies (ONU) en avril 1993 avec ce nom provisoire en attendant que soit réglé le différend qui l'oppose à la Grèce, cette dernière estimant être la seule en droit d'utiliser le nom de Macédoine.

La Yougoslavie a été formée en 1918 par la réunion des « Slaves du Sud » suite à l'effondrement des Empires austro-hongrois et ottoman. Il s'agit d'une monarchie dont le monarque appartient à la dynastie royale serbe des Karadjordjevic. Le Royaume de Yougoslavie est caractérisé avant tout par de fortes tensions entre des Croates favorables à une structure fédérale et des Serbes partisans d'un État unitaire sous le leadership de la Serbie. Ce sont d'ailleurs ces derniers qui dominent cette première Yougoslavie centralisée et autoritaire. Ces tensions vont s'exacerber durant la Seconde Guerre mondiale. La Yougoslavie est démembrée en 1941 suite à l'invasion du pays par les forces de l'Axe et à la proclamation d'un État croate indépendant sous protectorat allemand dirigé par le parti fasciste croate (les *Oustachis*) qui procède au massacre et à la déportation de Juifs, de Serbes et de musulmans bosniaques.

Un régime communiste dirigé par Josip Broz dit Tito, le chef de la résistance yougoslave durant la guerre, s'impose en Yougoslavie en 1945. La monarchie est alors abolie. Elle est remplacée par la République socialiste fédérative de Yougoslavie, qui est un État fédéral composé de six républiques socialistes : Bosnie-Herzégovine, Croatie, Macédoine, Monténégro, Serbie (qui comprend également la province autonome de Vojvodine et la région autonome du Kosovo) et Slovénie.

Historiquement, la Yougoslavie présente, en effet, plusieurs singularités. Il s'agit d'un État multinational qui comprend six peuples (croate, slovène, serbe, macédonien, monténégrin et musulman pour la Bosnie), une vingtaine de nationalités (Albanais, Hongrois, Tsiganes, etc.), une grande variété de langues, dont trois officielles (slovène, serbo-croate, macédonien), et de confessions religieuses. Les Croates et les Slovènes sont catholiques, les Macédoniens, les Monténégrins et les Serbes sont orthodoxes, tandis que les Bosniaques et les Kosovars sont musulmans. Enfin, le pays se caractérise par d'importants écarts de richesse et de développement entre parties riches (Slovénie, Croatie) et parties pauvres (Kosovo, Macédoine).

L'un des principaux points faibles de la Yougoslavie communiste n'en a pas moins été la question nationale que le régime communiste n'a pas réussi à dépasser et à résoudre. Des mouvements nationalistes et séparatistes émergent ainsi à partir des années 1970, tant du côté croate que serbe. La disparition de Tito en 1980 va laisser libre cours à cette montée en puissance progressive des nationalismes. Enfin, la fin de la guerre froide va contribuer à accélérer la décomposition du pays sous l'impact de deux types de nationalisme : un nationalisme sécessionniste (Slovénie, Croatie, Bosnie, Macédoine, Kosovo) qui fait face à un nationalisme « fédéraliste » et « hégémoniste » serbe, qui se réveille à la fin des années 1980 et qui entend renforcer la position hégémonique des Serbes au sein de la fédération yougoslave, autour de l'idée de Grande Serbie visant à rassembler l'ensemble des Serbes dans un seul et même territoire.

Éclairage

Slobodan Milosevic a exercé la fonction de Président de la Serbie de 1989 à 2000 et a également présidé la Fédération de Yougoslavie de 1997 à 2000. Il est arrêté en 2001 pour être jugé par le Tribunal pénal international pour l'ex-Yougoslavie (TPIY) pour avoir été le principal instigateur ou soutien des crimes commis par les milices serbes et l'armée fédérale yougoslave dans les conflits en ex-Yougoslavie. Son procès s'ouvre en février 2002. 66 chefs d'accusation sont retenus contre lui pour crimes de guerre et crimes contre l'humanité en Croatie (1991-1995), en Bosnie-Herzégovine (1992-1995) et au Kosovo (1998-1999), mais aussi pour génocide à propos du massacre de Srebrenica en Bosnie-Herzégovine en 1995. Slobodan Milosevic meurt en prison en mars 2006, avant la fin de son procès.

Les guerres de Slovénie et de Croatie

La Croatie et la Slovénie proclament unilatéralement leur indépendance en juin 1991. Ces déclarations d'indépendance provoquent une guerre entre la Slovénie et la Yougoslavie deux jours plus tard. Cependant, celle-ci durera seulement une semaine et fera un nombre très réduit de victimes, l'armée fédérale yougoslave quittant rapidement le territoire slovène.

La guerre opposant la Croatie à la Yougoslavie débute, quant à elle, en août 1991 lorsque l'armée fédérale yougoslave et les milices serbes lancent une offensive contre les forces militaires croates.

Le conflit a principalement comme enjeu la présence d'une importante minorité serbe en territoire croate qui se concentre en Krajina (au Sud-Est de la Croatie à la frontière de la Bosnie) et en Slavonie (au Nord-Est), alors que les nationalistes croates au pouvoir depuis 1990 développent un virulent discours anti-serbe. Les combats se déroulent dans ces deux régions qui sont rapidement occupées par les forces serbes. Ils sont particulièrement violents comme en témoignent les massacres de populations civiles perpétrés en novembre 1991 par l'armée yougoslave et les forces paramilitaires serbes dans la ville de Vukovar en Slavonie. En décembre 1991, la Krajina devient une entité serbe autoproclamée, sous le nom de République serbe de Krajina, et demande son rattachement à la Serbie. L'armée croate lance une contre-offensive en Krajina et en Slavonie en janvier 1993 qui est refoulée par l'armée yougoslave. Il faudra attendre 1995 et le soutien militaire occidental pour que l'armée croate tente une nouvelle contre-offensive qui sera victorieuse en Slavonie occidentale, puis en Krajina. Cela se traduit par une épuration ethnique, les Serbes quittant alors de façon massive les régions reconquises par les Croates.

L'accord de Dayton en novembre 1995, relatif à la Bosnie, consolide la paix entre la Croatie et la Serbie. Le conflit a fait au total plus de 10 000 victimes. La Macédoine et le Monténégro accèderont, de leur côté, à l'indépendance dans des conditions pacifiques, respectivement en 1991 et en 2006.

La guerre de Bosnie-Herzégovine

Le conflit civil en Bosnie-Herzégovine, qui s'est déroulé de 1992 et à 1995, a été le conflit le plus important à s'être produit sur le sol européen depuis la Seconde Guerre mondiale. La Bosnie-Herzégovine est traditionnellement composée de trois populations distinctes – les Bosniaques musulmans, les Bosno-croates et les Bosno-serbes – dans un pays où une conscience nationale spécifique a toujours eu bien du mal à s'imposer. La Bosnie va être ainsi le théâtre de trois types de conflits durant la période 1992-1995.

La Bosnie-Herzégovine proclame son indépendance en mars 1992, après avoir organisé un référendum en février-mars. Les Bosno-serbes, qui ont boycotté le référendum, s'y opposent fermement. Sous la direction de l'ultranationaliste Radovan Karadzic, ils proclament en avril 1992 l'indépendance de la République serbe de Bosnie (*Republika Srpska*), qui est considérée comme une partie intégrante de l'État fédéral yougoslave. À partir de ce même mois, les milices serbes, avec le soutien de l'armée fédérale yougoslave, bombardent la ville de Sarajevo et

Éclairage

Les Bosniens, et non les Bosniaques, sont les habitants de Bosnie-Herzégovine quelle que soit leur origine ethnique.

attaquent plusieurs villes de l'Est de la Bosnie peuplées de musulmans. En l'espace de quelques semaines, les Bosno-serbes occupent environ deux tiers de la Bosnie. Les Bosno-croates, de leur côté, proclament en août 1992 la République croate d'*Herceg-Bosna*. Soutenus par l'armée croate, ils combattent également les musulmans à partir d'avril 1993. En 1994, les Bosno-croates et les Bosniaques concluent néanmoins un accord pour former une fédération commune. Enfin, fin 1993, des combats ont même opposé différents groupes musulmans dans le Nord-Ouest de la Bosnie.

Les combats ont été particulièrement violents en Bosnie et ont visé avant tout les civils. Ils se sont traduits par de nombreux massacres perpétrés notamment dans l'enclave musulmane de Srebrenica en territoire bosno-serbe en juillet 1995 et par des déplacements internes de plus de deux millions de personnes, soit environ la moitié de la population du pays, selon une logique de « nettoyage ethnique ». La communauté internationale est accusée d'avoir fait preuve d'une certaine passivité face à ce conflit malgré le déploiement de la FORPRONU (Force de protection des Nations unies) à partir d'octobre 1992.

Un cessez-le-feu est finalement signé en octobre 1995, notamment suite à des frappes aériennes de l'OTAN visant des positions serbes. S'ouvrent alors des négociations de paix à Dayton (États-Unis) au mois de novembre en présence du président de la Bosnie-Herzégovine, Alija Izetbegovic, et de ses homologues serbe, Slobodan Milosevic, et croate, Franjo Tudjman. Les Accords de Dayton prévoient la création de deux entités confédérées au sein d'un État dont la capitale est Sarajevo : la Fédération de Bosnie-Herzégovine occupant 51 % du territoire, qui est peuplée de Bosniaques et de Bosno-croates, et la République serbe de Bosnie occupant le reste du territoire et qui est peuplée de Bosno-serbes. Ils prévoient également le déploiement d'une Force multinationale de mise en œuvre de la paix en Bosnie-Herzégovine, l'IFOR (*Implementation Force*).

On estime que la guerre en Bosnie-Herzégovine aurait fait quelque 100 000 morts. Au sortir de ce conflit, l'État bosnien apparaît extrêmement divisé et son unité des plus fragiles, d'autant que la vie politique du pays est désormais structurée suivant une logique purement ethnique. Le pays a d'ailleurs été plus ou moins placé sous tutelle internationale à partir de 1995 suite aux Accords de Dayton en étant dirigé *de facto* par un Haut représentant pour la Bosnie-Herzégovine chargé de surveiller la mise en œuvre de ces accords.

La guerre du Kosovo

Situé au Sud de la Serbie et peuplé majoritairement d'Albanais Kosovars, le Kosovo a été rattaché à la Serbie suite aux guerres balkaniques (1912-1913) et jouissait d'une relative autonomie pendant le régime de Tito (1945-1980). Slobodan Milosevic est cependant revenu sur cette autonomie dès 1989. Le Kosovo présente, en effet, une grande importance aux yeux des nationalistes serbes, tout d'abord en raison de la présence d'une importante minorité serbe dans la région, mais aussi parce celui-ci est considéré comme le berceau de la civilisation serbe. C'est, en effet, au Kosovo que se trouve le lieu de la bataille du *Kosovo Poljé* de 1389 qui a opposé l'armée serbe à l'armée de l'Empire ottoman et qui s'est traduite par la défaite des Serbes et le début de l'occupation ottomane du pays qui a duré jusqu'en 1878. Cette bataille du Kosovo est donc considérée comme l'un des grands symboles de l'identité nationale et du patriotisme serbes.

Il s'agit néanmoins de la région la plus pauvre de Yougoslavie et les Albanais du Kosovo font l'objet de nombreuses discriminations. Ils revendiquent l'indépendance de la région. Le Parlement clandestin du Kosovo proclame ainsi la République du Kosovo en septembre 1990 et Ibrahim Rugova est élu à la présidence de cette République en mai 1992. Les Serbes s'y opposent fermement en décidant en particulier de lancer en 1992 un important programme de colonisation de la région par des Serbes et des Monténégrins.

Les Kosovars vont opter progressivement à partir de 1996 en faveur de la résistance armée par l'intermédiaire de l'Armée de Libération du Kosovo (UÇK). Celle-ci lance une offensive au début de l'année 1998. En février 1998, un conflit ouvert éclate ainsi dans la région de Drenica au Kosovo entre l'armée serbe et l'UÇK. Les affrontements entre l'armée serbe et les indépendantistes albanais s'intensifiant, le « groupe de contact », composé des ministres des Affaires étrangères allemand, américain, britannique, français, italien et russe, tente de résoudre le conflit par la voie diplomatique. Des négociations entre Serbes et Kosovars Albanais sont organisées à Rambouillet en France en février, puis en mars 1999. Mais, face à l'échec de ces négociations et au déploiement massif de troupes serbes au Kosovo, l'OTAN décide de lancer l'opération « Force alliée » en mars 1999, sans mandat spécifique du Conseil de sécurité de l'ONU. Les frappes de l'OTAN qui visent le Kosovo et l'ensemble de la Serbie débutent en mars et vont durer plus de 70 jours, alors que les forces serbes lancent une grande offensive au Kosovo et y intensifient les opérations de « nettoyage ethnique ».

Un accord de cessez-le-feu est finalement signé en juin 1999. Afin de légitimer cette opération, le Conseil de sécurité vote ce même mois un mandat *a posteriori* avec la résolution 1244 qui autorise ainsi officiellement l'OTAN à diriger la force internationale de maintien de la paix au Kosovo (KFOR), tout en créant en parallèle la Mission d'administration intérimaire des Nations unies au Kosovo (MINUK). Cette résolution exige également l'arrêt immédiat de la violence et le retrait définitif des forces serbes du Kosovo. L'UÇK, qui avait perdu la guerre face aux forces serbes, revient en force au Kosovo sous la protection de la KFOR et procède à un « nettoyage ethnique », la plupart des Serbes décidant de quitter la région.

Le Kosovo proclame son indépendance en février 2008. Même si celle-ci a été déclarée « illégale » par la Serbie, elle est reconnue dès le lendemain par la France, les États-Unis et le Royaume-Uni. En 2013, elle n'était toujours pas reconnue par la Serbie.

L'essentiel à retenir

- La plupart des interventions armées menées contre les forces séparatistes dans l'ex-URSS et les Balkans ont fini par échouer.
- Le conflit de 2008 entre la Russie et la Géorgie a été déclenché suite à une opération militaire géorgienne menée contre l'Ossétie du Sud ayant entraîné une riposte de l'armée russe.
- Le projet yougoslave visant à réunir les « Slaves du Sud » a systématiquement buté sur les revendications nationalistes et séparatistes des différentes parties de la Yougoslavie.
- Sept États sont issus de l'ex-Yougoslavie : la Bosnie-Herzégovine, la Croatie, le Kosovo, la Macédoine (ARYM), le Monténégro, la Serbie et la Slovénie.
- Les conflits dans l'ex-Yougoslavie sont les seules guerres à s'être produites sur le continent européen depuis la Seconde Guerre mondiale.
- La guerre de Bosnie est le conflit qui a fait le plus grand nombre de victimes dans la zone eurasiatique depuis la Seconde Guerre mondiale.

Testez-vous !

1. Quel est le statut actuel de l'Ossétie du Sud ?

2. Dans quel pays le Haut-Karabakh se trouve-t-il ?

3. Quels États issus de l'ex-Yougoslavie sont devenus indépendants dans des conditions globalement pacifiques ?

4. Qu'est-ce que la Republika Srpska ?

5. Quel est le statut actuel du Kosovo ?

Chapitre XIV
Les conflits contemporains en Afrique du Nord et au Proche-Orient

Ce que vous allez apprendre

- La zone Afrique du Nord-Proche-Orient est l'une des zones les plus conflictuelles du monde, en particulier autour du conflit israélo-arabe
- Les singularités du conflit israélo-arabe liées notamment à sa localisation dans une Palestine considérée comme une Terre sainte dans trois religions
- Les différents conflits israélo-arabes : la guerre d'indépendance, la guerre de Suez, la guerre des Six-Jours, la guerre du Kippour
- Le conflit israélo-palestinien : de l'émergence du nationalisme palestinien aux opérations militaires israéliennes menées à Gaza

I. UNE ZONE PARTICULIÈREMENT CONFLICTUELLE

La zone Afrique du Nord-Proche-Orient est l'une des régions dans le monde où se concentrent le plus grand nombre de conflits, en particulier autour du conflit israélo-arabe, même si ceux-ci apparaissent moins meurtriers qu'en Afrique subsaharienne ou en Asie du Sud par exemple (Tableau 1). Selon les données de l'Encyclopédie des conflits de l'Uppsala Conflict Data Program (UCDP)[1], chacun des États de la région, à l'exception de la Jordanie, a ainsi connu au moins un conflit mineur ou une guerre depuis 1975.

ATTENTION !

D'un point de vue géographique, le Moyen-Orient comprend le Proche-Orient et le golfe Persique. Le Proche-Orient à proprement parler correspond géographiquement aux États suivants : Chypre, Israël, la Jordanie, le Liban, la Syrie, les territoires palestiniens. Certains y rajoutent souvent l'Égypte et la Turquie.

Tableau 1 : Les conflits les plus meurtriers en Afrique du Nord et au Proche-Orient depuis la Seconde Guerre mondiale

Zone de conflit	Nature du conflit	Période	Nombre de victimes
Algérie	Guerre d'indépendance	1954-1962	100000
Liban	Guerre civile	1975-1991	100000
Syrie	Guerre civile	Depuis 2011	100000*
Proche-Orient	Guerre des Six-Jours, puis « guerre d'usure »	1967-1970	75000
Algérie	Guerre civile	1991-2004	60000
Israël-Liban	Conflit au Sud-Liban	1982-1990	50000
Turquie	Conflit séparatiste avec les Kurdes	1984-1999	40000
Syrie	Répression des Frères musulmans	1979-1982	25000
Libye	Conflit civil et intervention internationale	2011	25000
Israël	Conflit israélo-palestinien	Depuis 1965	21500
Proche-Orient	Guerre du Kippour	1973	16000
Sahara Occidental	Conflit séparatiste	1975-1989	15000
Proche-Orient	Guerre israélo-arabe	1948-1949	10000
Jordanie	Violences civiles par rapport aux groupes palestiniens (« septembre noir »)	1970	10000

Source : Major Episodes of Political Violence 1946-2012, *Center for Systemic Peace. * Au 1er septembre 2013.*

1. Ces données valaient au moins jusqu'au mois de septembre 2013.

La singularité du conflit au Proche-Orient

Les conflits israélo-arabe, puis israélo-palestinien présentent la particularité de générer un intérêt et des passions dans le monde entier, à la différence notable des conflits qui se déroulent par exemple en Afrique subsaharienne ou du conflit indo-pakistanais. Ceci s'explique bien entendu par la localisation du conflit. La Palestine est considérée comme une Terre sainte dans le christianisme, l'islam et le judaïsme et Jérusalem comme une Ville sainte pour ces trois religions. Elle a été ainsi notamment le théâtre de très vifs affrontements entre Chrétiens et Musulmans durant la période des Croisades (XIe-XIIIe siècle). Mais ceci s'explique aussi par la spécificité d'un conflit où chacun peut se projeter en s'identifiant à l'un ou à l'autre des protagonistes qu'il voit comme une victime. C'est le cas bien entendu des Juifs, pour qui tout Israélien tué dans le conflit constitue l'énième victime de l'Holocauste et des persécutions dont ils ont pu faire l'objet depuis des siècles, et des Arabes, ainsi que des musulmans, du monde entier, pour qui tout Palestinien tué constitue l'énième victime de la colonisation et de la domination occidentales. Les Occidentaux pouvaient ainsi voir dans ce conflit un affrontement Est-Ouest durant la guerre froide, Israël étant l'allié des Occidentaux face aux pays arabes alliés du camp soviétique, ou un affrontement Occident-islam dans l'après-guerre froide ou entre une démocratie (Israël) et des dictatures arabes ou des mouvements islamistes radicaux (Hamas, Hezbollah). Pour les tiers-mondistes, qui s'identifient au sort des Palestiniens, le conflit apparaît comme le dernier exemple d'un conflit de la décolonisation, Israël étant perçu comme un État occidental colonisateur.

II. LES GUERRES ISRAÉLO-ARABES

Le conflit opposant Juifs et Arabes en Palestine n'a pas débuté avec la création d'Israël en 1948. Jusqu'à la fin du XIXe siècle, les Juifs étaient très peu nombreux en Palestine, qui était ottomane depuis 1516. Néanmoins, des migrants juifs en provenance d'Europe centrale et orientale commencent à s'y installer à partir des années 1880 après avoir fui les persécutions dont ils font l'objet, tandis que divers auteurs, comme le journaliste Théodore Herzl, parlent de la création d'un État juif au sein de ce territoire. Herzl est ainsi à l'origine en 1897 de l'organisation du premier Congrès sioniste à Bâle qui définit le sionisme comme l'aspiration à l'« établissement, en Palestine, pour le peuple juif, d'un Foyer garanti par le droit public » et qui créé l'Organisation sioniste mondiale. C'est en 1905 que le Congrès sioniste propose officiellement l'établissement d'un foyer national juif en Palestine.

En novembre 1917, en pleine Première Guerre mondiale, la « Déclaration Balfour », du nom du ministre britannique des Affaires étrangères, Lord Arthur James Balfour, promet « l'établissement en Palestine d'un foyer national pour le peuple juif », sans pour autant porter « atteinte aux droits civils et religieux des collectivités non juives existant en Palestine ». Celle-ci est intégrée au mandat de la Société des nations (SDN) que la Grande-Bretagne obtient sur la Palestine en 1920 après la chute de l'Empire ottoman. Suite à l'arrivée de plusieurs nouvelles vagues de migrations juives en Palestine en provenance d'Allemagne et d'Europe centrale, des tensions se font jour entre communautés arabes et juives. Des affrontements se produisent même durant les années 1920-1930. C'est dans ce contexte de tensions intercommunautaires que la Commission Peel recommande pour la première fois en 1937 une partition de la Palestine. La Grande-Bretagne se montre d'ailleurs de plus en plus opposée aux desseins sionistes. De son côté, l'Organisation sioniste revendique à partir de 1942 la création d'un État juif et des mouvements juifs commettent des actes terroristes dirigés contre les Arabes et contre les Britanniques.

En février 1947, la Grande-Bretagne décide de soumettre la question de la Palestine aux Nations unies. Une Commission d'enquête de l'ONU remet alors un rapport qui est adopté par l'Assemblée générale en novembre 1947 (résolution 181). Cette résolution prévoit un plan de partage avec la création de deux États et donc la coexistence d'un État juif souverain et d'un État arabe souverain, ces États étant tout de même liés par une Union économique et avec un statut international pour Jérusalem, la ville passant sous le contrôle de l'ONU. Ce plan est accepté par les autorités juives, mais il est rejeté par les Arabes. Il s'ensuit une multiplication des attentats commis de part et d'autre. Le gouvernement britannique annonce alors qu'il achèvera son mandat à une date plus précoce que ce qui était initialement prévu, soit le 15 mai 1948 à 0 heure. Le 14 mai dans l'après-midi, David Ben Gourion proclame l'indépendance de l'État d'Israël en tant qu'État juif « en vertu du droit naturel et historique du peuple juif » (texte de la déclaration d'indépendance). Cette indépendance est rapidement reconnue par les deux « Grands », les États-Unis et l'URSS.

La création de l'État d'Israël conduit au déclenchement immédiat, dès le 15 mai, d'un premier conflit entre Israël et les États arabes – Égypte, Transjordanie (nom de la Jordanie à l'époque), Syrie, Liban, Irak –, les armées de ces derniers envahissant le territoire du nouvel État. Les armées arabes essuient finalement une défaite et acceptent de signer un accord d'armistice avec l'État hébreu entre février et juillet 1949. Celui-ci fixe la frontière entre Israël et ses voisins, le territoire israélien ayant été quelque peu étendu par rapport à ses frontières initiales. Plusieurs centaines de milliers de Palestiniens quittent alors le territoire pour s'installer dans des camps de réfugiés en Transjordanie et à Gaza.

Plusieurs conflits ont opposé par la suite à nouveau les armées arabes à Israël. Ce fut tout d'abord le cas en 1956 dans le cadre de la crise de Suez. Celle-ci démarre en juillet 1956 lorsque l'Égypte de Nasser nationalise la Compagnie du canal de Suez, dont les actionnaires, en majorité britanniques et français, avaient obtenu les droits de concession jusqu'en 1968. La France et le Royaume-Uni, qui perdent leurs droits de péage et leur accès à la voie stratégique de Suez, lancent alors un ultimatum en exigeant que les troupes égyptiennes se retirent du canal. Parallèlement, Français et Britanniques s'entendent sur une opération militaire conjointe à laquelle Israël décide aussi de participer. L'État hébreu est, en effet, inquiet de la militarisation de l'Égypte et du soutien apporté par le gouvernement Nasser aux incursions de combattants palestiniens via la bande de Gaza, alors sous souveraineté égyptienne. En octobre 1956, Israël envahit le Sinaï. C'est la seconde guerre israélo-arabe. Cette action est suivie quelques jours plus tard par le débarquement de troupes franco-britanniques à Port Saïd. Un cessez-le-feu est finalement signé en novembre. Si l'opération militaire est plutôt une réussite, l'armée égyptienne ayant été battue sur le terrain, elle suscite de vives critiques de la part des deux Grands, y compris des États-Unis, l'URSS menaçant, quant à elle, la France, le Royaume-Uni et Israël de rétorsions nucléaires si l'attaque n'est pas stoppée. Israël doit alors retirer ses troupes du Sinaï et de la bande de Gaza et des troupes des Nations unies (Force d'urgence des Nations unies-FUNU) sont déployées à la frontière entre l'Égypte et Israël.

La Guerre des Six-Jours est le troisième conflit israélo-arabe. En juin 1967, Israël mène une attaque préventive contre l'Égypte, la Jordanie et la Syrie alors que Nasser, qui demande le retrait de la FUNU et noue des alliances avec les États arabes voisins de l'État hébreu, semble être de plus en plus menaçant à ses yeux. Le conflit a duré seulement six jours et se caractérise par l'effondrement militaire des armées arabes. Israël annexe alors le territoire égyptien du Sinaï jusqu'au canal de Suez, le plateau syrien du Golan, la bande de Gaza, qui était jusqu'alors administrée militairement par l'Égypte, ainsi que la Cisjordanie et Jérusalem-Est, qui avaient été annexées par la Jordanie en 1950. La superficie du territoire israélien est ainsi brusquement multipliée par cinq. Cela conduit à un nouvel exode massif des Palestiniens. Le Conseil de sécurité des Nations unies adopte la résolution 242 qui exige le retrait par Israël des territoires occupés. Israël évacuera le Sinaï en 1982 et restituera une toute petite partie du Golan à la Syrie en 1974 en annexant le reste de ce territoire en 1981. Le conflit de 1967 sera suivi d'une « guerre d'usure » menée par l'Égypte contre Israël qui prendra fin avec un cessez-le-feu signé en 1970.

La guerre du Kippour est lancée en octobre 1973 simultanément par l'Égypte, dans le Sinaï, et la Syrie, dans le Golan, dans l'objectif de reconquérir les territoires occupés par Israël depuis 1967. Elle se traduit par une nouvelle défaite des États arabes suite à la contre-offensive victorieuse de l'armée israélienne. Le conflit dure au total 19 jours. Malgré leur défaite, les États arabes considèrent ce conflit comme une semi-victoire, car ils ont mis un terme au mythe de l'invincibilité de l'armée israélienne qui a été mise en difficulté pendant près d'une semaine. Ils peuvent ainsi négocier avec Israël dans une meilleure position. L'État hébreu cède d'ailleurs une petite partie du Golan et du Sinaï. Durant la guerre du Kippour, les pays de l'OPEP, en particulier les pays arabes exportateurs de pétrole, décident d'aider les États arabes en sanctionnant les États soutenant Israël sous la forme d'un embargo pétrolier et, plus largement, en provoquant le premier choc pétrolier.

Ce conflit est suivi d'un spectaculaire rapprochement entre Israël et l'Égypte à partir de 1977. Celui-ci s'est concrétisé par le voyage historique effectué par le président égyptien Anouar el-Sadate à Jérusalem en novembre 1977, la signature en septembre 1978 des accords de Camp David par le président Sadate et le premier ministre israélien Menahem Begin avec la médiation du président américain Jimmy Carter et celle d'un traité de paix entre Israël et l'Égypte en mars 1979. Cette « paix séparée » entre l'Égypte et Israël conduit à une rupture entre les pays arabes et l'Égypte à partir de la conférence de Bagdad de décembre 1979 et à des réactions très critiques de la part des opinions publiques dans le monde arabe. Un traité de paix sera également signé entre Israël et la Jordanie en octobre 1994.

À partir de là, il n'y aura plus de conflit interétatique classique entre armées régulières au Proche-Orient. Cela n'empêche pas des conflits impliquant différents États de la région, en particulier le Liban où l'armée israélienne intervient à plusieurs reprises, notamment en 1982 (opération « Paix en Galilée »), en 1996 (opération « Raisins de la colère ») ou en 2006. La première opération est liée à la présence massive de combattants palestiniens armés dans des camps de réfugiés au Liban. L'armée israélienne envahit ainsi le pays en juin 1982 pour y détruire l'infrastructure politique et militaire de l'Organisation de libération de la Palestine (OLP), alors que les Palestiniens y sont installés depuis leur départ de Jordanie au début des années 1970. Suite à cette invasion, les leaders et les combattants palestiniens quittent le Liban. Israël se retire du pays en 1985, à l'exception d'une zone de sécurité au Sud-Liban. Les deux autres opérations, en 1996 et en 2006, sont en lien avec la montée en puissance du mouvement chiite libanais du Hezbollah et des menaces qu'ils représentent pour l'État hébreu par ses tirs de roquettes visant le Nord d'Israël. En avril 1996, Israël lance une opération de bombardements massifs contre les positions du Hezbollah jusqu'à la signature d'un cessez-le-feu entre l'État hébreu et le mouvement chiite. Enfin, en juillet-août 2006, Israël lance une offensive de grande ampleur au Liban à nouveau contre le Hezbollah, suite à l'enlèvement de deux de ses soldats et au décès de huit autres. Le conflit durera un peu plus d'un mois et fera d'importants dégâts humains et matériels au Liban.

III. LE CONFLIT ISRAÉLO-PALESTINIEN

À l'instar du sionisme, le nationalisme palestinien émerge dans la seconde moitié du XIXe siècle. Celui-ci s'oppose immédiatement à tout établissement d'un Foyer national juif en Palestine et considère l'indépendance d'Israël en 1948 comme une « catastrophe » (*Nakba* en arabe) conduisant de très nombreux Palestiniens à l'exode au Liban, en Jordanie, en Égypte et en Syrie.

La cause palestinienne est avant tout défendue dans un premier temps par les États arabes, qui créent l'OLP en 1964 dans le cadre de la Ligue des États arabes et sous l'influence de Nasser. Cette cause est alors intrinsèquement liée au nationalisme arabe, les États arabes s'efforçant de « contrôler » la résistance palestinienne. La défaite de 1967 lors de la guerre des Six-Jours et l'occupation par Israël de la totalité de la Palestine amènent cependant les Palestiniens à chercher à s'émanciper des États arabes. Cette émancipation est symbolisée par Yasser Arafat et le Fatah qui arrivent à la tête de l'OLP en 1969. Un mouvement nationaliste palestinien a, en effet, émergé à partir de 1959 avec la création du Mouvement de libération nationale palestinien (Fatah), dont Yasser Arafat est le leader. Ce mouvement défend un nationalisme palestinien, tout en se voulant indépendant des États arabes, et appelle à la lutte armée contre l'État d'Israël, dont il nie l'existence même, en vue de libérer le territoire palestinien. Il intègre l'OLP en 1968 pour en prendre le contrôle un an plus tard. Celle-ci devient ainsi le fer de lance de la lutte contre Israël qui est menée depuis la Jordanie, le Liban et les territoires occupés. La résistance palestinienne est également représentée par le Front populaire de libération de la Palestine (FPLP) de George Habache, créé dans les années 1950 et qui représente alors son aile la plus radicale en procédant notamment à des détournements d'avions et à des prises d'otages.

Dans les années 1980, la lutte des Palestiniens est aussi le fait des masses, et en particulier des jeunes, à travers ce qui a été appelé une « guerre des pierres », plus connue sous le nom d'*Intifada*, signifiant « soulèvement » ou

« insurrection » en arabe. La première *Intifada* débute à Gaza à partir de décembre 1987 avant de s'étendre à la Cisjordanie. Elle prend la forme d'un soulèvement massif de la jeunesse palestinienne qui n'avait pas connu une autre situation que celle de l'occupation israélienne. Cette première *Intifada* durera jusqu'en 1992 et est lourdement réprimée par les forces israéliennes. Durant cette période, suite à la renonciation par la Jordanie de sa souveraineté sur la Cisjordanie, l'OLP adopte en novembre 1988 une Déclaration d'indépendance de la Palestine, comprenant les territoires de Cisjordanie et de la bande de Gaza, avec Jérusalem-Est comme capitale. Un mois plus tard, Yasser Arafat affirme reconnaître Israël et renoncer au terrorisme. C'est aussi dans le contexte de l'*Intifada* qu'est créé le Hamas en 1987, un mouvement palestinien islamiste radical qui refuse toute forme de solution politique du conflit israélo-palestinien.

La période post-*Intifada* a été marquée au Proche-Orient par un immense espoir de paix. L'OLP, très fortement affaiblie par le soutien qu'elle a apporté à Saddam Hussein lors de la guerre du Golfe, cherche désormais une solution négociée au conflit. Une « Déclaration de principes » élaborée à Oslo est ainsi adoptée à Washington en septembre 1993 par Israël et l'OLP. Ce sont les fameux accords d'Oslo. Cette déclaration constitue un accord de paix entre l'État hébreu et l'organisation palestinienne en entérinant tout d'abord le principe d'une reconnaissance mutuelle entre eux. Elle prévoit un régime d'autonomie pour les Palestiniens en Cisjordanie et à Gaza pour une période intérimaire de cinq ans avant l'adoption d'un règlement définitif du conflit : forme juridique permanente de l'entité palestinienne, statut de Jérusalem, situation des réfugiés, enjeu des colonies, sécurité globale, tracé des frontières. Le principe de la création d'une Autorité nationale palestinienne est ainsi entériné. Elle verra le jour en 1994. Celle-ci dispose de pouvoirs civils et de sécurité limités. L'objectif des Palestiniens est alors de parvenir à mettre en place à terme un État palestinien viable qui aurait autorité sur la Cisjordanie et la bande de Gaza avec Jérusalem-Est comme capitale. Les oppositions à ces accords vont être malgré tout vives tant du côté palestinien qu'israélien. Côté palestinien, l'opposition est principalement véhiculée par le Hamas, tandis que du côté israélien, un opposant aux accords d'Oslo assassine le premier ministre en exercice Yitzhak Rabin. L'échec en juillet 2000 du sommet de Camp David II entre Yasser Arafat, Ehud Barak, le premier ministre israélien, et Bill Clinton, le président américain, la nouvelle Intifada et la nomination d'Ariel Sharon au poste de premier ministre en février 2001, alors que celui-ci refuse tout contact avec Yasser Arafat, ont contribué à geler l'ensemble des négociations entre Israéliens et Palestiniens.

Une seconde *Intifada*, dite *Intifada Al-Aqsa*, démarre en septembre 2000. Elle se caractérise par des actions armées menées contre l'armée israélienne et les colons, à la différence notable de la première où les soulèvements n'étaient pas armés, en particulier par des attentats-suicides commis par des membres du Hamas, du Jihad islamique et des Brigades al-Aqsa, proches du Fatah, ce qui provoque des opérations de représailles israéliennes, prenant notamment la forme d'incursions militaires dans les territoires palestiniens. Ces opérations menées à l'instigation du gouvernement dirigé par Ariel Sharon à partir de 2001 ont été particulièrement meurtrières. C'est dans ce contexte qu'un mur, ou une « clôture de sécurité », est érigé sur plusieurs centaines de kilomètres à la frontière entre Israël et la Cisjordanie à partir de 2002 sur décision du gouvernement Sharon afin d'empêcher en particulier les auteurs d'attentats-kamikazes de pénétrer en territoire israélien.

La situation est devenue encore plus tendue dans la région suite à la victoire du Hamas lors des élections législatives dans les territoires palestiniens en 2006 et surtout un an plus tard lorsque le mouvement prend le pouvoir par les armes à Gaza, Israël s'étant retiré du territoire en 2005. Les actions de harcèlement du Hamas sur Israël via des tirs d'obus et de roquettes sur le Sud de l'État hébreu conduisent l'armée israélienne à intervenir à plusieurs reprises à Gaza. L'opération « Plomb durci » est ainsi lancée fin décembre 2008 par *Tsahal* à Gaza. Elle se caractérise en premier lieu par une vague de bombardements aériens, puis par une opération terrestre. Les objectifs de l'opération militaire israélienne était le démantèlement des zones de tir d'obus et de roquettes sur les localités du Sud d'Israël et la destruction des tunnels de contrebande d'armes entre l'Égypte et Gaza. Celle-ci visait aussi à affaiblir durablement le mouvement Hamas, les bombardements aériens ciblant en particulier les bases de miliciens du mouvement. Ce conflit a fait 1 400 victimes. Une nouvelle opération de moindre envergure appelée « Pilier de défense » a été menée par l'armée israélienne à Gaza en novembre 2012, toujours dans l'objectif de mettre un terme aux tirs de roquettes en provenance de Gaza visant le territoire israélien, tirs qui ont menacé Tel-Aviv pour la première fois. L'offensive a duré huit jours et s'est caractérisée par des frappes israéliennes ciblées, mais cette fois sans opération terrestre. 174 Palestiniens et 6 Israéliens ont été tués au cours de cette opération. Le cessez-le-feu entre Israël et le Hamas est négocié par l'Égypte alors dirigée par les Frères musulmans. Sa conclusion est considérée comme une forme de « victoire » par le Hamas.

CHRONOLOGIE DU CONFLIT RÉCENT EN LIBYE

Février 2011 : Premières manifestations contre le régime libyen, le 15 à Benghazi, suivies à partir du 17 par une violente répression des insurgés par les forces loyalistes au colonel Kadhafi. Un Conseil national de transition (CNT) est formé à Benghazi le 27.
Mars 2011 : Adoption le 17 par le Conseil de sécurité des Nations unies de la résolution 1973 qui demande l'arrêt complet des violences commises contre des civils par les troupes de Kadhafi et autorise les États membres de l'ONU à recourir à la force. Les frappes aériennes occidentales contre la Libye débutent le 19. Le gouvernement français a été le premier à reconnaître le CNT dès le 10.
Octobre 2011 : Décès le 20 du colonel Kadhafi, qui était au pouvoir depuis 1969, et libération totale du pays proclamée le 23 par les nouvelles autorités libyennes. Le mandat de l'OTAN en Libye s'achève le 31. Les troupes rebelles étaient entrées dans la capitale Tripoli le 21 août.
Juillet 2012 : Premières élections libres organisées en Libye.

CHRONOLOGIE DU CONFLIT RÉCENT EN SYRIE (AU 1ER DÉCEMBRE 2013)

Mars 2011 : Début des protestations contre le régime syrien, le 16 à Deraa. Elles sont violemment réprimées, mais elles s'étendent progressivement à une grande partie du pays.
Juillet 2011 : Formation de l'Armée syrienne libre (ASL), le 29. Un Conseil national qui réunit les représentants de l'opposition syrienne est créé le 23 août. L'opposition syrienne n'en est pas moins très divisée.
Novembre 2011 : La Syrie est suspendue de la Ligue des États arabes.
Février 2012 : Kofi Annan, l'ancien secrétaire général de l'ONU, est nommé médiateur de l'ONU et de la Ligue arabe. Il effectue une première visite en Syrie en mars où il présente un plan de paix en six points visant à mettre fin aux violences. Celui-ci est accepté par Bachar el-Assad, mais cela aura peu d'effet sur la situation sur le terrain amenant d'ailleurs K. Annan à démissionner de ses fonctions en août.
Mai 2012 : Des affrontements à Tripoli (Liban) liés au conflit syrien font craindre une contagion du conflit au Liban. Plus d'une centaine de personnes sont tuées le 25 par l'armée syrienne à Houla. Ce massacre fait l'objet d'une condamnation internationale générale.
Juillet 2012 : Les combats entre rebelles et troupes loyalistes se déroulent pour la première fois dans la capitale Damas.
Novembre 2012 : Sous la pression internationale, différents mouvements de l'opposition syrienne à Bachar el-Assad, dont le Conseil national syrien, signent un accord prévoyant une unification de l'opposition et la formation d'une Coalition nationale syrienne de l'opposition et des forces révolutionnaires. Les États-Unis, la Grande-Bretagne et la France reconnaîtront en novembre-décembre cette Coalition comme la seule représentante légitime du peuple syrien.
Mai 2013 : Levée de l'embargo sur les livraisons d'armes pour les rebelles syriens décidée par l'Union européenne.
Août 2013 : Utilisation massive d'armes chimiques le 21 dans la périphérie de Damas contrôlée par les rebelles. Celle-ci provoque une condamnation internationale. Les puissances occidentales mettent en cause la responsabilité du régime syrien et envisagent une riposte militaire en estimant que celui-ci a franchi une « ligne rouge ».
Septembre 2013 : Les États-Unis et la Russie se mettent finalement d'accord sur le plan présenté par Moscou qui consiste à placer les armes chimiques syriennes sous un contrôle international et à les détruire. Cet accord permet d'éloigner la menace d'une intervention armée occidentale en Syrie.

L'essentiel à retenir

- Le conflit israélo-palestinien génère de vives passions car chacun peut s'identifier à l'un ou à l'autre des protagonistes du conflit en le percevant comme une victime.
- Le sionisme, à savoir l'aspiration à l'établissement d'un Foyer national juif en Palestine, émerge à la fin du XIXe siècle.
- La proclamation d'indépendance d'Israël déclenche dès le lendemain le premier conflit israélo-arabe.
- Jusqu'en 1973, les guerres israélo-arabes se traduisent toutes par des défaites des armées arabes.
- L'Égypte et la Jordanie sont les seuls États à avoir signé un traité de paix avec Israël.
- Les accords d'Oslo sont à l'origine de la création de l'Autorité palestinienne en 1994.

? Testez-vous !

1. En quelle année l'indépendance d'Israël a-t-elle été proclamée ?

2. Quelle a été la spécificité militaire du conflit israélo-arabe de 1967 ?

3. Quel nom a été donné au conflit israélo-arabe de 1973 ?

4. À quels territoires fait-on référence lorsque l'on parle de « territoires occupés » au Proche-Orient ?

5. Qui est actuellement à la tête de Gaza ?

Chapitre XV
Les conflits contemporains dans le golfe Persique

Ce que vous allez apprendre

- Le golfe Persique est la zone où se sont déroulés les conflits parmi les plus importants depuis les années 1980, conflits qui ont impliqué l'Irak à chaque reprise
- La guerre Iran-Irak a été à ce jour le dernier conflit interétatique classique majeur dans le monde
- La guerre du Golfe est un conflit assez symptomatique de la période de l'immédiat après-guerre froide
- La guerre préventive menée par les États-Unis et leurs alliés en Irak sans mandat des Nations unies est sans aucun doute le conflit récent le plus controversé

I. UNE ZONE AU CŒUR DES TENSIONS INTERNATIONALES

Le golfe Persique est la zone du Moyen-Orient qui comprend les États se situant autour du Golfe, à savoir l'Arabie Saoudite, Bahreïn, les Émirats arabes unis, l'Irak, l'Iran, le Koweït, Oman, le Qatar et le Yémen. Elle a concentré depuis quelques décennies quelques-uns des conflits les plus retentissants du système international impliquant à chaque reprise l'Irak de Saddam Hussein : la guerre Iran-Irak, la guerre du Golfe ou la guerre en Irak (Tableau 1). Selon les données de l'Encyclopédie des conflits de l'Uppsala Conflict Data Program (UCDP)[1], quasiment tous les États de la région, à l'exception des Émirats arabes unis et du Qatar, ont ainsi connu au moins un conflit mineur ou une guerre depuis 1975. Le Golfe reste également l'une des zones où les tensions sont les plus vives, notamment autour de l'Iran et de son ambition présumée de vouloir se doter de l'arme nucléaire. La région apparaît ainsi largement divisée aujourd'hui entre, d'un côté, les monarchies pétrolières sunnites du Golfe appartenant au Conseil de coopération du Golfe (Arabie Saoudite, Bahreïn, Émirats arabes unis, Koweït, Oman, Qatar) alliées aux États-Unis[2] et dominées par l'Arabie Saoudite et, de l'autre, la République islamique d'Iran chiite.

Tableau 1 : Les conflits les plus meurtriers dans le Golfe depuis la Seconde Guerre mondiale

Zone de conflit	Nature du conflit	Période	Nombre de victimes
Iran-Irak	Conflit interétatique	1980-1988	500000
Irak	Conflit séparatiste avec les Kurdes	1961-1993	150000
Irak	Conflit interétatique, puis conflit civil	2003-2010	150000
Irak-Koweït	Conflit interétatique : guerre du Golfe	1990-1991	100000
Iran	Violences civiles	1978-1993	50000
Yémen	Guerre civile	1962-1970	40000
Iran	Conflit séparatiste avec les Kurdes	1979-1985	40000
Irak	Conflit avec les Chiites	1979-1998	25000

Source : Major Episodes of Political Violence 1946-2012, *Center for Systemic Peace.*

1. Ces données valaient au moins jusqu'au mois de septembre 2013.
2. En 2013, il y avait des installations militaires américaines à Bahreïn, aux Émirats arabes unis et à Oman, mais aussi une installation militaire française à Abou Dhabi (Émirats arabes unis). Source : Ministère américain de la Défense, *Base Structure Report. Fiscal Year 2013 Baseline*, 2012.

II. LA GUERRE IRAN-IRAK

La guerre Iran-Irak, qui se déroule de 1980 à 1988, est l'un des derniers conflits interétatiques classiques majeurs, c'est-à-dire l'un des derniers conflits ayant opposé deux armées régulières. Elle est déclenchée par une attaque surprise menée par l'Irak contre l'Iran en septembre 1980. Saddam Hussein pense que le conflit sera bref. Les motivations irakiennes sont nombreuses. L'Irak compte ainsi régler d'anciens contentieux territoriaux l'opposant à l'Iran suite à de nombreux incidents frontaliers. Bagdad craint également d'être déstabilisée compte tenu de la présence d'une importante population chiite dans le Sud du pays et du soutien apporté par Téhéran aux groupes chiites, et même une invasion iranienne. Enfin, il souhaite exploiter la faiblesse militaire supposée de l'Iran qui se trouve dans un contexte révolutionnaire depuis 1979.

Les objectifs de guerre irakiens sont avant tout de nature territoriale : occuper la totalité du fleuve Chatt-el-Arab partagé avec l'Iran, forcer les Iraniens à abandonner trois îles annexées par Téhéran en 1971 permettant de contrôler l'accès au détroit d'Ormuz et annexer la province iranienne du Khouzistan riche en pétrole. Mais l'Irak a également des visées politiques. La République arabe laïque d'Irak entend défendre l'arabisme et prévenir toute forme de contagion de la révolution islamique dans la région sur fond de vieilles animosités ethniques, entre Arabes et Perses, et religieuses, entre chiites et sunnites. Elle espère même renverser la République islamique et établir ainsi sa suprématie sur la région. L'Irak est principalement soutenu par les États du Golfe et de nombreux autres États arabes comme l'Égypte et la Jordanie, ainsi que par l'URSS et la France, tandis que l'Iran est soutenu par quelques États arabes comme la Libye et la Syrie, mais aussi par la Chine et la Corée du Nord.

La guerre se déroule en quatre phases. La première, de 1980 à 1981, est marquée par l'offensive irakienne qui conduit à l'occupation par l'Irak de zones en territoire iranien correspondant aux objectifs de guerre de Bagdad. La seconde, de 1981 à 1982, se caractérise par des contre-offensives iraniennes au terme desquelles les Iraniens réussissent à libérer la plus grande partie de leur territoire. Au cours de la troisième phase, de 1982 à 1984, l'Iran mène à son tour une offensive en territoire irakien. Enfin, durant la quatrième et dernière phase, de 1985 à 1988, le front se stabilise. Il s'ensuit alors une guerre d'usure entre les deux armées.

Un cessez-le-feu est instauré en août 1988 et un traité de paix est finalement signé en août 1990 entraînant le retrait des territoires occupés par l'armée irakienne. Aucun pays ne sort véritablement vainqueur de ce conflit, même si l'Iran semble plus affaibli que l'Irak avec trois fois plus de pertes humaines. Le conflit a été, en effet, particulièrement meurtrier et coûteux pour les deux pays. Il s'agit même du conflit dans la région qui a été le plus meurtrier depuis la Seconde Guerre mondiale. Il s'est notamment caractérisé par des attaques visant des civils (bombardement des villes) et des installations pétrolières. Au cours de ce conflit, les Irakiens ont recouru de façon massive à l'utilisation d'armes chimiques contre l'armée iranienne et contre les Kurdes en 1988 dans la ville d'Halabja. De leur côté, les Iraniens ont enrôlé des enfants dans l'armée et ont valorisé le sacrifice de jeunes miliciens fanatisés, les *Bassidji* (ce qui a été appelé « vagues humaines »). L'estimation du nombre de morts est de plus de 250000 victimes du côté irakien et se situe entre 600000 et 1,2 millions du côté iranien. Le coût de la guerre a été aussi extrêmement élevé. Il représenterait plus de 500 milliards de dollars pour les deux pays.

Ce conflit s'est progressivement internationalisé suite à des attaques iraniennes perpétrées contre des navires naviguant dans le Golfe. Les navires koweïtiens ont alors fait l'objet d'une protection de la part des États-Unis. Des forces aéronavales occidentales ont également été déployées dans le Golfe afin d'assurer la sécurité de la navigation entraînant une multiplication des incidents entre ces forces et la marine iranienne. Il est à noter que ce conflit a plutôt fait l'objet d'une certaine indifférence de la part des États occidentaux et tout particulièrement des médias.

III. LA GUERRE DU GOLFE

La Guerre du Golfe s'est déroulée en deux phases de 1990 à 1991. La première phase correspond à l'invasion du Koweït par l'armée irakienne. La seconde se caractérise par l'intervention des troupes d'une coalition internationale en vue de libérer le territoire koweïtien.

Le conflit est déclenché par l'invasion surprise du Koweït par les troupes irakiennes en août 1990. Les origines du conflit sont liées à la gestion de l'après-guerre Iran-Irak. Saddam Hussein estime avoir gagné la guerre contre l'Iran. Le potentiel militaire de l'Irak sort d'ailleurs renforcé par ce conflit. Bagdad cherche semble-t-il à se doter de l'arme nucléaire et entend établir une hégémonie sur le monde arabe. Saddam Hussein s'en prend alors aux monarchies du Golfe et en particulier au Koweït, d'autant que l'Irak revendique la souveraineté de ce territoire dont il n'a jamais véritablement accepté l'indépendance. Il exige ainsi l'abrogation de la dette contractée par l'Irak auprès du Koweït qui a contribué au financement de la guerre contre l'Iran et réclame également une aide à la reconstruction au nom du « prix du sang » pour avoir joué le rôle de rempart face à la menace iranienne, ce que le Koweït refuse. Il est également persuadé que le Koweït et les Émirats arabes unis cherchent à déstabiliser l'Irak par leur surproduction pétrolière qui contribue à faire baisser les cours du brut. Enfin, il critique la proximité de l'État koweïtien avec les États-Unis et Israël.

Les objectifs de guerre irakiens sont d'abord territoriaux. Ils correspondent à d'anciennes revendications territoriales de l'Irak sur des îles koweïtiennes de Bubyan et de Warda afin d'avoir une ouverture plus grande sur le Golfe et, plus largement, de rattachement du Koweït à l'Irak. Bagdad avait d'ailleurs déjà tenté de s'emparer du Koweït par la force en 1961 suite à la proclamation de l'indépendance de ce dernier. Les objectifs de guerre sont également de nature politique, l'Irak souhaitant ainsi s'assurer le leadership du monde arabe.

Or, la stratégie de Saddam Hussein, consistant à s'appuyer sur l'opposition locale à la famille princière du Koweït, échoue totalement. L'invasion fait l'objet d'une condamnation générale de la part de la communauté internationale, y compris de la part des alliés traditionnels de l'Irak : la Ligue arabe, de nombreux États arabes et l'URSS. Une résolution du Conseil de sécurité des Nations unies exige ainsi un retrait immédiat et inconditionnel du Koweït, tandis que les États-Unis décident d'envoyer immédiatement des troupes en Arabie Saoudite. Seules les opinions arabes semblent soutenir quelque peu cette opération militaire irakienne. Saddam Hussein réagit alors par une fuite en avant en annexant le Koweït, en utilisant des civils étrangers comme boucliers humains et en faisant appel au nationalisme arabe et à l'islam.

À partir d'octobre 1990, des sanctions internationales sont adoptées contre l'Irak et une coalition internationale commence à se former. Celle-ci comprend au total une trentaine de pays : des États occidentaux (États-Unis, Grande-Bretagne, France, etc.), mais aussi des États arabes (États du Golfe, Égypte, Syrie). En novembre 1990, elle est autorisée par le Conseil de sécurité à recourir à la force en vue de contraindre les troupes irakiennes à se retirer du Koweït.

L'opération « Tempête du désert » est finalement déclenchée en janvier 1991. Elle se déroule en deux phases. La première est une phase de bombardements aériens auxquels les Irakiens répliquent par des tirs de missiles Scud, y compris sur Israël. Elle est suivie d'une offensive terrestre. La libération du Koweït se produit fin février. La guerre s'achève officiellement en avril 1991 avec la défaite irakienne et le retour de l'émir du Koweït dans son pays. Saddam Hussein reste cependant au pouvoir et la coalition internationale n'apporte aucune forme de soutien aux insurgés chiites du Sud et kurdes du Nord de l'Irak qui se soulèvent et qui sont très durement réprimés par le régime irakien. L'Irak n'en est pas moins mis sous tutelle internationale. Le pays ne peut disposer librement de sa principale ressource, le pétrole. Il fait l'objet d'un blocus aérien et maritime et d'un embargo commercial et pétrolier, d'un désarmement forcé avec une surveillance internationale, des interventions militaires étant prévues en cas de non-respect de ces obligations, et d'une interdiction de survol d'une large partie de son espace aérien. Bagdad doit payer également des réparations de guerre. Enfin, les provinces kurdes sont finalement placées sous la protection des Alliés.

Le conflit a été bref, mais il a fait un nombre important de victimes côté irakien (de 50 000 à 150 000 morts), contre 235 morts pour les armées de la coalition. Il s'agit de la première crise de l'après-guerre froide et d'un conflit particulièrement symbolique de la période de l'immédiat-après-guerre froide avec une coopération soviéto-américaine liée à l'affaiblissement de l'URSS, une réactivation spectaculaire du rôle de l'ONU et du Conseil de sécurité et un rôle-clef joué par les États-Unis qui entendent jeter les fondements d'un nouvel ordre international. La guerre du Golfe est également un conflit à l'ère de la technologie caractérisé par l'utilisation de nouvelles armes : drones, missiles de croisière, avions furtifs, munitions « intelligentes », systèmes GPS, etc. Celle-ci a alors donné naissance à différents mythes militaires contemporains, comme celui de la guerre propre, à l'aide de « frappes chirurgicales » ou d'armes « intelligentes », ou encore celui de la doctrine du « zéro mort ». Enfin, elle a fait l'objet d'une couverture médiatique spécifique, et largement biaisée, en asseyant aux yeux du monde entier la notoriété de la chaîne de télévision américaine CNN, la première chaîne d'information internationale en continu.

IV. LA GUERRE EN IRAK

La guerre en Irak est certainement le conflit récent le plus controversé. Elle a de façon incontestable contribué à affaiblir l'image et la crédibilité des États-Unis dans le monde. Elle a aussi inhibé la volonté de l'administration Obama d'intervenir militairement à l'extérieur de ses frontières, notamment dans le cadre du conflit syrien.

Le conflit est déclenché en mars 2003 par une coalition militaire emmenée par les États-Unis dans le contexte de l'après-11 septembre. Les principales raisons invoquées par l'administration Bush pour justifier son entrée en guerre sont de désarmer l'Irak de ses armes de destruction massive (ADM), de mettre fin au soutien présumé de Saddam Hussein au terrorisme, de libérer le peuple irakien et d'en finir définitivement avec la menace représentée par le régime irakien pour la sécurité d'une région jugée cruciale.

La réaction américaine s'explique par plusieurs facteurs-clefs. Le premier est l'attitude propre de Saddam Hussein qui était un facteur légitime d'inquiétude. Il a été à l'origine de deux guerres, l'une contre l'Iran en 1980 et l'autre contre le Koweït en 1990. Il a menacé à plusieurs reprises les États de la région : Israël, les monarchies du Golfe. Il a largement et durement réprimé sa population. Il a utilisé des armes de destruction massive, en l'occurrence des armes chimiques, durant la guerre contre l'Iran et y compris contre des Kurdes en Irak en 1988. Enfin, il existe de forts soupçons selon lesquels l'Irak serait en train de se doter d'ADM. En 1998, l'Irak met ainsi fin à la coopération avec la Commission spéciale des Nations unies pour surveiller la destruction des armes de destruction massive de l'Irak (Unscom), ce qui conduit les États-Unis et la Grande-Bretagne à lancer une campagne de bombardements aériens visant à détruire les programmes nucléaires, chimiques et biologiques irakiens. L'année suivante, une résolution du Conseil de sécurité des Nations unies qui créé la Commission de contrôle, de vérification et d'inspection des Nations unies (Unmovic/Cocovinu), en remplacement de l'Unscom, est rejetée par l'Irak.

Le second facteur explicatif réside bien entendu dans les attentats du 11 septembre 2001 et l'influence du courant néoconservateur aux États-Unis. Ces attentats provoquent une réaction particulièrement brutale de la part de l'administration Bush qui met désormais la guerre contre le terrorisme global au cœur de son agenda. Même s'il est rapidement établi que l'Irak n'a aucun lien avec les attentats, des néoconservateurs poussent tout de même l'administration Bush à intervenir en Irak par le biais d'une guerre préventive. Leur ambition est de remodeler le Moyen-Orient en stabilisant la région par l'instauration de la démocratie en Irak sur le modèle de ce qui avait été fait au Japon ou en Allemagne après la Seconde Guerre mondiale : c'est le projet de « Grand Moyen-Orient ». Pour les néoconservateurs, cet Irak démocratisé pourrait se substituer à un allié saoudien dont la fiabilité est de plus en plus mise en cause après le 11 septembre et constituer par conséquent un modèle pour les autres pays de la région (États du Golfe, territoires palestiniens) en les incitant à se démocratiser, ce qui contribuerait, selon eux, à favoriser une plus grande stabilité de la région (règlement du conflit israélo-palestinien, endiguement de la menace islamiste).

Éclairage

Saddam Hussein (1937-2006) a été à la tête de l'Irak de 1979 à 2003. Membre du parti laïc baas, c'est un Arabe sunnite qui symbolise l'appropriation du pouvoir par un clan issu de la minorité sunnite dans un pays où les Chiites sont majoritaires et où il règne par la terreur. Il perd le pouvoir en avril 2003 suite à l'intervention militaire de la coalition emmenée par les États-Unis. Il est arrêté en décembre 2003 et est exécuté par pendaison en décembre 2006.

La guerre en Irak présente la singularité d'être une guerre préventive sans mandat du Conseil de sécurité. La marche vers la guerre se dessine tout au long de l'année 2002 avec notamment le discours du président Bush à l'ONU en septembre et l'adoption d'une résolution par le Conseil de sécurité en novembre qui donne trente jours à l'Irak pour déclarer ses programmes d'armes ABC (atomiques, biologiques, chimiques) et menace l'État de graves conséquences en cas de refus de coopérer. Or, le rapport transmis par l'Irak n'est pas considéré comme satisfaisant par le Conseil de sécurité et les inspecteurs de l'ONU. Une vaste coalition internationale de près de 50 États emmenée par les États-Unis se met en place alors que l'administration Bush annonce en janvier 2003 qu'elle prépare la guerre contre l'Irak, y compris sans mandat de l'ONU. Celle-ci comprend de nombreux États occidentaux (Royaume-Uni, Australie, Espagne, Italie, Pays-Bas, Japon, etc.), ainsi que la plupart des pays d'Europe orientale.

La perspective de guerre en Irak provoque néanmoins une vive opposition de la part de certains États (France, Russie, Allemagne) et des opinions publiques (avec la manifestation mondiale du 15 février 2003, considérée comme la plus importante manifestation pacifiste de l'histoire), et de fortes tensions en Europe entre partisans et opposants de l'intervention. En mars 2003, la France et la Russie menacent d'ailleurs d'utiliser leur droit de veto au Conseil de sécurité dans le cas où la Grande-Bretagne, les États-Unis et l'Espagne soumettraient au vote une nouvelle résolution sur l'Irak, qui évoque les « graves conséquences » de la « violation patente » des obligations incombant à Bagdad en matière de désarmement. Face à cette menace, ces derniers finissent par retirer leur projet. La coalition interviendra par conséquent sans mandat de l'ONU.

Éclairage

La doctrine de la guerre préventive a été définie par le président américain George W. Bush en janvier 2002, soit quelques mois après les attentats du 11 septembre 2001. Son objectif est d'empêcher qu'un agresseur potentiel, comme l'Irak, ne devienne trop puissant en étant doté d'armes de destruction massive ou bien trop menaçant en utilisant ces armes ou en transférant ces technologies à des groupes terroristes.

La guerre est finalement déclenchée le 20 mars 2003. Elle prend d'abord la forme de bombardements aériens, avant d'être suivie par une offensive terrestre pour se terminer par une victoire militaire de la coalition le 1er mai 2003, même si la résistance irakienne a été plus importante que prévue, et par la chute du régime de Saddam Hussein. Cette victoire amène le Conseil de sécurité à reconnaître *ex post* l'intervention américaine et de ses alliés en Irak puisqu'au mois de mai, celui-ci lève les sanctions économiques contre l'Irak et autorise l'administration dirigée par les États-Unis à gérer l'économie et l'avenir politique du pays.

La réussite relativement rapide des opérations militaires sur le terrain n'empêche pas la coalition de faire face à une guérilla qui se met en place de façon progressive alors que l'administrateur américain de l'Irak abolit le parti Baas de Saddam Hussein, ainsi que les institutions de l'ancien régime. Un mouvement de résistance armée contre les forces d'occupation prenant la forme d'une guérilla débute ainsi en juillet 2003 avec les premiers attentats commis un mois plus tard. Celle-ci est avant tout le fait de sunnites, d'officiers et de soutiens de l'ancien régime, mais aussi de djihadistes étrangers (Al-Qaïda en Irak). Cette nouvelle phase du conflit se traduira également par d'importantes violences intercommunautaires et confessionnelles entre chiites et sunnites qui culmineront en 2006-2007. À partir de 2007, le déploiement par l'administration Bush de 30 000 soldats supplémentaires (« *Surge* ») contribue à améliorer progressivement la sécurité dans le pays. Les troupes américaines quittent malgré tout définitivement le sol irakien fin 2011 sur un constat d'échec. La situation de sécurité dans le pays reste, en effet, très fragile après le départ des troupes américaines.

L'après-guerre et la fin du régime de Saddam Hussein provoquent un rééquilibrage des pouvoirs en faveur des Chiites et des Kurdes. Après la formation d'une administration civile de l'Irak dirigée par l'Américain Paul Bremer, le pouvoir est ainsi transféré à un gouvernement intérimaire irakien en juin 2004 où dominent les Chiites et les Kurdes qui prennent désormais l'ascendant sur les Sunnites dans la vie politique irakienne. Les premières élections législatives multipartites se déroulent en 2005, et ce, pour la première fois depuis 50 ans. Elles sont remportées par les partis chiites et kurdes. Cette même année, un Kurde, Jalal Talabani, est élu à la présidence irakienne, et une nouvelle constitution soutenue par les Chiites et les Kurdes est adoptée.

Cette guerre a suscité de très nombreuses controverses. La première est bien entendu l'absence d'armes de destruction massive en Irak reconnue par les États-Unis dès 2003, qui avait été pourtant l'une des principales justifications de l'entrée en guerre. La seconde est la reconnaissance par Washington en 2008 de l'absence de lien entre Saddam Hussein et Al-Qaïda, autre justification de la guerre, alors que paradoxalement Al-Qaïda a été présent en Irak après l'intervention américaine. La troisième est la diffusion d'images en 2004 de prisonniers irakiens humiliés par des militaires américains dans la prison d'Abou Ghraib en Irak. Celle-ci soulève plus largement la question du recours à la torture qui a été confirmée par les documents révélés en 2010 par le site internet WikiLeaks. La quatrième est le recours à des sociétés de sécurité privée, notamment la société américaine Blackwater, et les bavures commises par ces mercenaires. Il y a même eu à un moment donné plus de mercenaires en Irak que de militaires classiques. La cinquième controverse a trait aux conflits d'intérêt concernant certains membres de l'administration Bush avec des sociétés bénéficiant de contrats en Irak. C'est le cas en particulier de la société Halliburton qui a été chargée de remettre en service les champs pétroliers au sud de l'Irak, alors qu'elle avait été dirigée par Dick Cheney avant qu'il ne devienne vice-président de l'administration Bush et l'un des plus fervents partisans de l'intervention américaine en Irak. Les États-Unis ont également reconnu les défaillances de leurs services de renseignement à propos des ADM, ainsi que leur manque de préparation pour la gestion de l'après-guerre et de la reconstruction de l'Irak. Enfin, dernière controverse, le coût de la guerre a pu être estimé à plus de 800 milliards de dollars pour les États-Unis, voire à plusieurs milliers de milliards de dollars selon certains experts, ce qui a largement contribué à dégrader les finances publiques du pays et à augmenter son endettement public.

En définitive, la guerre en Irak a contribué à détériorer très fortement l'image des États-Unis dans le monde. Le coût humain a été aussi très élevé pour l'armée américaine, avec près de 4500 décès et plus de 32000 blessés. Comme on l'a vu, le coût financier de la guerre a été également très lourd pour les États-Unis. La guerre a tout autant montré les limites de la puissance et de la crédibilité américaines. Les États-Unis ont été ainsi incapables de remplir les objectifs de guerre qu'ils s'étaient fixés et *a fortiori* de pouvoir plus largement influencer la situation au Moyen-Orient. Le conflit a aussi conduit à une forte dégradation de la situation sécuritaire en Irak liée en particulier à de très fortes tensions intercommunautaires et confessionnelles compte tenu de la domination des Chiites et des Kurdes sur le pays, mais aussi des attentats commis par des groupes proches d'Al-Qaïda. La démocratisation du pays, alors que l'opération américaine s'appelait « Liberté en Irak », a été un échec total puisque le régime actuel est considéré comme aussi autoritaire et répressif que le régime de Saddam Hussein. La guerre et les violences qui l'ont suivie ont eu, en outre, des conséquences dramatiques pour la population irakienne, avec plus de 100000 morts et environ 4 millions de personnes déplacées, mais également un net appauvrissement de celle-ci et une forte dégradation de sa situation matérielle. L'Irak apparaît par conséquent plus divisé que jamais en raison de l'autonomie croissante des Kurdes et de la multiplication des revendications séparatistes faisant même peser la menace d'une dislocation de l'État irakien. Enfin, dernier effet pervers de la guerre aux yeux des Américains, celle-ci a favorisé une influence importante de l'Iran sur le régime irakien désormais dominé par les chiites, ce qui contribue à rompre les équilibres au Moyen-Orient au profit de Téhéran.

L'essentiel à retenir

- La guerre Iran-Irak a été déclenchée en 1980 par l'invasion par l'armée irakienne du territoire d'un Iran en pleine tourmente révolutionnaire.
- Aucun pays n'est sorti véritablement vainqueur de la guerre Iran-Irak.
- La guerre Iran-Irak a été l'un des rares conflits contemporains dans lesquels des armes de destruction massive ont été régulièrement utilisées.
- La guerre du Golfe a été déclenchée en 1990 par l'invasion du Koweït par l'armée irakienne.
- L'intervention d'une coalition armée contre l'Irak aboutit en 1991 à la libération du Koweït.
- La guerre en Irak a été rapidement gagnée sur le plan militaire par la coalition emmenée par les États-Unis, mais cette victoire militaire a été suivie d'un mouvement de résistance armée de la part des Irakiens prenant la forme d'une guérilla.

? Testez-vous !

1. Quel pays était soutenu par la France dans la guerre Iran-Irak ?

2. Quel type d'arme de destruction massive a été utilisé lors de la guerre Iran-Irak ?

3. La France a-t-elle fait partie de la coalition qui est intervenue en 1991 pour libérer le Koweït de l'occupation irakienne ?

4. Quel groupe d'intellectuels a incité l'administration Bush à intervenir en Irak ?

5. Quelle est la communauté majoritaire et actuellement dominante en Irak ?

LES PRINCIPALES MENACES POUR L'ORDRE INTERNATIONAL

Chapitre XVI
Menaces globales de nature étatique

Ce que vous allez apprendre

- La définition des armes de destruction massive (ADM)
- La typologie des ADM : les ADM biologiques, chimiques, radiologiques et nucléaires
- Les principaux mécanismes de contrôle des ADM, en particulier les traités bilatéraux (SALT, START) et les traités multilatéraux (TNP, TICE)
- Le traité de non prolifération (TNP) et le statut des États en fonction de leur possession d'armes nucléaires selon le traité : les EDAN et les ENDAN
- Les crises nucléaires liées à la Corée du Nord et à l'Iran
- La définition d'une zone exempte d'armes nucléaires (ZEAN)

I. LES ARMES DE DESTRUCTION MASSIVE (ADM)

Les armes non-conventionnelles

On distingue généralement deux types d'armes : les armes dites « classiques », ou « conventionnelles », et les armes appelées « non-conventionnelles ». Cette distinction apparaît à la fin de la Seconde Guerre mondiale suite à la première utilisation de l'arme nucléaire, mieux connue sous le nom de bombe atomique, par les États-Unis contre le Japon. Deux bombes atomiques ont été lancées sur les villes japonaises d'Hiroshima, puis de Nagasaki provoquant la mort de milliers de personnes, ainsi que d'énormes dégâts matériels. L'apparition de la bombe atomique marque ainsi le début de l'ère nucléaire et crée la nécessité de distinguer les armes plus classiques, qui existaient jusqu'alors, des nouvelles armes nucléaires. Au fil des années, les armes chimiques, biologiques et radiologiques sont venues s'ajouter aux armes nucléaires. En l'occurrence, on parle de « CBRN », un terme qui est officiellement utilisé par l'OTAN, pour désigner « les agents (chimique, biologique, radiologique ou nucléaire) pouvant mettre en danger ses populations, son territoire et ses forces ». Le terme le plus souvent employé pour désigner ces quatre types d'armes non-conventionnelles est celui d'armes de destruction massive (ADM). Les ADM sont définies par l'ONU comme des « armes conçues pour tuer une grande quantité de personnes, en visant aussi bien les civils que les militaires [...] utilisées sur une zone étendue d'un rayon dépassant le kilomètre avec des effets dévastateurs sur les personnes, l'infrastructure et l'environnement ».

ATTENTION !

À la différence des armes nucléaires, les armes radiologiques sont des armes qui diffusent des matières radiologiques sans nécessairement produire une explosion nucléaire. Les armes radiologiques sont le plus souvent appelées « bombes sales ».

Du fait de leurs effets dévastateurs et durables, y compris le risque d'extermination des populations pour les armes nucléaires en particulier, les ADM font l'objet d'un régime juridique international qui vise à interdire leur utilisation, ainsi qu'à surveiller tout processus lié à leur stockage, leur fabrication, leur destruction, leur transfert ou leur exportation. Le droit international concernant le désarmement et la non-prolifération des ADM repose à la fois sur des accords bilatéraux et des accords multilatéraux.

L'emploi des armes chimiques et biologiques, lié notamment à l'utilisation de gaz asphyxiants, toxiques ou similaires en tant que moyens de guerre, est interdit par le Protocole de Genève déposé par le gouvernement français en juin 1925 et entré en vigueur en février 1928. Toutefois, le Protocole de Genève ne prévoit aucun mécanisme de vérification et n'interdit pas la mise au point, ni la possession de produits chimiques ou biologiques toxiques et leur utilisation dans d'autres situations que la guerre.

Les armes biologiques

Le premier traité multilatéral interdisant à la fois l'utilisation, la fabrication et le stockage de toute une catégorie d'ADM, notamment les armes biologiques, est la Convention sur l'interdiction de la mise au point, de la fabrication et du stockage des armes bactériologiques (biologiques) ou à toxines et sur leur destruction. Elle est ouverte à signature à Moscou, Washington et Londres en avril 1972 et entre en vigueur en mars 1975 après la signature de 22 pays, dont les gouvernements des trois États dépositaires du traité, à savoir l'Union Soviétique, les États-Unis et le Royaume-Uni. Le texte de la Convention sur les armes biologiques postule que « Chaque État partie à la présente Convention s'engage à ne jamais, et en aucune circonstance, mettre au point, fabriquer, stocker, ni acquérir d'une manière ou d'une autre ni conserver : 1) des agents microbiologiques ou autres agents biologiques, ainsi que des toxines quels qu'en soient l'origine ou le mode de production, de types et en qualité qui ne sont pas destinés à des fins prophylactiques [prévention de maladies], de protection ou à d'autres fins spécifiques ; 2) des armes, de l'équipement ou des vecteurs destinés à l'emploi de tels agents ou toxines à des fins hostiles ou dans des conflits armés ». Il y est également précisé que les États parties doivent détruire ou convertir à des fins pacifiques toutes les substances interdites au plus tard neuf mois après l'entrée en vigueur de la Convention. Lorsqu'un État partie est soupçonné d'avoir violé les dispositions de la Convention, une plainte peut être déposée auprès du Conseil de sécurité de l'ONU. La Convention sur les armes biologiques n'intègre pas de disposition en matière de

Éclairage

Les armes biologiques sont fabriquées sur la base d'un agent biologique issu de matières pathogènes, telles que des bactéries, des virus, des champignons ou des toxines, susceptibles de causer une maladie ou la mort. Utilisées contre les populations civiles, les armes biologiques peuvent provoquer une épidémie sur une grande échelle ou contaminer des sources d'eau et d'alimentation. En tant que moyen de guerre, elles peuvent être utilisées pour frapper de grandes cibles statiques, comme des campements de troupes, des bases militaires, des fortifications ou encore des installations logistiques. Leur fabrication est plus facile et moins chère que les armes chimiques, d'où l'intérêt qu'elles représentent pour certains États, et surtout pour les groupes terroristes.

vérification et le respect de ses dispositions repose uniquement sur le contrôle exercé par les gouvernements nationaux. En octobre 2013, 169 États étaient parties à la Convention, tandis que 11 États l'avaient signée, mais ne l'avaient pas encore ratifiée, parmi lesquels la Côte d'Ivoire, l'Égypte, la Birmanie, la Syrie, Haïti, le Népal ou encore la Somalie.

Les armes chimiques

Le traité multilatéral qui interdit l'utilisation, la fabrication et le stockage des armes chimiques et prévoit la mise en place d'une organisation internationale pour vérifier la destruction de celles-ci est la Convention sur l'interdiction de la mise au point, de la fabrication, du stockage et de l'emploi des armes chimiques et sur leur destruction (CIAC). Déposée par le Secrétaire général de l'ONU, la CIAC est ouverte à la signature à Paris en janvier 1993 et entre en vigueur en avril 1997. Selon l'Article premier de la Convention, chaque État partie s'engage « à ne jamais, en aucune circonstance : a) mettre au point, fabriquer, acquérir d'une autre manière, stocker ou conserver d'armes chimiques, ou transférer directement ou indirectement, d'armes chimiques à qui que ce soit ; b) employer d'armes chimiques ; c) entreprendre de préparatifs militaires quels qu'ils soient en vue d'un emploi d'armes chimiques ; d) aider, encourager ou inciter quiconque, de quelque manière que ce soit, à entreprendre quelque activité que ce soit qui est interdite à un État partie en vertu de la présente Convention ». Le même article stipule aussi que chaque État partie à la CIAC a l'obligation de détruire les armes chimiques et toute installation de fabrication d'armes chimiques dont il est le détenteur, ainsi que toutes les armes chimiques qu'il a abandonné sur le territoire d'un autre État. Il est également interdit par la Convention d'utiliser des armes chimiques en tant que moyens de guerre. L'organisme chargé de faire respecter et appliquer toutes les dispositions de la CIAC est l'Organisation pour l'interdiction des armes chimiques (OIAC) dont le siège est à La Haye (Pays-Bas). L'objectif principal

Éclairage

Les armes chimiques sont fabriquées sur la base de propriétés toxiques de substances chimiques. Différents agents (hémotoxique, incapacitant, neurotoxique, neutralisant, vésicant) peuvent être à l'origine des armes chimiques. Les agents hémotoxiques, tels que le cyanure d'hydrogène et le chlorure de cyanogène, qui figurent parmi les agents d'armes chimiques les plus mortels, bloquent l'absorption de l'oxygène dans le sang, entraînant une mort par asphyxie. Ils s'agit d'un liquide incolore, inodore et insipide, absorbé par la peau, qui attaque de façon très rapide les muscles et le système nerveux. Les agents neurotoxiques agissent sur le système nerveux, tandis que les agents vésicants irritent gravement la peau, les yeux et les muqueuses.

de l'OIAC consiste à étudier les rapports établis par les États parties au sujet de leurs armes ou installations chimiques, à mener des enquêtes et des inspections sur le terrain et à servir de tribune pour la consultation et la coopération pour les États parties. En novembre 2013, 190 pays avaient le statut d'États parties à la CIAC, deux pays étaient signataires, mais ne l'avait pas encore ratifiée, Israël et la Birmanie, et quatre pays ne l'avait ni signée, ni ratifiée, à savoir le Soudan du Sud, l'Angola, l'Égypte et la Corée du Nord.

En octobre 2013, l'OIAC a reçu le prix Nobel de la paix au moment où des armes chimiques ont été utilisées contre des civils en Syrie dans le cadre de la guerre civile qui a débuté en mars 2011. L'attaque au gaz sarin lancée le 21 août dans les environs de Damas a provoqué la mort de plus de 1 400 personnes et a été jugée par l'ONU comme l'attaque à l'arme chimique la plus meurtrière depuis celle perpétrée par Saddam Hussein en 1988 contre la ville kurde d'Halabja. Dans une résolution du 27 septembre 2013 adoptée à l'unanimité par le Conseil de sécurité, l'attaque a été condamnée et l'emploi des armes chimiques considéré pour la première fois comme une menace pour la paix et la sécurité internationales. La même résolution a également décidé de souscrire à la décision du Conseil exécutif de l'OIAC qui prévoit des procédures spéciales pour la destruction de l'arsenal chimique syrien. Une mission conjointe entre l'OIAC et l'ONU a été mise en place pour superviser l'application de cette résolution et pour s'assurer que l'élimination de toutes les armes chimiques syriennes sera achevée au premier semestre de 2014.

CHRONOLOGIE DE L'UTILISATION DES ARMES CHIMIQUES

1915 : première utilisation à grande échelle de gaz toxiques par les troupes allemandes à Ypres (Belgique). Lors de la Première Guerre mondiale, les armées française et britannique vont recourir également à des armes chimiques, en particulier au fameux gaz moutarde

Années 1920 : utilisation d'armes chimiques par l'armée espagnole au Maroc lors de la guerre du Rif

1936 : utilisation d'armes chimiques par l'armée italienne en Éthiopie

1937-1941 : utilisation d'armes chimiques par l'armée japonaise en Chine

1962 : utilisation d'agent orange et de napalm par l'armée américaine lors de la guerre du Vietnam

1979 : utilisation d'armes chimiques par les troupes soviétiques en Afghanistan

1988 : utilisation d'armes chimiques par les troupes irakiennes contre la ville d'Halabja au Kurdistan. Durant la guerre Iran-Irak, Bagdad a recouru également à ces armes contre l'armée iranienne

1990 : utilisation de munitions antichar à uranium appauvri par les troupes américaines lors de la guerre du Golfe. Ce type de munitions a été également utilisé lors du conflit au Kosovo ou de la guerre en Irak

1995 : attaque au gaz sarin par la secte Aum Shinrikyo dans le métro de Tokyo

2007 : attentats chimiques à base de chlore perpétrés en Irak

2013 : utilisation d'armes chimiques dans le conflit syrien

Les armes nucléaires

À la différence des armes biologiques et des armes chimiques, les armes nucléaires sont plus puissantes et ont des effets plus dévastateurs. Pour cette raison, plusieurs accords bilatéraux et multilatéraux ont été conclus afin de réduire le nombre d'armes nucléaires dans le monde, de limiter leur prolifération, d'interdire leur déploiement dans certaines régions et de mettre fin aux essais nucléaires. Le premier essai nucléaire, connu sous le nom de code Trinity, a été effectué par les États-Unis en juillet 1945 dans le désert du Nouveau Mexique. Cet essai a été le fruit d'années de recherche visant la création d'une bombe atomique dans le cadre du projet Manhattan mis au point par les États-Unis durant la Seconde Guerre mondiale. Les deux bombes atomiques à l'uranium et au plutonium lancées par les Américains sur les villes japonaises d'Hiroshima et de Nagasaki ont révélé les effets dévastateurs de l'arme nucléaire. L'Union soviétique a réalisé son premier essai nucléaire en août 1949 sur le site de Semipalatinsk au Kazakhstan. La course aux armements entre les Américains et les Soviétiques était ainsi déclenchée et s'est poursuivie tout au long de la guerre froide. Plusieurs accords bilatéraux ont néanmoins été négociés entre les États-Unis et l'Union soviétique dans le but de créer des mécanismes de contrôle de leurs armes nucléaires. Deux traités importants sur la limitation des armes stratégiques (SALT I et SALT II, *Strategic Arms Limitation Talks*) ont été ainsi signés respectivement en 1972 et en 1979 avec pour objectif de limiter le nombre des vecteurs d'armes nucléaires que chacun des deux pays pouvait déployer et à stabiliser ainsi l'équilibre nucléaire entre eux.

II. LE RÉGIME DE NON-PROLIFÉRATION NUCLÉAIRE

Les traités bilatéraux

L'accord SALT I a été complété par le traité ABM (*Anti-Ballistic Missile Treaty*) concernant la limitation des systèmes de défense antimissiles, signé en mai 1972 à Moscou par le président américain Richard Nixon et le secrétaire général du Parti communiste de l'URSS Léonid Brejnev. L'objectif du traité ABM consiste à ce que « chaque pays s'engage à limiter les systèmes antimissiles balistiques (ABM) » (art. 1er). Le traité ABM oblige ainsi les deux États à ne pas entreprendre la construction d'un système national de défense de type ABM. Un système de défense antimissile, appelé souvent « bouclier antimissile », comprend des missiles d'interception, des dispositifs de lancement d'antimissiles et des radars. Il est ainsi destiné à détruire les missiles balistiques stratégiques sur leur trajectoire de vol. Le traité ABM vise donc à faire en sorte que la dissuasion nucléaire puisse toujours fonctionner en fonction de la fameuse « destruction mutuelle assurée » en cas d'attaque nucléaire. Le traité ABM a été modifié par un Protocole signé en 1974 permettant aux deux parties d'avoir une zone de déploiement de systèmes ABM visant à protéger la capitale nationale ou une zone de déploiement de missiles balistiques intercontinentaux (ICBM), c'est-à-dire des missiles nucléaires à longue portée (plus de 5500 km). Suite à ce Protocole, l'URSS a choisi d'installer son bouclier antimissile près de Moscou, alors que les États-Unis ont déployé leur système de défense ABM au Dakota du Nord pour protéger le site de Grand Forks où ils développaient leur programme de défense antimissile et stockaient des missiles ICBM. Ce site est inactif depuis 1976. Le Traité ABM a pris fin en juin 2002 après le retrait unilatéral des États-Unis suite aux attentats terroristes du 11 septembre 2001. Le président Bush a alors dénoncé le traité ABM comme « une relique de la guerre froide » et a annoncé que le déploiement d'un bouclier antimissile était destiné à protéger les États-Unis contre une éventuelle attaque nucléaire provenant d'un « État voyou », comme l'Irak, l'Iran et la Corée du Nord.

L'accord SALT II, signé par le président Jimmy Carter et Léonid Brejnev, avait pour but de fixer les plafonds que devaient respecter les Américains et les Soviétiques dans le domaine des armes stratégiques offensives. Cependant, l'invasion de l'Afghanistan par l'armée soviétique en décembre 1979 a mis fin à cette période de détente et aux espoirs de ratification du traité SALT II par le Congrès américain.

À la fin de la guerre froide, deux autres traités de désarmement nucléaire ont été signés par les États-Unis et l'URSS visant à réduire le nombre de têtes nucléaires. Il s'agit des traités sur la réduction et la limitation des armements stratégiques offensifs connus sous le nom START I et START II (*Strategic Arms Reduction Treaty*) signés respectivement en 1991 et en 1993. Le traité START I prévoit non plus seulement la limitation, mais bien la réduction des armes stratégiques nucléaires déployées par les États-Unis et l'URSS, dont le nombre doit passer de plus de 10000 à 6000. Le traité START II, quant à lui, prévoit une réduction encore plus importante des armes nucléaires straté-

Éclairage

Le concept « État voyou » (*Rogue state*), tel qu'il est employé aujourd'hui, fait son apparition aux États-Unis dans les années 1980. Il désigne les « États terroristes », appelés aussi des « États parias » ou des États « hors la loi », dont la politique étrangère est jugée comme agressive et constituant une menace pour la sécurité américaine et internationale. Après le 11 septembre, le président Bush reprend le concept de « *Rogue state* » et l'associe à celui d'« Axe du Mal » composé de trois « États voyous » : l'Irak, l'Iran et la Corée du Nord.

giques des deux parties qui devrait passer de 6 000 à 3 000-3 500 pour chaque État, ainsi que l'interdiction des missiles intercontinentaux de type ICBM. Ce traité n'est cependant jamais entré en vigueur. Un nouveau traité START sur la réduction des armes stratégiques nucléaires a été signé pour une durée de 10 ans par le président américain Barack Obama et son homologue russe Dmitri Medvedev en avril 2010 à Prague. Selon les dispositions du traité, le nombre de têtes nucléaires en possession de chaque partie doit être réduit de 30 % et des mécanismes de vérification sur place des installations nucléaires des deux pays doivent être mis en place.

Les traités multilatéraux

En dehors des traités bilatéraux, le régime de non-prolifération nucléaire repose sur un traité multilatéral quasi universel. Il s'agit du Traité sur la non-prolifération des armes nucléaires (TNP) ouvert à la signature en juillet 1968 à Londres, Moscou et Washington, et entré en vigueur en mars 1970 pour une durée initiale de 25 ans. En 1995, la conférence d'examen et d'extension du TNP a décidé de proroger le traité pour une durée illimitée. Le TNP distingue deux types d'États : les États dotés d'armes nucléaires (EDAN) et les États non dotés d'armes nucléaires (ENDAN). Les EDAN sont des pays qui ont fabriqué et fait exploser une arme nucléaire ou un autre dispositif nucléaire avant le 1er janvier 1967. Les puissances nucléaires reconnues comme telles par le TNP sont donc les cinq membres permanents du Conseil de sécurité, à savoir les États-Unis, la France, le Royaume-Uni, la Chine et la Russie (l'URSS à l'époque). Ces États s'engagent à « ne transférer à qui que ce soit, ni directement ni indirectement, des armes nucléaires ou autres dispositifs nucléaires explosifs, ou le contrôle de telles armes ou de tels dispositifs explosifs ; et à n'aider, n'encourager ni inciter d'aucune façon un État non doté d'armes nucléaires, quel qu'il soit, à fabriquer ou acquérir de quelque autre manière des armes nucléaires ou autres dispositifs nucléaires explosifs » (Art. I). Les ENDAN, quant à eux, sont

Éclairage

Les armes nucléaires sont constituées d'un dispositif explosif nucléaire et d'un vecteur. Deux matières fissiles, à savoir l'uranium 235 et le plutonium 239, sont généralement utilisées pour créer un dispositif explosif. Cependant, la proportion d'uranium 235 dans l'uranium naturel étant très faible, un processus d'enrichissement de l'uranium est donc nécessaire afin d'obtenir des concentrations d'uranium 235 pour la fabrication d'armes nucléaires. Le processus d'enrichissement est, par ailleurs, très difficile et coûteux car il nécessite des installations spécifiques. Une fois produits, les dispositifs explosifs peuvent être intégrés dans différents vecteurs, c'est-à-dire différents moyens d'atteindre sa cible, comme des bombes aériennes, des obus, des missiles balistiques, des mines terrestres ou marines, etc.

des États signataires qui s'engagent à ne pas fabriquer des armes nucléaires et à ne pas essayer de s'en procurer d'une autre façon. C'est, par exemple, le cas du Brésil et de l'Afrique du Sud qui ont décidé de démanteler leur arsenal nucléaire dans les années 1990 et ont aujourd'hui le statut d'ENDAN dans le cadre du TNP.

L'article IV du TNP affirme néanmoins « le droit indéniable de toutes les parties au Traité de développer la recherche, la production et l'utilisation de l'énergie nucléaire à des fins pacifiques ». L'organisation internationale chargée en vertu de l'article III du TNP de contrôler les programmes nucléaires civils développés par certains ENDAN est l'Agence internationale de l'énergie atomique (AIEA). Créée en 1957, l'AIEA est une organisation intergouvernementale sous l'égide de l'ONU dont la fonction principale consiste à vérifier que chaque État partie au TNP respecte bien ses obligations et que l'usage des matières nucléaires ne soit pas détourné à des fins militaires. L'AIEA remet régulièrement des rapports concernant ses activités à l'Assemblée générale des Nations unies. Elle peut également saisir le Conseil de sécurité de l'ONU, notamment en cas d'enquête sur le programme nucléaire d'un État.

Seuls trois États ont refusé de signer le TNP et ont procédé à la fabrication d'armes nucléaires : l'Inde, le Pakistan et Israël. L'Inde et le Pakistan ont effectué des essais nucléaires en 1998. Quant à Israël, le discours du gouvernement au sujet du programme nucléaire israélien reste flou, mais il a précisé à plusieurs reprises que la possession d'armes nucléaires est indispensable à la sécurité nationale et que celui-ci ne serait pas le premier pays à introduire les armes nucléaires au Moyen-Orient. Enfin, deux pays ont un rapport particulier au TNP. Le premier est la Corée du Nord qui a ratifié le TNP en 1985, mais s'est retirée du traité en 2003 de façon unilatérale, ce qui fut une grande première pour un État, afin de pouvoir procéder à des tests nucléaires, en octobre 2006, puis en mai 2009 et en février 2013. Le deuxième est l'Iran, qui a ratifié le TNP en 1970, mais qui a continué à développer un programme nucléaire clandestin à des fins militaires découvert par les experts de l'AIEA sur le site nucléaire de Natanz en 2003. Plusieurs résolutions du Conseil de sécurité de l'ONU comportant d'importantes sanctions économiques ont été votées contre l'Iran afin d'obliger le pays à mettre fin à son programme d'enrichissement d'uranium dans l'objectif de fabriquer une bombe atomique. Néanmoins, les longues années de négociations entre le gouvernement iranien et le groupe de six pays négociateurs connu sous le nom « Groupe 5 + 1 » (P5+1) faisant référence aux cinq membres permanents du Conseil de sécurité (États-Unis, France, Royaume-Uni, Chine et Russie) plus l'Allemagne, se sont avérées inefficaces. Ce n'est qu'après l'arrivée au pouvoir du nouveau président iranien Hassan Rohani en juin 2013, en remplacement de Mahmoud Ahmadinejad, que les négociations sur le programme nucléaire iranien ont enfin abouti à un accord préliminaire conclu entre Téhéran et les pays négociateurs en novembre 2013 à Genève. Selon cet accord, l'Iran s'engage à arrêter d'enrichir l'uranium au-dessous de 5 % (c'est l'enrichissement autorisé par le TNP permettant à un pays d'obtenir de l'énergie nucléaire civile à la différence de l'enrichissement de l'uranium supérieur à 20 % qui permet la production du nucléaire militaire), ainsi qu'à neutraliser ses stocks d'uranium enrichi à 20 %. En échange, le groupe « P5 + 1 » s'engage à ne pas imposer de nouvelles sanctions contre l'Iran au cours des six prochains mois.

Le tableau 1 donne un aperçu de la situation actuelle des armes nucléaires dans le monde et du statut des États détenteurs d'armes nucléaires par rapport au Traité sur la non-prolifération des armes nucléaires (TNP).

Tableau 1 : Les armes nucléaires dans le monde

États	Année d'obtention de l'arme nucléaire	Estimation du nombre de têtes nucléaires en 2013 (source SIPRI)	Statut selon le TNP
Russie	1945	8500	EDAN
États-Unis	1949	7700	EDAN
France	1960	300	EDAN
Chine	1964	250	EDAN
Royaume-Uni	1952	225	EDAN
Inde	1998	90-110	État non-signataire
Pakistan	1998	100-120	État non-signataire
Israël	?	80	État non-signataire
Corée du Nord	2006	6-8	Retrait du TNP en 2003

L'Organisation des Nations unies estime que près de 2 000 essais nucléaires ont été effectués depuis 1945, qu'ils aient été réalisés dans l'atmosphère, au sol, sous terre ou sous l'eau. L'instrument international visant l'interdiction de toutes les formes d'essais nucléaires est le Traité d'interdiction complète des essais nucléaires (TICE) signé en septembre 1996 par les cinq puissances nucléaires déclarées. Ce traité n'est cependant toujours pas entré en vigueur car la totalité des 44 États ayant des capacités nucléaires au moment de sa signature, dont les États-Unis et la Chine, ne l'avaient pas encore ratifié en 2013.

III. LES ZONES EXEMPTES D'ARMES NUCLÉAIRES (ZEAN)

Enfin, il existe aussi des mécanismes de contrôle des armes nucléaires à l'échelle régionale. Il s'agit notamment des zones exemptes d'armes nucléaires (ZEAN) créées par des traités régionaux. Selon la définition de l'ONU, les ZEAN sont des zones géographiques définies interdisant la production et le déploiement d'armes nucléaires dans la zone en question afin de garantir aux États parties que leurs voisins ne disposent pas de telles armes ou que le déploiement d'armes nucléaires ne s'étend pas à de nouvelles parties du globe.

Les EDAN officiellement reconnus par le TNP (États-Unis, France, Royaume-Uni, Chine, Russie) s'engagent aussi à ne pas recourir ou menacer de recourir à leurs armes nucléaires contre les États appartenant à une ZEAN. La première ZEAN a été créée en 1959 par le traité sur l'Antarctique (traité en vigueur depuis 1961) interdisant le déploiement de toutes sortes d'armes, y compris nucléaires, dans l'Antarctique. Depuis lors, cinq autres traités régionaux ont été signés instaurant ainsi cinq zones exemptes d'armes nucléaires dans différentes régions du monde : en Amérique Latine et dans les Caraïbes (traité de Tlatelolco de 1967), dans le Pacifique du Sud (traité de Rarotonga de 1985), en Asie du Sud-Est (traité de Bangkok de 1995), en Afrique (traité de Pelindaba de 1996) et en Asie centrale (traité de Semipalatinsk de 2006).

Éclairage

Une zone exempte d'armes nucléaires est une zone reconnue comme telle par l'Assemblée générale de l'ONU et créée par un groupe d'États provenant de la même région sur la base d'un traité au terme duquel cette zone est soumise au statut d'absence totale d'armes nucléaires et à un système international de vérification et de contrôle en vue de garantir le respect de ce statut.

L'essentiel à retenir

- Les armes de destruction massive (ADM) sont des armes « non-conventionnelles » car elles ont une grande capacité de destruction et ont des effets dévastateurs sur les humains, l'environnement et les infrastructures.

- Les armes nucléaires sont les ADM considérées comme les plus fiables, les plus sophistiquées et les plus dangereuses.

- Le droit international concernant le désarmement et la non-prolifération des ADM repose à la fois sur des accords bilatéraux, principalement entre les États-Unis et l'URSS et maintenant la Russie, et des accords multilatéraux tels que le Traité sur la non-prolifération nucléaire (TNP) et le Traité d'interdiction complète des essais nucléaires (TICE).

- Trois États, l'Inde, le Pakistan et Israël, n'ont pas signé le TNP et se sont donc dotés d'armes nucléaires de façon illégale.

- Deux États, la Corée du Nord et l'Iran, sont sous surveillance internationale en raison de leur aspiration à se doter d'armes nucléaires.

- Il existe aujourd'hui plusieurs zones exemptes d'armes nucléaires (ZEAN), notamment dans l'Antarctique, en Amérique Latine, en Afrique, en Asie du Sud-Est, dans le Pacifique-Sud et en Asie centrale.

? Testez-vous !

1. Quels sont les quatre principaux types d'ADM ?

2. En quelle année le TNP a-t-il été signé et sur quel thème porte-t-il ?

3. Qu'est-ce que les EDAN dans le TNP ?

4. Quelle organisation internationale est chargée de contrôler le régime de non-prolifération nucléaire ?

5. À quoi fait-on référence lorsque l'on parle du « Groupe 5 + 1 » dans le cadre des négociations avec l'Iran sur son programme nucléaire ?

Chapitre XVII
Menaces globales de nature non étatique

Ce que vous allez apprendre

- La définition du terrorisme
- La typologie des groupes terroristes : les terrorismes idéologique, séparatiste, religieux et lié à une cause spécifique
- Les différents types d'actions terroristes
- Les principaux groupes terroristes djihadistes
- La nébuleuse Al-Qaïda

I. LA MENACE TERRORISTE

La logique de la terreur

Depuis les attentats du 11 septembre 2001 et l'émergence de ce qui a été appelé un « hyperterrorisme », la menace terroriste, en particulier islamiste, figure au premier rang des préoccupations des gouvernements, mais aussi des populations dans les États occidentaux. Le terrorisme est cependant loin d'être un phénomène nouveau puisque l'on estime généralement qu'il est né dans la seconde moitié du XIXe siècle avec en particulier l'invention de la dynamite. Il apparaît également difficile à définir. Il n'existe pas, en effet, de définition du terrorisme qui soit communément admise, d'autant que des groupes qualifiés à un moment donné de terroristes par certains États peuvent être considérés par d'autres États ou certaines populations comme des groupes de résistants, c'est le cas du Hezbollah libanais par exemple, ou encore comme des interlocuteurs légitimes à un autre moment.

Éclairage

Le terme de « terrorisme » a été utilisé pour la première fois lors du régime de la Terreur (1793-1974) durant la Révolution française.

Dans la résolution 49/60 de l'Assemblée générale de l'ONU de 1994 sur les mesures visant à éliminer le terrorisme international, le terrorisme est néanmoins défini comme « actes criminels qui, à des fins politiques, sont conçus ou calculés pour provoquer la terreur dans le public, un groupe de personnes ou chez des particuliers pour des motifs de nature politique, philosophique, idéologique, raciale, ethnique, religieuse ou tout autre motif ». Le terrorisme correspond plus généralement à des actions perpétrées par des individus et des groupes non étatiques consistant à recourir de façon illicite et clandestine à la violence ou à la menace de la violence en vue de créer un climat général de peur au sein d'une population déterminée dans un but politique ou social spécifique. Ce climat de terreur est provoqué par des attaques délibérément menées contre des civils dans des lieux publics (transports en commun, places publiques, centres commerciaux, cafés, restaurants, night clubs, etc.) et/ou des cibles symboliques (ambassades, installations militaires, centres culturels, etc.).

Contrairement à ce que l'on pourrait penser de prime abord, l'acte terroriste n'est pas totalement irrationnel ou une action pouvant être assimilée à de la violence commise par des groupes criminels car il s'agit d'un acte avant tout de nature politique. L'objectif des terroristes est, généralement d'attirer l'attention des médias et de susciter l'effroi au sein des opinions publiques en générant un sentiment d'insécurité de sorte à inciter ces dernières à exercer une pression sur un gouvernement ou une autre structure pour qu'elle change de politique dans un domaine spécifique. La singularité du terrorisme réside dans l'asymétrie entre, d'une part, les moyens auxquels les terroristes ont recours, qui sont limités, et, d'autre part, les résultats tangibles de ces actions, qui peuvent être spectaculaires, ainsi que les effets psychologiques de ces actes. Un attentat commis dans un espace public peut très bien faire peu de victimes. Son impact psychologique sera néanmoins bien plus fort aux yeux du public.

Les différentes motivations des groupes terroristes

Les motivations des actions terroristes apparaissent extrêmement diverses. Elles peuvent consister à modifier l'idéologie d'un État ou la politique qu'il mène (politique de la Grande-Bretagne vis-à-vis de l'Irlande du Nord), à attirer l'attention sur une cause spécifique (sort des Palestiniens ou bien des animaux de laboratoire), à transformer la représentation que l'on a d'un groupe minoritaire, à démoraliser l'adversaire, à déclencher une riposte disproportionnée de sorte à révéler le visage répressif de l'État en question (terrorisme anarchiste), à miner l'autorité d'un État ou la crédibilité d'un gouvernement, ou encore à favoriser des tensions entre groupes sociaux, religieux ou ethniques au sein d'un État (Irak de l'après-guerre de 2003).

En ce qui concerne les groupes terroristes à proprement parler, ceux-ci sont loin de se réduire aux groupes djihadistes. On distingue, en effet, généralement quatre types de groupes en fonction de leur motivation principale. La première motivation des terroristes peut être de nature idéologique. Les groupes défendent alors des idéologies politiques spécifiques en ayant recours à des actions terroristes. On peut distinguer au sein de cette catégorie le terrorisme anarchiste, qui a été important des années 1860 aux années 1930, le terrorisme d'extrême gauche, très vivace des années 1960 au début des années 1980, et le terrorisme d'extrême droite, ultranationaliste ou raciste. Les deux premières formes de terrorisme visaient principalement des gouvernants, des représentants de l'État ou des patrons. Le terrorisme d'extrême gauche est incarné par des groupes comme les Brigades rouges, la Bande à Baader, la Fraction armée rouge ou Action directe en France. Le terrorisme d'extrême droite, quant à lui, peut être représenté par les groupes terroristes fascistes de l'entre-deux-guerres, le Ku Klux Klan américain ou encore des groupes paramilitaires dans les conflits civils en Amérique latine.

La seconde motivation peut être séparatiste et/ou ethnonationaliste. Les groupes concernés sont des mouvements de libération nationale qui commettent des attentats contre des représentants de l'État colonisateur ou de l'État occupant un territoire spécifique. Ces actions sont souvent perpétrées parallèlement à des actions de guérilla. On peut citer dans cette catégorie la

Haganah, l'Irgoun ou le Lehi, groupes de juifs de Palestine avant la création d'Israël, les organisations palestiniennes, le PKK (Kurdes), l'ETA (Basques), l'IRA (Irlande), le FLNC (Corse) ou encore les groupes tchétchènes. C'est généralement la forme de terrorisme qui est la plus à même de parvenir à atteindre ses objectifs. Ces mouvements, d'abord qualifiés de terroristes, sont ainsi souvent parvenus à attirer l'attention sur leur cause nationale spécifique et ont même été parfois considérés comme des interlocuteurs légitimes au bout d'un certain temps. C'est le cas par exemple de l'Irgoun, qui a été à l'origine de plusieurs attentats perpétrés contre les Britanniques en Palestine. Or, son dirigeant de l'époque, Menahem Begin, a été ensuite le premier ministre d'Israël de 1977 à 1983 et a même été lauréat du Prix Nobel de la paix en 1979.

La troisième motivation est de nature religieuse ou « sacrée ». Il s'agit d'une forme d'action terroriste qui se développe depuis la fin des années 1970 et la Révolution islamique en Iran et qui est sans aucun doute la plus visible aujourd'hui. Ce type de terrorisme ne concerne pas uniquement les groupes islamistes, mais aussi des groupes fondamentalistes d'autres religions ou encore des sectes, comme la secte japonaise Aum Shinrikyo, qui a commis dans le métro de Tokyo en mars 1995 l'un des seuls actes de terrorisme chimique connu à ce jour. Les groupes terroristes les plus médiatisés aujourd'hui relèvent néanmoins de l'islamisme radical.

Enfin, la quatrième motivation est celle du terrorisme lié à une cause spécifique. Parmi les actions terroristes commises dans ce cadre, on peut citer les attentats perpétrés par des groupes écologistes radicaux de défense des droits des animaux que l'on trouve notamment dans les pays anglo-saxons ou encore des groupes anti-avortement. On peut y rajouter deux autres formes d'actions terroristes, à savoir les actions terroristes commises ou soutenues par des États et les actions de type terroriste commises par des mafias, des cartels de la drogue ou des bandes armées.

Les modes opératoires des groupes terroristes

Les modes opératoires des groupes terroristes ont changé en fonction des périodes et notamment de l'évolution des techniques. Si les détournements d'avion ont été les modes d'action terroristes transnationaux privilégiés durant les années 1960-1970, depuis les années 1980, ce sont plutôt les attentats kamikazes qui ont pris de l'importance, les attentats du 11 septembre 2001 représentant bien entendu la fusion de ces deux modes opératoires.

Les attentats-suicides sont une technique à laquelle des groupes terroristes recourent en vue de causer un maximum de victimes notamment dans un lieu public. Les premiers attentats de ce genre, perpétrés en particulier par le Hezbollah, ont eu lieu au Liban à partir de 1981-1982. Ce type d'attentat n'est pas uniquement commis par des groupes islamistes radicaux ou sur un fondement religieux puisque des groupes comme les Tigres tamouls au Sri Lanka y ont eu aussi très largement recours. Ces derniers ont d'ailleurs été les premiers à recourir à la ceinture d'explosifs et à des femmes-kamikazes. Cette technique a été également utilisée par Al-Qaïda, à partir des années 1990, puis par les Talibans afghans ou pakistanais, à partir des années 2000. Le nombre de victimes d'attentats-suicide a ainsi explosé durant les années 2000 avec les attentats du 11 septembre 2001, mais aussi les attentats particulièrement meurtriers perpétrés en Afghanistan, au Pakistan et surtout en Irak.

Graphique 1 : Nombre de victimes d'attentats dans le monde entre 1968 et 2009

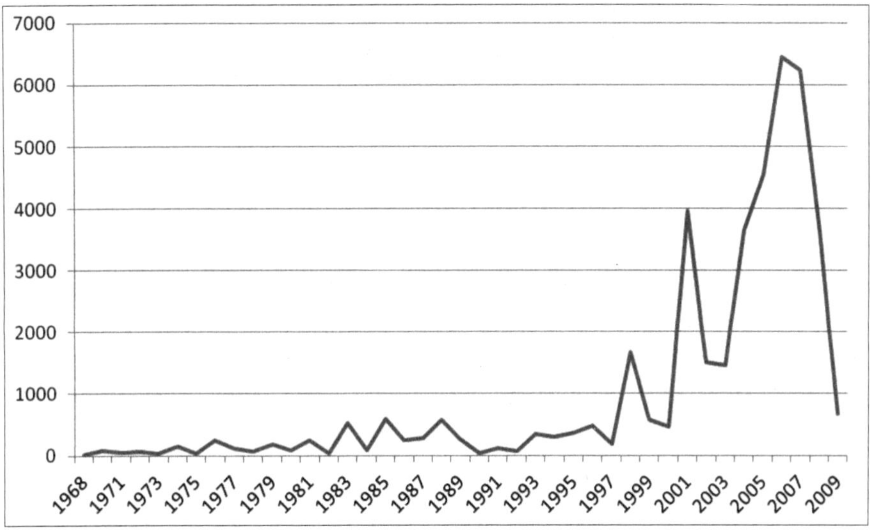

Source : Rand Database of Worldwide Terrorism Incidents.

Les attentats du 11 septembre 2001 ont bien entendu marqué un tournant important dans le terrorisme transnational. Il s'agit tout d'abord de l'attentat le plus meurtrier de l'histoire avec près de 3 000 morts et un bilan matériel très lourd : destruction de huit tours, valeur des biens détruits d'un montant de 34 milliards de dollars selon le rapport de la Commission sur le 11 septembre. C'est la première fois qu'un mouvement terroriste parvient également à transformer des avions de ligne en « armes de précision » et à infliger des dégâts de nature stratégique à un État. Mais ce tournant n'est pas uniquement lié à la nature de cet événement. Il est lié aussi à son impact, avec notamment la guerre contre le terrorisme menée par l'administration Bush, qui débouche sur les guerres en Afghanistan et en Irak. Or, c'est en Irak et en Afghanistan que les actions terroristes ont été les plus spectaculaires et meurtrières depuis 2001. Cela explique ainsi l'augmentation spectaculaire du nombre de victimes d'attentats durant les années 2000 (Graphique 1).

Les principales cibles des groupes terroristes

Les cibles des actions terroristes sont extrêmement diverses (Tableau 1). Les attentats visent ainsi souvent les transports collectifs. Cela peut être des actes terroristes commis à bord d'un avion, voire d'un navire (détournements d'avions ou d'un navire par la violence ou la menace de violence) ou de sabotage (avec en particulier le placement d'un engin explosif à bord d'un avion ou d'un navire), attentats à l'explosif commis dans le métro ou une rame de métro, les transports collectifs de banlieue, une gare ou un train, un autobus, etc. Parmi les attentats célèbres commis récemment dans les transports collectifs, on peut citer les attentats dans les stations de RER à Paris en 1995 (notamment à la station de RER de Saint-Michel), les attentats à la bombe dans quatre trains de banlieue dans l'agglomération de Madrid en 2004 et les attentats dans le métro et un autobus à Londres en 2005. Les attentats terroristes peuvent aussi viser plus largement les lieux publics, dont les gares ou les aéroports, mais aussi les hôtels, les cafés, les restaurants, les centres commerciaux, les théâtres, les cinémas ou encore les écoles. Ils peuvent prendre la forme d'attentats à l'explosif, kamikazes ou non, de fusillades ou de prises d'otages. L'objectif des attentats commis dans les transports publics ou dans des lieux publics est de faire le plus grand nombre de victimes civiles possible de sorte à susciter l'effroi de l'opinion et à générer un sentiment d'insécurité.

Tableau 1 : Les attentats récents les plus meurtriers

Date	Localisation	Nombre de victimes	Cible	Origine
11/09/2001	New York	2749	World Trade Center	Al-Qaïda
23/06/1985	Montréal	329	Vol Air India (Montréal-Londres)	Inconnue
12/03/1993	Mumbai	317	Bourse, hôtels, etc.	Inconnue
21/12/1988	Lockerbie (Ecosse)	270	Vol Londres-New York	Inconnue
23/10/1983	Beyrouth	241	Militaires américains	Hezbollah
12/10/2002	Bali	202	Night Club	Jemaah Islamiya
11/03/2004	Madrid	191	Transports en commun	Brigade Abou Hafs al-Masri
26/11/2008	Mumbai	173	Gare, hôtels, etc.	Lashkar-e-Taiba
19/09/1989	Tchad	171	Vol Brazzaville-Paris	Hezbollah

Source : Rand Database of Worldwide Terrorism Incidents.

D'autres attentats ont pour cible des lieux plus spécifiques, comme des bases militaires, des bâtiments de guerre, des ambassades, des consulats, des centres culturels, des lieux de culte ou des entreprises. Ils peuvent prendre la forme d'attentats à l'explosif, de fusillades ou de prises d'otages. Leur objectif est de viser explicitement l'« ennemi » en tuant un maximum de ses ressortissants ou de ses officiels.

Enfin, les derniers attentats visent des personnes spécifiques : des personnalités officielles, des représentants d'organisations internationales, des journalistes ou des personnes symbolisant l'ennemi à abattre. Ils sont commis sous la forme d'assassinat par balle, d'attentat à l'explosif, de fusillade ou de prise d'otages.

II. LA MENACE DE LA NÉBULEUSE DJIHADISTE

La prédominance des groupes terroristes islamistes

Dans les listes de groupes terroristes établies par différentes institutions, telles que l'Organisation des Nations unies (ONU), le Conseil de l'Union européenne, le Département d'État des États-Unis, le ministère chinois de la Sécurité publique ou le Service fédéral de sécurité de la Fédération de Russie (FSB), les groupes les plus souvent cités sont les groupes islamistes radicaux (Tableau 2).

L'islamisme radical correspond aux mouvements islamistes les plus intégristes qui prônent un recours à la violence pour parvenir à leurs fins. Ils partagent largement les objectifs des mouvements islamistes, tels que les Frères musulmans, avec une aspiration à un retour aux textes fondamentaux de l'islam et à l'âge d'or des premières années de l'islam autour du mythe du Califat, en vue de régénérer les sociétés musulmanes ; et la création d'un État islamique qui prendrait la forme d'une théocratie sous l'autorité de religieux s'appuyant sur une application stricte, et de fait très répressive, de la Charia. En revanche, les islamistes radicaux diffèrent sur les moyens en mettant l'accent sur le Djihad en tant que « guerre sainte » et sur le rôle central du martyr, c'est-à-dire de la souffrance et même du sacrifice de sa vie pour la défense de sa religion, en privilégiant en particulier les attentats-suicide.

Tableau 2 : Groupes les plus souvent cités dans les listes de groupes terroristes

Groupes islamistes	Groupes nationalistes
– Al Ittihad Al Islamia (Somalie) – Al-Qaïda – Al-Qaïda en Irak – Al-Shabbaab (Somalie) – Ansar al-Islam (Irak) – Al-Qaïda au Maghreb islamique (AQMI) – Armée islamique d'Aden (Yémen) – Asbat al-Ansar (Liban) – Djihad islamique égyptien – Djihad islamique palestinien – Gama'a al-Islamiya (Égypte) – Groupe Abou Sayyaf (Philippines) – Groupe islamique armé (Algérie) – Groupe islamique combattant en Libye – Groupe islamique combattant marocain – Hamas (Palestine) – Harakat ul-Mujahidin (Pakistan-Cachemire) – Hezbollah (Liban) – Jaish-e-Mohammed (Cachemire) – Jemaah Islamiya (Asie du Sud-Est) – Lashkar-e-Tayyiba (Pakistan) – Lashkar-e-Jhangvi (Pakistan) – Mouvement islamique d'Ouzbékistan – Talibans afghans et Tehrik-e Taliban Pakistan – Union Djihad islamique (Pakistan)	– Babbar Khalsa (Sikhs-Inde) – Brigades des martyrs d'Al-Aqsa (Palestine) – ETA (Pays basque) – Fédération internationale de la jeunesse sikh (Sikhs) – Front de libération de la Palestine (FLP) – Front populaire de libération de la Palestine (FPLP) – Organisation Abou Nidal (Palestine) – Parti des travailleurs du Kurdistan-PKK (Turquie)
Autre groupe religieux	**Groupes d'extrême gauche**
– Kahane Chai (Israël)	– Armée de libération nationale (Colombie) – FARC (Colombie) – Parti-Front de libération du peuple révolutionnaire (Turquie) – Sentier lumineux (Pérou)

Les principaux groupes islamistes radicaux

On peut trouver des groupes islamistes radicaux dans le monde arabe, mais aussi en Asie, en Afrique subsaharienne ou dans le Caucase. Il convient également de distinguer les groupes chiites des groupes sunnites. Dans le monde arabe, le principal groupe islamiste chiite est le Hezbollah, qui signifie littéralement « Parti de dieu » en arabe (*hizb Allah*). Il s'agit d'un mouvement islamiste chiite qui a été créé au Liban en 1982. Il a été l'un des premiers à avoir recours de façon régulière aux attentats-suicide. Il mène une lutte armée contre Israël au Sud du Liban, qui a provoqué l'intervention militaire de l'État hébreu au Liban en 2006 par exemple. Il est généralement considéré comme un groupe terroriste dans les pays occidentaux, alors qu'il est vu comme un groupe de résistance dans certains pays arabo-musulmans.

Les autres groupes arabes les plus connus sont sunnites, à commencer par Al-Qaïda, sur lequel nous reviendrons. C'est également le cas du Hamas, le seul groupe islamiste radical à être au pouvoir depuis 2007. Il s'agit d'un mouvement islamiste palestinien créé en 1987 sur la base d'un refus de l'arrêt de la lutte armée contre Israël. Le Hamas a gagné les élections législatives dans les territoires palestiniens en 2006 et a surtout pris le pouvoir par les armes à Gaza un an plus tard. Depuis, il mène des actions de harcèlement contre l'État hébreu qui a conduit l'armée israélienne à intervenir militairement à Gaza à de nombreuses reprises, en particulier fin 2008-début 2009 (opération « Plomb durci »). On peut mentionner également comme groupe islamiste sunnite Al-Qaïda au Maghreb islamique (AQMI). L'AQMI est un groupe islamiste radical né en 2006 d'une fusion entre un mouvement algérien, le Groupe salafiste pour la prédication et le combat (GSPC), et Al-Qaïda. Il agit principalement dans le Sahel. Il est connu pour avoir enlevé des ressortissants occidentaux et avoir pris le pouvoir avec d'autres groupes extrémistes au Nord-Mali en 2012 avant d'être chassé de la région suite à l'intervention des troupes françaises début 2013.

Éclairage

Le Djihad est la « guerre sainte ». Le terme arabe signifie aussi « effort ». Le Djihad est ainsi à la fois une lutte interne en vue de se purifier sur le plan spirituel et une lutte externe dirigée contre les Infidèles et les Apostats, c'est-à-dire ceux qui ont renoncé à la religion.

Il existe aussi d'importants groupes islamistes radicaux en Asie du Sud. C'est bien entendu le cas des Talibans que l'on peut trouver en Afghanistan et au Pakistan. Ce sont des mouvements islamistes sunnites appartenant principalement à l'ethnie pachtoun qui apparaissent au début des années 1990. Les Talibans sont à la base des étudiants en religion formés dans des écoles religieuses (*Madrasas*) installées à la frontière afghano-pakistanaise. Ils ont été à la tête de l'Afghanistan de 1996 à 2001. Depuis 2001, ce sont les principaux insurgés qui luttent contre la présence de troupes étrangères en Afghanistan en perpétrant notamment des attentats. Le Pakistan héberge également de très nombreux groupes radicaux, tels que Lashkar-e-Tayyiba, qui a été formé à la fin des années 1980 et qui mène principalement des actions contre les troupes indiennes et des civils au Cachemire. Il est notamment connu pour avoir mené les spectaculaires attaques perpétrées en 2008 à Mumbai en Inde.

Éclairage

La Charia est la loi divine islamique qui codifie l'ensemble des droits et des devoirs des musulmans. Elle est très controversée dans les pays occidentaux car on l'assimile très souvent à l'application stricte qui en est faite dans les régimes les plus répressifs.

Enfin, on peut trouver des groupes islamistes radicaux en Asie du Sud-Est, comme le Groupe Abou Sayyaf aux Philippines, qui est notamment connu pour avoir enlevé de nombreux touristes occidentaux, ou Jemaah Islamiya, qui mène des actions en Asie du Sud-Est et qui est connu pour avoir commis l'attentat de 2002 dans un night-club à Bali, mais aussi en Afrique subsaharienne. Les deux groupes islamistes africains les plus médiatisés sont certainement Al-Shabbaab en Somalie, groupe créé en 2006 et proche d'Al-Qaïda, et Boko Haram au Nigeria, groupe intégriste fondé en 2002.

La nébuleuse Al-Qaïda

Al-Qaïda est bien entendu le groupe islamiste radical le plus célèbre et sans doute le plus important. Al-Qaïda, qui signifie « la base » en arabe, est un réseau terroriste transnational fondé par Oussama Ben Laden à la fin des années 1980, connu notamment pour avoir été à l'origine des attentats commis aux États-Unis le 11 septembre 2001.

Oussama Ben Laden (1957-2011) était un milliardaire d'origine saoudienne qui était considéré comme l'ennemi numéro un en Occident pour avoir été le « cerveau », l'organisateur et la source de financement de plusieurs attentats, en particulier ceux du 11 septembre 2001. Ingénieur de formation, Ben Laden effectue ses premiers séjours en Afghanistan en 1979-1980 au moment de l'intervention soviétique. Dans les années 1980, il dirige le Bureau des services, une organisation chargée de recruter, d'entraîner et de financer les volontaires arabes venus en Afghanistan pour lutter contre l'Armée rouge. Malgré l'annonce du retrait de cette dernière, Ben Laden souhaite poursuivre le Djihad en menant le combat sur d'autres fronts. C'est la raison pour laquelle il créé Al-Qaïda à la fin de la décennie sur la base d'une alliance avec des groupes radicaux égyptiens. La guerre du Golfe et le déploiement de bases américaines en Arabie Saoudite contribuent à sa radicalisation. À partir de ce moment-là, les États-Unis deviennent la principale cible des actions d'Al-Qaïda avec un premier attentat visant le World Trade Center commis en 1993. Ben Laden retourne en Afghanistan en 1996 au moment où les Talibans arrivent au pouvoir. Protégé par ces derniers, il est même associé au pouvoir. C'est durant cette période que Ben Laden déclare une guerre sainte contre les États-Unis. Suite aux attentats du 11 septembre 2001, attribués à Al-Qaïda, et à l'intervention d'une coalition militaire en Afghanistan, Ben Laden est contraint de fuir vers le Pakistan, sans que les Américains parviennent à l'arrêter. Il est tué en mai 2011 au cours d'une fusillade lors d'une opération menée au Nord-Ouest du Pakistan par un commando des forces spéciales américaines.

Al-Qaïda a pour objectif de libérer les territoires musulmans et tout particulièrement l'Arabie Saoudite de toute présence étrangère, que celle-ci soit américaine ou israélienne, mais aussi de toute forme d'influence occidentale. L'organisation souhaite également renverser les régimes musulmans dits « impies » afin d'établir un califat panislamique. L'organisation entend parvenir à ses fins en menant un Djihad international, notamment par le recours à des attentats-suicide. Elle présente la particularité de ne pas être parrainée par un État même si elle a été néanmoins hébergée et protégée par les Talibans afghans de 1996 à 2001 en constituant alors une sorte d'« émirat » semi-autonome en Afghanistan. Al-Qaïda agit aussi très souvent à partir de pays sur lesquels la communauté internationale a peu de prise, comme l'Afghanistan, le Soudan, le Yémen, la Somalie ou une partie du Pakistan. Il ne s'agit pas à proprement parler d'un mouvement structuré, centralisé et hiérarchisé avec des ramifications dans différents pays. Al-Qaïda peut agir directement ou prendre plutôt la forme d'une sorte de « label » utilisé par des groupes qui se reconnaissent dans le Djihad international mené par le mouvement.

Al-Qaïda a organisé, financé et commis différents attentats qui ont fait de très nombreuses victimes, notamment ceux du 11 septembre 2001 (Tableau 3). Malgré tout, beaucoup d'analystes tendent à considérer que ce mouvement a été un échec. Celui-ci se percevait comme une « avant-garde ». Or, il n'a pas réussi à mobiliser les masses et à obtenir un soutien de la part des populations arabo-musulmanes. Al-Qaïda a échoué à libérer les territoires musulmans de toute présence occidentale. Il n'a pris le pouvoir dans aucun État. Son échec en Irak a été ainsi tangible alors que le pays était considéré par le mouvement comme le principal front de la lutte armée durant les années 2000. Il n'en conserve pas moins une importante capacité de nuisance, en particulier à travers les mouvements qui se réclament du Djihad international, comme Al-Qaïda au Maghreb islamique (AQMI) dans le Sahel.

Tableau 3 : Les principaux attentats attribués à la nébuleuse Al-Qaïda

Année	Localisation	Cible
1993	New York	Attentat visant le World Trade Center
1996	Dharan (Arabie Saoudite)	Attentat visant un complexe militaire américain
1998	Nairobi (Kenya) et Dar-es-Salam (Tanzanie)	Attaques coordonnées visant les ambassades des États-Unis
2000	Yémen	Attaque de l'USS Cole par deux bateaux-suicide
2001	New York et Washington	Attentats visant le World Trade Center et le Pentagone
2004	Madrid	Attentats visant des trains de banlieue
2005	Londres	Attentats visant les transports en commun

L'essentiel
à retenir

- Le terrorisme vise à générer un climat de terreur en s'attaquant notamment à des cibles civiles dans un but politique.

- Le terrorisme qui apparaît le plus visible aujourd'hui est le terrorisme de nature religieuse.

- Le type de terrorisme qui est le plus susceptible de parvenir à ses fins est le terrorisme séparatiste ou nationaliste.

- Depuis les années 1980, les attentats-suicide ont été les attentats les plus spectaculaires à avoir été perpétrés.

- Les groupes les plus nombreux dans les listes de groupes terroristes établies par différentes institutions sont les mouvements islamistes radicaux.

- La nébuleuse Al-Qaïda est considérée par les États occidentaux comme la principale menace terroriste.

Testez-vous !

1. À quel type de groupes terroristes correspond le terrorisme idéologique ?

2. Quel attentat a été le plus meurtrier dans la période récente ?

3. Quel est le principal groupe islamiste radical chiite ?

4. Que signifie « Djihad » en arabe ?

5. À quoi correspond le sigle AQMI ?

ANNEXES

RÉFÉRENCES BIBLIOGRAPHIQUES

Relations internationales – Géopolitique

Ouvrages généraux

Dario Battistella, *Théories des relations internationales*, Presses de Sciences Po, 2012, 4e édition.

Pascal Boniface, *La géopolitique. Les relations internationales*, Eyrolles, 2011

Frédéric Bozo, *La politique étrangère de la France depuis 1945*, Éditions Flammarion, 2012.

Philippe Braillard et Mohammad-Reza Djalili, *Les relations internationales*, collection « Que sais-je ? », PUF, 2012.

Jacques Dalloz, *La France et le monde depuis 1945*, Armand Colin, 2014, 2e édition.

Alexandre Defay, *La géopolitique*, Collection Que sais-je ?, PUF, 2012.

Guillaume Devin, *Sociologie des relations internationales*, Éditions La Découverte, 2013, 3e édition.

Pascal Gauchon (coord.), *Le monde. Manuel de géopolitique et de géoéconomie*, PUF, 2008.

François Géré, *La nouvelle géopolitique*, Larousse, 2012.

Yves Lacoste, *Géopolitique, la longue histoire d'aujourd'hui*, Larousse, 2012.

Guillaume Lagane, *Premiers pas en géopolitique*, Ellipses, 2012.

Philippe Moreau Defarges, *La géopolitique pour les Nuls*, Éditions générales First, 2012.

Philippe Moreau Defarges, *Relations internationales. Tome 1. Questions régionales*, Points, 2011, 7e édition.

Philippe Moreau Defarges, *Relations internationales. Tome 2. Questions mondiales*, Points, 2010, 8e édition.

Jean-Jacques Roche, *Relations internationales*, LGDJ, 2012, 6e édition.

Jean-Jacques Roche, *Théories des relations internationales*, Montchrestien, 2010, 8e édition.

Serge Sur, *Relations internationales*, Montchrestien, 2011, 6e édition.

Jean-Claude Zarka, *Relations internationales*, Ellipses, 2013, 5e édition.

Dictionnaires

Dario Battistella, Franck Petiteville, Marie-Claude Smouts, Pascal Vennesson, *Dictionnaire des relations internationales*, Dalloz-Sirey, 2012, 3e édition.

Pascal Gauchon (dir.), *Dictionnaire de géopolitique et de géoéconomie*, PUF, 2011.

Pascal Gauchon et Jean-Marc Huissoud (coord.), *Les 100 lieux de la géopolitique*, Collection Que sais-je ?, PUF, 2011.

Pascal Gauchon et Jean-Marc Huissoud (coord.), *Les 100 mots de la géopolitique*, Collection Que sais-je ?, PUF, 2010.

Atlas des relations internationales

Collectif, *Atlas de la mondialisation. Comprendre l'espace mondial contemporain*, Presses de Sciences Po, 2013.

Alexis Bautzmann (dir.), *Atlas géopolitique mondial 2013*, Argos Éditions, 2013.

Pascal Boniface (dir.), *Atlas des relations internationales*, Hatier, 2013.

Pascal Boniface et Hubert Védrine, *Atlas du monde global*, Armand Colin, 2010, 2e édition.

Michel Foucher, *La bataille des cartes : Analyse critique des visions du monde*, François Bourin, 2011.

Yves Lacoste, *Atlas géopolitique*, Larousse, 2013.

Jean-Christophe Victor, *Le dessous des cartes : Itinéraires géopolitiques*, Éditions Tallandiers, 2012.

Le Monde diplomatique, *L'Atlas 2013*, Vuibert, 2012.

Annuaires

L'année stratégique 2014 : analyse des enjeux internationaux, sous la direction de Pascal Boniface, Institut des Relations Internationales et Stratégiques, Armand Colin, 2014.

RAMSES « 2014 : Les jeunes : vers l'explosion ? », (Rapport Annuel de l'Institut Français des Relations Internationales), sous la direction de Thierry de Montbrial et de Philippe Moreau Defarges, Ifri, Dunod, 2013.

Annuaire français de relations internationales (AFRI), www.afri-ct.org/-AFRI,16-.

Périodiques et hors-série

Magazine *Diplomatie*, www.geostrategique.com/

Revue *Politique internationale*, www.politiqueinternationale.com/

Questions internationales, revue de la Documentation française, www.ladocumentationfrancaise.fr/selections/revues/questions-internationales

« Quel monde en 2014 ? », *Alternatives internationales*, www.alternatives-internationales.fr/page.php?rub=07&srub=03&ssrub=02

« Atlas géostratégique 2014 », *Diplomatie*

« Ils dirigent le monde. États, ONU, ONG, firmes multinationales, *think tanks*, lobbies et les autres », *Questions internationales*, n° 63, 2013

Histoire des relations internationales contemporaines

Principaux ouvrages

Bertrand Badie (dir.), *Puissances d'hier et de demain : L'état du monde 2014*, La Découverte, 2013.

Yves Berthelot et Jean-Michel Jakobowicz, *L'ONU pour les Nuls*, Éditions générales First, 2010.

Pierre Buhler, *La puissance au 21*ème *siècle : Les nouvelles définitions du monde*, CNRS, 2011.

Anna Dimitrova et Eddy Fougier, *La Géopolitique en 1000 QCM*, Ellipses, 2011.

Jean-Baptiste Duroselle et André Kaspi, *Histoire des relations internationales*, Armand Colin, 2009, 15e édition.

André Fontaine, *La Guerre froide 1917-1991*, Seuil, 2006.

Eddy Fougier, *Fiches d'actualité et de culture générale*, Ellipses, 2014.

Eddy Fougier, *Thèmes* essentiels d'actualité 2015-2016 *en QCM*, Ellipses, 2014.

Francis Fukuyama, « La fin de l'histoire ? », *Commentaire*, N° 47, automne 1989.

Francis Fukuyama, *La fin de l'histoire et le dernier homme*, Flammarion, 1992.

Samuel P. Huntington, *Le choc des civilisations*, Odile Jacob, 1997.

Robert Jackson, *Quasi-states: Sovereignty, International Relations and the Third World*, Cambridge University Press, 1990.

Henry Kissinger, *Diplomatie*, Fayard, 1996.

François-Charles Mougel, *Histoire des relations internationales. De la fin du XVIIIe siècle à l'aube du IIIe millénaire*, Ellipses, 2013.

François-Charles Mougel et Séverine Pacteau, *Histoire des relations internationales de 1815 à nos jours*, Collection Que sais-je ?, PUF, 2012.

Joseph Nye, *Bound to Lead: The Changing Nature of American Power*, Basic Books, 1990.

Joseph Nye, *Soft Power. The Means to Success in World Politics*, Public Affairs, 2004.

Joseph Nye, *The Future of Power*, Public Affairs, 2010.

Georges-Henri Soutou, *La Guerre froide 1943-1990*, Fayard/Pluriel, 2011.

Maurice Vaïsse, *Les relations internationales depuis 1945*, Armand Colin, 2011, 12e édition.

Fareed Zakaria, *Le monde post-américain*, Perrin, 2011.

Rapports

Ernst & Young, *Soft Power Index* – http://emergingmarkets.ey.com/wp-content/uploads/downloads/2012/05/TBF-606-Emerging-markets-soft-power-index-2012_LR.pdf

Institute for Government, *Global Ranking of Soft Power* – www.instituteforgovernment.org.uk/sites/default/files/publications/The%20New%20PersuadersII_0.pdf

OCDE, *Perspectives du développement mondial 2010. Le basculement de la richesse*, 2010.

Jim O'Neill, « Building Better Global Economic BRICs », *Global Economics Paper N°:66*, Goldman Sachs, 2001 – www.goldmansachs.com/our-thinking/archive/archive-pdfs/build-better-brics.pdf

John Williamson, « What Washington Means by Policy Reform? », *Institute for International Economics (IIE)*, November 1989.

James Wolfensohn, « Beyond East-West, North-South: Peace and Prosperity in a Four Speed World », Conférence du 3 mars 2008 présentée à Bangkok

Sites internet

Centre virtuel de la connaissance sur l'Europe – Partie historique – www.cvce.eu/collections/unit-content/-/unit/02bb76df-d066-4c08-a58a-d4686a3e68ff

Cold War Museum – www.coldwar.org/

Failed States Index (Fund for Peace) - http://ffp.statesindex.org/

Librairie du Congrès – Dossier sur l'URSS - http://lcweb2.loc.gov/frd/cs/sutoc.html

Mémorial de Caen – Partie consacrée à la guerre froide et à la fin de la guerre froide – www.memorial-caen.fr/guerre-froide/

Site internet consacré à la guerre froide – www.guerrefroide.net/

Site de la ville de Berlin – Chute du mur de Berlin – www.berlin.de/mauer/oeffnung/index.fr.html

Toute l'Europe – Partie historique – www.touteleurope.eu/fr/histoire/dates-cles.html

Université de Toronto, *BRICS Information Centre* – www.brics.utoronto.ca/

Droit international et organisations internationales

Principaux ouvrages

Droit international

Jean Combacau et Serge Sur, *Droit international public*, Montchrestien, 2012, 10e édition.

Pierre-Marie Dupuy et Yann Kerbrat, *Droit international public*, Dalloz-Sirey, 2012, 11e édition.

Emmanuelle Tourme-Jouannet, *Le droit international*, Collection « Que sais-je ? », PUF, 2013.

Jean-Claude Zarka, *Droit international public*, Ellipses, 2011, 2e édition.

Organisations internationales

Jean Charpentier et Batyah Sierpinsky, *Institutions internationales*, Dalloz-Sirey, 2012.

Guillaume Devin et Marie-Claude Smouts, *Les organisations internationales*, Armand Colin, 2011.

Frédérique Mestre-Lafay, *L'ONU*, Collection « Que sais-je ? », PUF, 2013.

Mwayila Tshiyembe, *Organisations internationales : Théorie générale et étude de cas,* L'Harmattan, 2012.

Jean-Claude Zarka, *Institutions internationales*, Ellipses, 2011, 5e édition.

Union européenne

Collectif, *Dictionnaire critique de l'Union européenne*, Armand Colin, 2008.

Yves Bertoncini et Thierry Chopin, *Politique européenne. États, pouvoirs et citoyens de l'Union européenne*, Presses de Sciences Po et Dalloz-Sirey, 2010.

Laurent Coutron, Marion Gaillard et Philippe Tronquoy, *L'Union européenne. Institutions et politiques*, La Documentation française, 2008, 2e édition.

Yves Doutriaux et Christian Lequesne, *Les institutions de l'Union européenne après le traité de Lisbonne*, La Documentation française, 2013, 9e édition.

Pascal Fontaine, *L'Union européenne. Histoire, institutions, politiques*, Points, 2012.

Sylvie Goulard, *L'Europe pour les Nuls*, Éditions générales First, 2009.

Thurian Jouno (dir.), *Questions européennes. Le droit et les politiques de l'Union*, PUF, 2009.

Maxime Lefebvre, *La construction de l'Europe et l'avenir des nations*, Armand Colin, 2013.

Paul Magnette, *Le régime politique de l'Union européenne*, 3e édition, Presses de Sciences Po, 2009.

Frédéric Mérand et Julien Weisbein, *Introduction à l'Union européenne. Institutions, politique et société*, De Boeck, 2010.

Autres

Johan Kaufmann, *Conference Diplomacy: An Introductionary Analysis*, Martinus Nijhoff, 1988.

Philippe Ryfman, *Les ONG*, Éditions La Découverte, 2009.

Principaux textes juridiques internationaux

Charte des Nations Unies – www.un.org/fr/documents/charter/index.shtml

Convention de Vienne sur les droits des traités – http://legal.un.org/ilc/texts/instruments/francais/traites/1_1_1969_francais.pdf

Convention pour la prévention et la répression du crime de génocide – www2.ohchr.org/french/law/genocide.htm

Conventions de Genève – www.cicr.org/fre/war-and-law/treaties-customary-law/geneva-conventions/index.jsp

Statut de Rome instituant la Cour pénale internationale - http://untreaty.un.org/cod/icc/statute/french/rome_statute%28f%29.pdf

Statut du Tribunal militaire international de Nuremberg – www.icrc.org/dih.nsf/FULL/350

Rapport

Gouvernance mondiale, Rapport du Conseil d'analyse économique, 37, La Documentation française, 2002 – www.ladocumentationfrancaise.fr/rapports-publics/024000230/index.shtml

Sites internet

Centre virtuel de la connaissance sur l'Europe – www.cvce.eu/

Dossier de la Documentation française sur « L'ONU, acteur de la paix dans le monde » – www.ladocumentationfrancaise.fr/dossiers/maintien-paix/index.shtml

Dossier de la Documentation française sur les Organisations internationales de développement – www.ladocumentationfrancaise.fr/dossiers/d000104-banque-mondiale-fmi-et-developpement/introduction

Dossier de la Fondation Robert Schuman consacré au traité de Lisbonne – www.robert-schuman.eu/fr/comprendre-le-traite-de-lisbonne

Eurostat (statistiques européennes) – http://epp.eurostat.ec.europa.eu/portal/page/portal/eurostat/home

Eurobaromètre (étude de l'opinion publique) – http://ec.europa.eu/public_opinion/index_fr.htm

Eurotopics – www.eurotopics.net/fr/presseschau/aktuell.html

Nations unies, *Objectifs du Millénaire pour le développement* – www.un.org/fr/millenniumgoals/

Toute l'Europe – www.touteleurope.eu/

Les principaux États dans le système international

Principaux ouvrages

États-Unis

Gérard Dorel, *Atlas de l'empire américain. États-Unis : géostratégie de l'hyperpuissance*, Éditions Autrement, 2006.

François Durpaire, *Histoire des États-Unis*, Collection Que sais-je ?, PUF, 2013.

François Durpaire et Thomas Snégaroff, *Les États-Unis pour les Nuls*, Éditions générales First, 2012.

Zaki Laïdi, *Le monde selon Obama*, Éditions Stock, 2010.

Yannick Mireur, *Le monde d'Obama*, Éditions Choiseul, 2011.

Joseph Nye, *Bound to Lead: The Changing Nature of American Power*, Basic Books, 1990.

Joseph Nye, *Soft Power. The Means to Success in World Politics*, Public Affairs, 2004.

Joseph Nye, *The Future of Power*, Public Affairs, 2010.

Jacques Portes, *Histoire des États-Unis de 1776 à nos jours*, Armand Colin, 2013, 2e édition

Olivier Richomme et Vincent Michelot (dir.) *Le bilan d'Obama*, Presses de Sciences Po, 2012.

Justin Vaïsse, *Barack Obama et sa politique étrangère (2008-2012)*, Odile Jacob, 2012.

Bob Woodward, *Les guerres d'Obama*, Éditions Denoël, 2011.

Fareed Zakaria, *Le monde post-américain*, Perrin, 2011.

Chine

Angélina Boulesteix, *La Chine pour les Nuls*, Éditions générales First, 2010.

Sébastien Colin *La Chine et ses frontières*, Armand Colin, 2011.

Jean-Luc Domenach, *Comprendre la Chine d'aujourd'hui*, Librairie académique Perrin, 2007.

François Godement, *Que veut la Chine ? De Mao au capitalisme*, Odile Jacob, 2012.

Thierry Sanjuan, *Atlas de la Chine. Un monde sous tension*, Éditions Autrement, 2013.

Article

Suzanne Nossel, « Smart Power », *Foreign Affairs*, mars-avril 2004.

Sites internet

États-Unis

La Maison blanche (*The White House*) – www.whitehouse.gov

Le Département d'État (*US Department of State*) – www.state.gov

Le Département de la défense (*US Department of Defense*) – www.defense.gov

Le Conseil National de Sécurité (*National Security Council*) – www.whitehouse.gov/nsc/index.html

The Library of Congress – www.loc.gov/index.html

Archives des documents historiques des États-Unis – www.archives.gov/exhibits/charters/constitution.html

Brookings Institution (*think tank*) – www.brookings.edu

Council on Foreign Relations (*think tank*) – www.cfr.org

Chicago Council on Foreign Relations (*think tank*) – www.thechicagocouncil.org

Institute for International Economics (*think tank*) – www.iie.com

Chine

Présentation de la Chine (données générales, politique intérieure, situation économique, politique extérieure), ministère français des Affaires étrangères – www.diplomatie.gouv.fr/fr/pays-zones-geo/chine/presentation-de-la-chine/

Dossier de la Documentation française sur les BRICS – www.ladocumentationfrancaise.fr/dossiers/d000534-l-emergence-des-brics-focus-sur-l-afrique-du-sud-et-le-bresil/introduction

Conflits et tensions dans le monde

Ouvrages

Pascal Boniface et Hubert Védrine, *Atlas des crises et des conflits*, Armand Colin, 2009.

Amaël Cattaruzza, *Atlas des guerres et conflits. Un tour du monde géopolitique*, Éditions Autrement, 2014.

Georges Corm, *Le Proche-Orient éclaté. 1956-2012*, tomes 1 et 2, Folio, 2012.

Alexandre Defay, *Géopolitique du Proche-Orient*, Collection Que sais-je ?, PUF, 2013.

Mathieu Guidère, *Atlas des pays arabes. Des révolutions à la démocratie ?*, Éditions Autrement, 2012.

Thomas Lindemann, *La guerre. Théories, causes, règlements*, Armand Colin, 2010.

Béligh Nabli, *Comprendre le monde arabe*, Armand Colin, 2013.

Bruno Tertrais, *Atlas militaire et stratégique*, Éditions Autrement, 2008.

Bruno Tertrais, *La guerre*, Collection Que sais-je ?, PUF, 2010.

Principaux textes

Charte des Nations Unies – www.un.org/fr/documents/charter/

Pacte Briand-Kellogg - http://mjp.univ-perp.fr/traites/1928briand-kellogg.htm

Pacte de la Société des Nations - http://mjp.univ-perp.fr/traites/sdn1919.htm

Traité de l'Atlantique Nord – www.nato.int/cps/fr/natolive/official_texts_17120.htm

Sites internet

Center for Systemic Peace – www.systemicpeace.org/

Child Soldiers International (coalition pour stopper le recours aux enfants-soldats) – www.child-soldiers.org

Groupe de recherche et d'information sur la paix et la sécurité (GRIP) – www.grip.org/

Heidelberg Institute for International Conflict Research (HIIK) - Conflict Barometer - http://hiik.de/en/konfliktbarometer/index.html

Human Security Report Project – www.hsrgroup.org/

International Crisis Group (ICG) – www.crisisgroup.org/fr.aspx

Opérations de maintien de la paix des Nations Unies – www.un.org/fr/peacekeeping/

La Responsabilité de protéger, Représentation permanente de la France auprès des Nations unies – www.franceonu.org/la-france-a-l-onu/dossiers-thematiques/droits-de-l-homme-etat-de-droit/la-responsabilite-de-proteger/la-france-a-l-onu/dossiers-thematiques/droits-de-l-homme-etat-de-droit/la-responsabilite-de-proteger/article/la-responsabilite-de-proteger

Stockholm International Peace Research Institute (SIPRI) – www.sipri.org/

Université d'Uppsala - Uppsala Conflict Encyclopedia – www.pcr.uu.se/research/ucdp/datasets/

Les principales menaces pour l'ordre international

Ouvrages

Jean-Michel Dasque, *Géopolitique du terrorisme*, Ellipses, 2013.

Gilles Ferragu, *Histoire du terrorisme*, Librairie académique Perrin, 2014.

Jean-Pierre Filiu, *La Véritable histoire d'Al-Qaida*, Fayard/Pluriel, 2011.

Gilles Kepel, *Jihad*, Folio, 2003.

Olivier Roy, *Généalogie de l'islamisme*, Fayard/Pluriel, 2011.

Olivier Roy, *L'Islam mondialisé*, Seuil 2004.

Principaux textes

Convention sur l'interdiction des armes biologiques ou à toxines – www.un.org/fr/disarmament/instruments/btwc.shtml

Convention sur l'interdiction des armes chimiques – www.un.org/fr/disarmament/instruments/cwc.shtml

Traité concernant la limitation des systèmes antimissiles balistiques (ABM) – www.un.org/fr/disarmament/instruments/abmt.shtml

Traité de limitation des armes stratégiques (SALT) – www.un.org/fr/disarmament/instruments/salt2.shtml

Traité sur l'interdiction complète des essais nucléaires (TICE) – www.un.org/fr/disarmament/instruments/ctbt.shtml

Traité sur la non-prolifération des armes nucléaires (TNP) – www.un.org/fr/disarmament/instruments/npt.shtml

Traité sur la réduction et la limitation des armements stratégiques offensifs (START) – www.un.org/fr/disarmament/instruments/start1.shtml

Sites internet

Dossier de la Documentation française sur « Armement et désarmement nucléaires » – www.ladocumentationfrancaise.fr/dossiers/nucleaire/index.shtml

Agence internationale de l'énergie atomique (AIEA) – www.iaea.org/

Organisation pour l'interdiction des armes chimiques (OIAC) – www.opcw.org/fr/

Département d'État des États-Unis – Descriptif des différents groupes terroristes – www.state.gov/j/ct/rls/crt/2011/195553.htm

François-Bernard Huyghe (définitions du terrorisme) – http://fr.scribd.com/doc/63181565/Terrorisme-definition-communication-strategie

Liste de groupes terroristes établie par le Conseil de l'Union européenne - http://eur-lex.europa.eu/LexUriServ/LexUriServ.do?uri=OJ:L:2011:028:0057:01:FR:HTML

Liste de groupes terroristes établie par le Département d'État des États-Unis – www.state.gov/j/ct/rls/other/des/123085.htm

Rand Database of Worldwide Terrorism Incidents – www.rand.org/nsrd/projects/terrorism-incidents.html

Stockholm International Peace Research Institute, World nuclear forces, SIPRI Yearbook 2013 – www.sipri.org/yearbook/2013/06

Terrorism Research – www.terrorism-research.com/

Zones exemptes d'armes nucléaires (ZEAN) – www.un.org/fr/disarmament/wmd/nuclear/free.shtml

Rapport

Rapport de la Commission sur le 11-Septembre – www.9-11commission.gov/report/911Report.pdf

WEBOGRAPHIE DES PRINCIPAUX ACTEURS DES RELATIONS INTERNATIONALES

Organisations intergouvernementales

Système des Nations unies

ONU : Organisation des Nations unies – www.un.org/fr/
- Présentation de l'ONU : www.un.org/fr/aboutun/index.shtml
- La Charte des Nations unies : www.un.org/fr/documents/charter/index.shtml
- Liste des Etats-membres : www.un.org/fr/members/

AGNU : Assemblée générale des Nations unies – www.un.org/fr/ga/
- Présentation de l'AGNU : www.un.org/fr/ga/about/

CSNU : Conseil de sécurité des Nations unies – www.un.org/fr/sc/
- Présentation du CSNU : www.un.org/fr/sc/about/
- Présentation des Etats-membres du CSNU : www.un.org/fr/sc/members/

Secrétariat des Nations unies – www.un.org/fr/mainbodies/secretariat/

CIJ : Cour internationale de justice – www.icj-cij.org/homepage/index.php?&lang=fr

Conseil de tutelle des Nations unies – www.un.org/fr/mainbodies/trusteeship/

ECOSOC : Conseil économique et social des Nations Unies – www.un.org/fr/ecosoc/

Maintien de la paix : www.un.org/fr/peacekeeping/

Opération de maintien de la paix de l'ONU : www.un.org/fr/peacekeeping/operations/index.shtml
- DOMP : Département des opérations de maintien de la paix – www.un.org/fr/peacekeeping/about/dpko/

Institutions spécialisées des Nations unies

- Présentation générale : www.un.org/french/aboutun/uninbrief/institutions.shtml

FAO : Organisation des Nations Unies pour l'alimentation et l'agriculture – www.fao.org/home/fr/

FIDA : Fonds international de développement agricole – www.ifad.org/

FMI : Fonds monétaire international – www.imf.org/external/french/index.htm
- Présentation du FMI : www.imf.org/external/np/exr/facts/fre/glancef.htm

Groupe de la Banque mondiale – www.banquemondiale.org/

- Présentation de la Banque mondiale : www.banquemondiale.org/fr/about
- AID : Association internationale de développement – www.banquemondiale.org/ida/
- AMGI : Agence multilatérale de garantie des investissements – www.miga.org/
- BIRD : Banque internationale pour la reconstruction et le développement - http://web.worldbank.org/WBSITE/EXTERNAL/ACCUEILEXTN/EXTABTUSFRENCH/EXTBIRDFRENCH/0,,menuPK:4410227~pagePK:64168427~piPK:64168435~theSitePK:4410187,00.html
- CIRDI : Centre international pour le règlement des différends relatifs aux investissements - https://icsid.worldbank.org/ICSID/Index.jsp
- SFI : Société financière internationale – www.ifc.org/wps/wcm/connect/Multilingual_Ext_Content/IFC_External_Corporate_Site/Home_FR

OACI : Organisation de l'aviation civile internationale – www.icao.int/Pages/FR/default_FR.aspx

OIT : Organisation internationale du travail – www.ilo.org/global/lang--fr/index.htm

OMI : Organisation maritime internationale – www.imo.org/Pages/home.aspx

OMPI : Organisation mondiale de la propriété intellectuelle – www.wipo.int/portal/fr/

OMS : Organisation mondiale de la santé – www.who.int/fr/

OMT : Organisation mondiale du tourisme – www2.unwto.org/fr

ONUDI : Organisation des Nations unies pour le développement industriel – www.unido.org/

UIT : Union internationale des télécommunications – www.itu.int/fr/Pages/default.aspx

UNESCO : Organisation des Nations unies pour l'éducation, la science et la culture - http://fr.unesco.org/

UPU : Union postale universelle – www.upu.int/fr.html

Autres organisations appartenant au système des Nations unies

AIEA : Agence internationale de l'énergie atomique – www.iaea.org/

CDH : Conseil des droits de l'homme – www.ohchr.org/FR/HRbodies/HRC/Pages/HRCIndex.aspx

CNUCED : Conférence des Nations Unies sur le commerce et le développement - http://unctad.org/fr/pages/home.aspx

CTBTO : Organisation du traité d'interdiction complète des essais nucléaires – www.ctbto.org/

OIAC : Organisation pour l'interdiction des armes chimiques – www.opcw.org/fr/

ONU-Habitat : Programme des Nations unies pour les établissements humains – www.un-habitat.org/categories.asp?catid=9

ONUSIDA : www.unaids.org/fr/

PNUD : Programme des Nations Unies pour le développement – www.undp.org/content/undp/fr/home.html

PNUE : Programme des Nations unies pour l'environnement – www.unep.org/french/

PAM : Programme alimentaire mondial - http://fr.wfp.org/

TPIY : Tribunal pénal international pour l'ex-Yougoslavie – www.icty.org/

TPIR : Tribunal pénal international pour le Rwanda – www.unictr.org/

UNFPA : Fonds des Nations unies pour la population – www.unfpa.org/help/sitemap/fr/index.html

UNHCR : Haut Commissariat des Nations Unies pour les réfugiés – www.unhcr.fr/cgi-bin/texis/vtx/home

UNICEF : Fonds des Nations unies pour l'enfance – www.unicef.org/french/

Autres institutions économiques internationales

AIE : Agence internationale de l'énergie – www.iea.org/

BRI : Banque des règlements internationaux – www.bis.org/

OCDE : Organisation de coopération et de développement économiques – www.oecd.org/fr/

OMC : Organisation mondiale du commerce – www.wto.org/indexfr.htm

- Présentation de l'OMC : www.wto.org/french/thewto_f/whatis_f/whatis_f.htm

OPEP : Organisation des pays exportateurs de pétrole – www.opec.org/opec_web/en/

ORD : Organe de règlement des différends – www.wto.org/french/tratop_f/dispu_f/dispu_f.htm

Autres organisations internationales

BIPM : Bureau international des poids et mesures – www.bipm.org/

CPI : Cour pénale internationale – www.icc-cpi.int/fr_menus/icc/Pages/default.aspx

UIA : Union of International Associations – www.uia.be/

Groupes informels

G8 : Groupe des huit pays les plus industrialisés

– G8 Information Centre : www.g8.utoronto.ca/

G20 : Groupe des vingt principales économies développées et émergentes – www.g20.org/

G90 : Groupe des quatre-vingt-dix pays les plus pauvres

Organisations continentales et régionales

Organisations continentales et transcontinentales

ACP : Groupe des États d'Afrique, des Caraïbes et du Pacifique – www.acp.int/fr

Commonwealth : www.thecommonwealth.org/

Communauté du Pacifique – www.spc.int/fr.html

Conseil de l'Europe - http://hub.coe.int/fr/

– CEDH : Cour européenne des droits de l'homme – www.echr.coe.int/Pages/home.aspx?p=home&c=fra

LEA : Ligue des États arabes – www.arableagueonline.org/

OEA : Organisation des États américains – www.oas.org/fr/

– Sommet des Amériques : www.summit-americas.org/default_en.htm

OIF : Organisation internationale de la Francophonie – www.francophonie.org/

UA : Union africaine – www.au.int/fr/

Organisations régionales

ALADI : Association latino-américaine d'intégration – www.aladi.org/

ALBA : Alliance bolivarienne pour les peuples de notre Amérique – www.alianzabolivariana.org/

ALENA : Accord de libre-échange nord-américain – www.nafta-sec-alena.org/Default.aspx?tabid=141&language=fr-CA

ARF : Forum régional de l'ASEAN - http://aseanregionalforum.asean.org/

ASEAN : Association des nations du Sud-Est asiatique – www.aseansec.org/

CEI : Communauté des États indépendants – www.cis.minsk.by/

CGC : Conseil de coopération des États arabes du Golfe – www.gcc-sg.org/eng/

Communauté andine : www.comunidadandina.org/

OSC : Organisation de coopération de Shanghai – www.sectsco.org/EN123/

SAARC : Association d'Asie du Sud pour la coopération régionale – www.saarc-sec.org/

UMA : Union du Maghreb arabe – www.maghrebarabe.org/fr/

UNASUR : Union des nations sud-américaines – www.unasursg.org/

Institutions européennes

AELE : Association européenne de libre-échange – www.efta.int/

CCE : Cour des comptes européenne – www.eca.europa.eu/Pages/Splash.aspx

CJUE : Cour de justice de l'Union européenne - http://curia.europa.eu/jcms/jcms/j_6/

Commission européenne - http://ec.europa.eu/index_fr.htm

Conseil européen – www.european-council.europa.eu/home-page.aspx?lang=fr

CUE : Conseil de l'Union européenne – www.consilium.europa.eu/homepage.aspx?lang=fr

OSCE : Organisation pour la sécurité et la coopération en Europe – www.osce.org/

PE : Parlement européen – www.europarl.europa.eu/portal/fr

UE : Union européenne - http://europa.eu/index_fr.htm

Organisations économiques régionales

APEC : Forum de coopération économique Asie-Pacifique – www.apec.org/

BAD : Banque africaine de développement – www.afdb.org/fr/

BASD : Banque asiatique de développement – www.adb.org/

BCE : Banque centrale européenne – www.ecb.europa.eu/home/html/index.en.html

BEI : Banque européenne d'investissement – www.eib.org/?lang=fr

BERD : Banque européenne pour la reconstruction et le développement - http://fr.ebrd.com/pages/homepage.shtml

BID : Banque interaméricaine de développement – www.iadb.org/fr/banque-interamericaine-de-developpement,2837.html

BID : Banque islamique de développement – www.isdb.org/irj/portal/anonymous

CARICOM : Communauté caribéenne – www.caricom.org/

CEDEAO : Communauté économique des États d'Afrique de l'Ouest – www.ecowas.int/?lang=fr

CEEA : Communauté économique eurasienne

CEMAC : Communauté économique et monétaire de l'Afrique centrale – www.cemac.int/

Mercosur : Marché commun du Sud – www.mercosur.int/

SACU : Union douanière d'Afrique australe – www.sacu.int/

SADC : Communauté de développement d'Afrique australe – www.sadc.int/

UEMOA : Union économique et monétaire ouest-africaine – www.uemoa.int/Pages/Home.aspx

Autres institutions internationales

Groupe des 77 : www.g77.org/

MNA : Mouvement des Non-alignés

OCI : Organisation de la coopération islamique – www.oic-oci.org/oicv2/home/?lan=fr

OTAN : Organisation du traité de l'Atlantique Nord – www.nato.int/cps/fr/natolive/index.htm

Ministères des Affaires étrangères et de la Défense des principaux États

États-Unis

- Département d'État – www.state.gov/
- Département de la Défense – www.defense.gov/

Chine

- Ministère des Affaires étrangères – www.fmprc.gov.cn/fra/
- Ministère de la Défense nationale – http://eng.mod.gov.cn/

Russie

- Ministère Affaires étrangères – www.mid.ru/brp_4.nsf/main_eng
- Ministère de la Défense - http://mil.ru/

Allemagne

- Ministère des Affaires étrangères – www.auswaertiges-amt.de/EN/Startseite_node.html
- Ministère de la Défense – www.bmvg.de/portal/a/bmvg/!ut/p/c4/04_SB8K8xLLM9MSSzPy8xBz9CP3I5EyrpHK9pNyydP1wkHxOun5kap5-QW6uIwDwHf6z/

Brésil

- Ministère des relations extérieures – www.itamaraty.gov.br/
- Ministère de la Défense – www.brazildefence.com/

France

- Ministère des Affaires étrangères – www.diplomatie.gouv.fr/fr/

- Ministère de la Défense – www.defense.gouv.fr/

Inde

- Ministère des Affaires externes – www.mea.gov.in/
- Ministère de la Défense - https://mod.nic.in/

Japon

- Ministère des Affaires étrangères – www.mofa.go.jp/
- Ministère de la Défense – www.mod.go.jp/e/

Royaume-Uni

- Ministère des Affaires étrangères – www.gov.uk/government/organisations/foreign-commonwealth-office
- Ministère de la Défense – www.gov.uk/government/organisations/ministry-of-defence

Organisations internationales non gouvernementales

Action Aid International – www.actionaid.org/

Amnesty International – www.amnesty.org/fr

Care – www.carefrance.org/

Caritas International : www.caritas-int.be/fr/

CCFD : Comité catholique contre la faim et pour le développement - http://ccfd-terresolidaire.org/

CES : Confédération européenne des syndicats – www.etuc.org/fr

CICR : Comité international de la Croix rouge – www.cicr.org/fre/

CSI : Confédération syndicale internationale – www.ituc-csi.org/about-us.html?lang=fr

FIDH : Fédération internationale des ligues des droits de l'homme – www.fidh.org/

Friends of the Earth - Les Amis de la Terre – www.amisdelaterre.org/

FSM : Forum social mondial – www.forumsocialmundial.org.br/index.php?cd_language=3&id_menu=

Greenpeace – www.greenpeace.org/france/fr/

HRW : Human Rights Watch – www.hrw.org/fr

La Via Campesina - http://viacampesina.org/fr/

MSF : Médecins sans frontières – www.msf.fr/

Oxfam International – www.oxfam.org/fr

WEF : Forum économique mondial – www.weforum.org/
WWF : World Wildlife Fund – www.wwf.fr/

Médias internationaux

Agences de presse

Agence France Presse – www.afp.com/
Agence Reuters - http://fr.reuters.com/
Associated Press – www.ap.org/

Télévisions

Al-Jazira – www.aljazeera.com/
BBC World News – www.bbc.co.uk/news/world/
CCTV International - http://fr.cntv.cn/
CNN International - http://edition.cnn.com/
Deutsche Welle – www.dw.de/actualit%C3%A9s/s-10261
Euronews - http://fr.euronews.com/
France 24 – www.france24.com/fr/
NHK World – www3.nhk.or.jp/nhkworld/french/top/
Russia Today TV - http://rt.com/

Presse écrite

Courrier International – www.courrierinternational.com/
Financial Times – www.ft.com/home/europe
International New York Times - http://international.nytimes.com/
The Economist – www.economist.com/
The Wall Street Journal - http://europe.wsj.com/home-page
Time Magazine – www.time.com/time/

Radios

BBC – www.bbc.co.uk/
Radio Canada International – www.rcinet.ca/fr/
Radio France Internationale – www.rfi.fr/
Radio Free Europe / Radio Liberty – www.rferl.org/
Voice of America – www.voanews.com/

Centres de recherche – Think tanks

Brookings Institution – www.brookings.edu/

CERI : Centre d'études et de recherches internationales – www.sciencespo.fr/ceri/fr

CFR : Council on Foreign Relations – www.cfr.org/

CSIS : Center for Strategic and International Studies – http://csis.org/

DGAP : Deutsche Gesellschaft für Auswärtige Politik e.V. – https://dgap.org/de

ECFR : European Council on Foreign Relations – http://ecfr.eu/

ICG : International Crisis Group – www.crisisgroup.org/fr.aspx

IFRI : Institut français des relations internationales – www.ifri.org/

IIE : Peterson Institute for International Economics – www.iie.com/

IISS : International Institute for Strategic Studies – www.iiss.org/

IRIS : Institut de relations internationales et stratégiques – www.iris-france.org/

RIIA : Royal Institute of International Affairs – www.chathamhouse.org/

SIPRI : Stockholm International Peace Research Institute – www.sipri.org/

SWP : Stiftung Wissenschaft und Politik – www.swp-berlin.org/

LISTE DES SIGLES ET ACRONYMES MENTIONNÉS DANS L'OUVRAGE

A

AAA : meilleure notation des agences de notation
ABC : armes atomiques, biologiques, chimiques
ABM : traité concernant la limitation des systèmes antimissiles balistiques
ACP : Groupe des États d'Afrique, des Caraïbes et du Pacifique
ADM : arme de destruction massive
AFDL : Alliance des forces démocratiques pour la libération du Zaïre
AGNU : Assemblée générale des Nations unies
AGTC : Accord général sur les tarifs douaniers et le commerce - voir aussi GATT
AI : Amnesty International
AID : Association internationale de développement
AIE : Agence internationale de l'énergie
AIEA : Agence internationale de l'énergie atomique
ALBA : Alliance bolivarienne pour les peuples de notre Amérique
ALENA : Accord de libre-échange nord-américain
ALS : Armée de libération du Soudan (Darfour)
AMGI : Agence multilatérale de garantie des investissements
APEC : Forum de coopération économique Asie-Pacifique
AQ : Al-Qaïda
AQI : Al-Qaïda en Irak
AQMI : Al-Qaïda au Maghreb islamique
ARF : Forum régional de l'ASEAN
ARYM : Ancienne république yougoslave de Macédoine
ASEAN : Association des nations du Sud-Est asiatique
ASL : Armée syrienne libre

B

BAD : Banque africaine de développement
BASD : Banque asiatique de développement
BCE : Banque centrale européenne
BEI : Banque européenne d'investissement
BERD : Banque européenne pour la reconstruction et le développement
BID : Banque interaméricaine de développement
BID : Banque islamique de développement

BIPM : Bureau international des poids et mesures

BIRD : Banque internationale pour la reconstruction et le développement

BRI : Banque des règlements internationaux

BRICS : Brésil, Russie, Inde, Chine, Afrique du Sud

C

CAB : Convention sur les armes biologiques

CAEM : Conseil d'assistance économique mutuelle (plus connu à travers le sigle anglais COMECON)

CBRN : agents chimiques, biologiques, radiologiques, nucléaires

CCE : Cour des comptes européenne

CDH : Conseil des droits de l'homme

CEEA : Communauté européenne de l'énergie atomique

CECA : Communauté européenne du charbon et de l'acier

CED : Communauté européenne de défense

CÉDÉAO : Communauté économique des États d'Afrique de l'Ouest

CEDH : Cour européenne des droits de l'homme

CEE : Communauté économique européenne

CGC : Conseil de coopération des États arabes du Golfe

CIAC : Convention sur l'interdiction des armes chimiques

CICR : Comité international de la Croix rouge

CIJ : Cour internationale de justice

CIRDI : Centre international pour le règlement des différends relatifs aux investissements

CJUE : Cour de justice de l'Union européenne

CNN : Cable News Network

CNS : Conseil national syrien

CNT : Conseil national de transition (Libye)

CNUCED : Conférence des Nations unies sur le commerce et le développement

Cocovinu : Commission de contrôle, de vérification et d'inspection des Nations unies (Irak)

CPI : Cour pénale internationale

CSNU : Conseil de sécurité des Nations unies

CUE : Conseil de l'Union européenne

D

DIP : droit international public

E

EAU : Émirats arabes unis
Ecofin : Conseil pour les affaires économiques et financière (Union européenne)
ECOSOC : Conseil économique et social des Nations Unies
EDAN : États dotés d'armes nucléaires
ENDAN : États non dotés d'armes nucléaires
ETA : Patrie basque et liberté
Euratom : voir CEEA

F

FAO : Organisation des Nations Unies pour l'alimentation et l'agriculture
FAR : Forces armées rwandaises
FARC : Forces armées révolutionnaires de Colombie
FCE : Traité sur les forces armées conventionnelles en Europe
FLNC : Front de libération nationale de la Corse
FLP : Front de libération de la Palestine
FMI : Fonds monétaire international
FMN : Firmes multinationales
FN : Forces nouvelles (Côte d'Ivoire)
FNI : Traité sur les forces nucléaires à portée intermédiaire
Forpronu : Force de protection des Nations unies (ex-Yougoslavie)
FPLP : Front populaire de libération de la Palestine
FPR : Front patriotique rwandais
FSB : Service fédéral de sécurité de la Fédération de Russie
FUNU : Force d'urgence des Nations Unies (Proche-Orient)

G

G8 : Groupe des huit pays les plus industrialisés
G20 : Groupe des vingt principales économies développées et émergentes
G90 : Groupe des quatre-vingt-dix pays les plus pauvres
GATT : General Agreement on Tariffs and Trade - voir aussi AGTC
GBM : Groupe de la Banque mondiale
GIA : Groupe islamique armé (Algérie)
GPS : Global Positioning System
GSPC : Groupe salafiste pour la prédication et le combat

H

Hamas : Mouvement de la résistance islamique (territoires palestiniens)
HCR : voir UNHCR
Hezbollah : Parti de Dieu (Liban)
HRW : Human Rights Watch

I

ICBM : missile balistique intercontinental
IDE : investissements directs étrangers
IFI : institutions financières internationales
IFOR : Implementation Force (Bosnie)
IRA : Armée républicaine irlandaise
ISAF : Force internationale d'assistance à la sécurité (Afghanistan)

K

KFOR : Kosovo force (force internationale de maintien de la paix au Kosovo)

L

LEA : Ligue des États arabes
LTTE : Tigres de libération de l'Eelam tamoul

M

Mercosur : Marché commun du Sud
MINUAD : Mission des Nations unies et de l'Union africaine au Darfour
MINUK : Mission d'administration intérimaire des Nations unies au Kosovo
Minusma : Mission intégrée des Nations unies pour la stabilisation au Mali
Misma : Mission internationale de soutien au Mali
MJE : Mouvement pour la justice et l'égalité (Darfour)
MNA : Mouvement des Non-alignés
MNLA : Mouvement national de libération de l'Azawad
MSF : Médecins sans frontières
Mujao : Mouvement pour l'unicité et le Jihad en Afrique de l'Ouest

N

NASDAQ : National Association of Securities Dealers Automated Quotation System
NBC : armes nucléaires, biologiques, chimiques
NOEI : Nouvel ordre économique international

NOMIC : Nouvel ordre mondial de l'information et de la communication
NPF : clause de la nation la plus favorisée
NSA : Agence nationale de sécurité (États-Unis)
NYSE : New York Stock Exchange (Wall Street)

O

OCDE : Organisation de coopération et de développement économiques
OI : organisation internationale
OIAC : Organisation pour l'interdiction des armes chimiques
OIC : Organisation internationale du commerce
OIF : Organisation internationale de la Francophonie
OIG : organisation intergouvernementale
OING : organisation internationale non gouvernementale
OIT : Organisation internationale du travail
OLP : Organisation de libération de la Palestine
OMC : Organisation mondiale du commerce
OMD : Objectifs du Millénaire pour le développement
OMP : opérations de maintien de la paix
OMS : Organisation mondiale de la santé
OMT : Organisation mondiale du tourisme
ONG : organisation non gouvernementale
ONU : Organisation des Nations unies
ONUCI : Opération des Nations unies en Côte d'Ivoire
ONUST : Organisme des Nations unies chargé de la surveillance de la trêve en Palestine
OPEP : Organisation des pays exportateurs de pétrole
ORD : Organe de règlement des différends
OSC : Organisation de coopération de Shanghai
OSCE : Organisation pour la sécurité et la coopération en Europe
OTAN : Organisation du traité de l'Atlantique Nord

P

P5 : cinq membres permanents du Conseil de sécurité des Nations unies
PCUS : Parti communiste de l'Union soviétique
PE : Parlement européen
PED : pays en développement
PESC : Politique étrangère et de sécurité commune (Union européenne)
PGDC : principes généraux du droit communautaire

PIB : produit intérieur brut
PKK : Parti des travailleurs du Kurdistan
PMA : pays les moins avancés
PNUD : Programme des Nations unies pour le développement
PSRS : Parti socialiste révolutionnaire somalien

R

RDA : République démocratique allemande
RDC : République démocratique du Congo
RFA : République fédérale d'Allemagne
RPC : République populaire de Chine
RPDC : République populaire démocratique de Corée (Corée du Nord)
RTCN : République turque de Chypre du Nord

S

SALT : Traité de limitation des armes stratégiques
SDN : Société des Nations
SFI : Société financière internationale
SNM : Mouvement national somalien (Somaliland)
START : Traité sur la réduction et la limitation des armements stratégiques offensifs

T

TCE : Traité constitutionnel européen ou traité établissant une Constitution pour l'Europe
TFUE : Traité sur le fonctionnement de l'Union européenne
TICE : Traité d'interdiction complète des essais nucléaires
TNP : Traité sur la non-prolifération des armes nucléaires
TPIY : Tribunal pénal international pour l'ex-Yougoslavie
TPIR : Tribunal pénal international pour le Rwanda
Tsahal : force de défense d'Israël
TUE : Traité sur l'Union européenne

U

UA : Union africaine
UÇK : Armée de Libération du Kosovo
UD : union douanière
UE : Union européenne
UEM : Union économique et monétaire (UE)

UIT : Union internationale des télécommunications

UNESCO : Organisation des Nations unies pour l'éducation, la science et la culture

UNHCR : Haut Commissariat des Nations Unies pour les réfugiés

UNMOGIP : Groupe d'observateurs militaires des Nations unies pour l'Inde et le Pakistan

Unscom : Commission spéciale des Nations unies (Irak)

UPU : Union postale universelle

URSS : Union des républiques socialistes soviétiques

W

WTC : World Trade Center

WWF : World Wildlife Fund

WWW : World Wide Web

Z

ZEAN : zones exemptes d'armes nucléaires

ZEE : zone économique exclusive

ZLE : zone de libre-échange

Réponses aux questions

Chapitre I

Question 1 : Même si les historiens ne sont pas tous d'accord, on estime généralement que la guerre froide se situe entre 1947 et 1991.

Question 2 : L'arme atomique possédée par les États-Unis et l'URSS et le risque de conflagration nucléaire qui en découle en cas de conflit entre eux dissuadent les deux Grands de s'affronter directement sur le plan militaire.

Question 3 : La crise de Cuba a été déclenchée par la réaction des États-Unis à la présence à Cuba de missiles soviétiques visant le territoire américain et à la pression qu'ils ont exercé sur l'URSS.

Question 4 : La Pologne, qui a organisé les premières élections libres en Europe de l'Est en juin 1989.

Question 5 : Non, la réunification ne s'est pas traduite par la constitution d'un nouvel État fédéral par la réunion de la RFA et de la RDA. Le territoire de l'ex-RDA a été tout simplement intégré à la RFA.

Chapitre II

Question 1 : Les États-Unis. L'expression a été employée par Madeleine Albright en 1998, alors qu'elle était la secrétaire d'État (ministre des Affaires étrangères) de l'administration Clinton.

Question 2 : Un nouvel ordre mondial.

Question 3 : Le clivage central dans le système international durant la période 1993-2007 est entre les États respectant la « norme internationale » et les États déviants (États « voyous » ou États « faillis »).

Question 4 : Le concept de « choc des civilisations ».

Question 5 : Brésil, Russie, Inde, Chine, Afrique du Sud.

Chapitre III

Question 1 : Une organisation politique et juridique, un territoire et une population.

Question 2 : Un État failli est un État qui n'est plus en mesure d'exercer son autorité sur son territoire et de fournir à la population qui s'y trouve un certain nombre de biens publics, en premier lieu la garantie de la sécurité physique.

Question 3 : Les concepts de *Hard Power* et de *Soft Power*.

Question 4 : Une vaste zone qui s'étend du Sahel au Pakistan en passant notamment par le Proche et le Moyen-Orient.

Question 5 : Le Sahara occidental, la Palestine, l'Abkhazie (en Géorgie) ou encore le Kosovo.

Chapitre IV

Question 1 : Les conventions de Vienne régissent le droit des traités.

Question 2 : Le *Jus Cogens* correspond aux normes impératives du droit international censées se situer, selon certains, au sommet des sources du droit international.

Question 3 : Les accords en forme simplifiée sont des accords internationaux conclus au nom des gouvernements qui ne font pas l'objet d'une ratification par le Parlement. Les accords en forme solennelle sont des accords conclus au nom du chef de l'État et qui doivent faire l'objet d'une ratification par le Parlement, comme les traités classiques.

Question 4 : Un génocide correspond à des actes commis dans l'intention d'exterminer les membres d'un groupe spécifique défini sur une base nationale, ethnique, sociale ou religieuse. On peut parler plus particulièrement de génocide à partir du moment où il y a eu une planification de la destruction systématique de ce groupe.

Question 5 : Les conventions de Genève de 1949 définissent le droit des conflits armés et notamment les crimes de guerre.

Chapitre V

Question 1 : Une organisation internationale non gouvernementale.

Question 2 : En 1945.

Question 3 : Assemblée générale, Conseil de sécurité, Secrétariat, Conseil économique et social, Conseil de tutelle et Cour internationale de justice.

Question 4 : Les décisions sur des questions de procédure sont prises par un vote affirmatif de 9 voix sur 15. Les décisions sur toutes autres questions nécessitent un vote affirmatif de 9 de ses membres, dont les voix des membres permanents.

Question 5 : Le Conseil de sécurité.

Chapitre VI

Question 1 : Le Fonds monétaire international et le Groupe de la Banque mondiale. Ces deux institutions ont des origines communes qui remontent à 1944, année durant laquelle s'est tenue la Conférence de Bretton Woods visant la mise en place de ces institutions financières internationales.

Question 2 : Les deux missions principales du FMI sont (1) accorder des prêts à des pays qui ont des difficultés de balance des paiements et (2) surveiller les politiques financières et économiques des États-membres afin d'assurer la stabilité du système économique mondial.

Question 3 : En 1995.

Question 4 : Les « *Rounds* » sont des cycles de négociations commerciales, qui se sont tenus d'abord dans le cadre du GATT et ensuite sous l'égide de l'OMC, réunissant toutes les parties contractantes dans le but de parvenir à des accords visant la réduction des droits de douane sur certaines marchandises et certains services.

Question 5 : Le G20 est un forum informel regroupant des États, à la fois développés et émergents, qui a été créé en 1999 dans le but de mettre en place une régulation financière susceptible de réduire les risques de crises financières et une nouvelle architecture financière internationale. Depuis 2008, les réunions du G20 se font au niveau des chefs d'État et de gouvernements en vue de faire face à la crise financière et économique mondiale.

Chapitre VII

Question 1 : L'UE a été créée en 1992 par la signature du traité de Maastricht.

Question 2 : Les critères de Copenhague sont les critères d'adhésion à l'UE qui ont été définis en 1993 lors du Conseil européen de Copenhague.

Question 3 : L'Autriche, la Finlande et la Suède ont adhéré à l'UE en 1995.

Question 4 : Le Conseil de l'Union européenne et le Parlement européen sont co-législateurs.

Question 5 : La principale différence est que le règlement fixe à la fois l'objectif et les moyens pour l'atteindre, tandis que la directive fixe l'objectif, mais laisse aux États-membres le choix des moyens pour pouvoir l'atteindre.

Chapitre VIII

Question 1 : Au 3e rang derrière la Chine et l'Inde.

Question 2 : La baisse de la part de l'économie américaine dans l'économie mondiale, le niveau très élevé de l'endettement public ou encore la perte du triple A des États-Unis en 2011.

Question 3 : La doctrine Bush caractérise la politique étrangère américaine après les attentats terroristes du 11 septembre 2001. Elle est basée sur la « guerre globale contre le terrorisme » destinée à combattre les terroristes, ainsi que tous les États soupçonnés de les soutenir en s'appuyant sur le « *hard power* » (recours à l'action militaire et à des interventions à l'étranger), la « guerre préventive » et une approche unilatéraliste.

Question 4 : Le « *smart power* » est la synthèse du « *hard power* » et du « *soft power* ». Le concept a été adopté par l'administration Obama et incorporé dans la stratégie de « *smart diplomacy* ».

Question 5 : La Russie.

Chapitre IX

Question 1 : La Chine est la 2de économie mondiale depuis qu'elle a dépassé le Japon en 2010.

Question 2 : La Chine est membre permanent du Conseil de sécurité de l'ONU. Elle dispose de l'une des armées les plus puissantes du monde avec le 2d budget militaire au monde ainsi que de l'arme nucléaire. Enfin, elle appartient aux principales institutions internationales.

Question 3 : Le concept d'émergence pacifique est le concept central de la politique extérieure chinoise. Il vise à rassurer les États qui craignent les conséquences de la montée en puissance de la Chine en montrant que les intentions de Pékin sont pacifiques et que l'émergence du pays ne contribuera pas à déstabiliser le système international.

Question 4 : Les Chinois estiment avoir été les victimes de 150 années d'humiliations de la part des Occidentaux et du Japon alors que le pays avant la Révolution industrielle était la première puissance économique mondiale et une puissance hégémonique en Asie.

Question 5 : Les nationalistes qui ont perdu la guerre civile face aux communistes en 1949 se sont réfugiés sur l'île de Formose en espérant reconquérir le continent. La République populaire de Chine et Taiwan revendiquent donc tous les deux la continuité de la Chine. Pékin souhaite que Taiwan devienne une province de la RPC au même titre que Hong Kong.

Chapitre X

Question 1 : Le Pacte général de renonciation à la guerre, plus connue sous le nom de Pacte Briand-Kellogg, interdit la guerre.

Question 2 : Cet article stipule que si l'un des membres de l'OTAN fait l'objet d'une attaque armée, celle-ci sera considérée comme une attaque dirigée contre l'ensemble des États-membres. Les États-membres de l'OTAN peuvent alors invoquer le droit à la légitime défense.

Question 3 : Les conflits en Afghanistan, en Irak, en Libye ou en République démocratique du Congo.

Question 4 : Un conflit opposant un ou des États à un groupe armé non étatique caractérisé par une asymétrie de moyens militaires et de motivations.

Question 5 : Opération de maintien de la paix.

Chapitre XI

Question 1 : Les extrémistes hutus.

Question 2 : Le Zaïre.

Question 3 : Le Soudan.

Question 4 : Le Somaliland.

Question 5 : Le président sortant, Laurent Gbagbo, refuse d'accepter le résultat de l'élection présidentielle de 2010.

Chapitre XII

Question 1 : Chine, Corée du Nord, Inde, Pakistan.

Question 2 : Le pays est partagé entre un Pakistan oriental et un Pakistan occidental distants de plus de 1 500 km l'un de l'autre.

Question 3 : Bangladesh.

Question 4 : Sri Lanka.

Question 5 : Fin 2014.

Chapitre XIII

Question 1 : Officiellement, l'Ossétie du Sud relève de la souveraineté géorgienne, même si *de facto* le territoire est un quasi-État, c'est-à-dire un État indépendant qui n'est pas reconnu internationalement en tant que tel.

Question 2 : Le Haut-Karabakh est un territoire qui se trouve en Azerbaïdjan.

Question 3 : La Macédoine (ARYM), le Monténégro et la Slovénie.

Question 4 : La République serbe de Bosnie formée suite à l'indépendance de la Bosnie-Herzégovine et qui est devenue l'une des parties de la Bosnie après le conflit.

Question 5 : Le Kosovo est un État indépendant depuis 2008.

Chapitre XIV

Question 1 : 1948.

Question 2 : Il a été déclenché par une attaque préventive de l'armée israélienne contre les armées arabes.

Question 3 : La guerre du Kippour.

Question 4 : A la Cisjordanie, à Gaza, mais aussi au plateau du Golan et à Jérusalem-Est.

Question 5 : Le mouvement palestinien du Hamas.

Chapitre XV

Question 1 : Irak.

Question 2 : Armes chimiques.

Question 3 : Oui.

Question 4 : Les néoconservateurs.

Question 5 : Les Chiites.

Chapitre XVI

Question 1 : Armes chimiques, biologiques, radiologiques et nucléaires.

Question 2 : Le TNP a été signé en 1968 et il est le Traité sur la non-prolifération des armes nucléaires.

Question 3 : Les EDAN sont les États dotés d'armes nucléaires. Selon le TNP, ce sont des États ayant effectué des essais nucléaires et obtenu leurs armes nucléaires avant le 1er janvier 1967, à savoir les États-Unis, la France, le Royaume-Uni, la Chine et la Russie.

Question 4 : L'Agence internationale de l'énergie atomique (AIEA).

Question 5 : Le « Groupe 5 + 1 » désigne les 5 membres permanents du Conseil de sécurité de l'ONU plus l'Allemagne.

Chapitre XVII

Question 1 : Les groupes terroristes anarchistes, d'extrême gauche ou d'extrême droite.

Question 2 : Les attentats du 11 septembre 2001 aux États-Unis.

Question 3 : Le Hezbollah.

Question 4 : La guerre sainte.

Question 5 : Al-Qaïda au Maghreb islamique.

Achevé d'imprimer par Corlet, Imprimeur, S.A. - 14110 Condé-sur-Noireau
N° d'Imprimeur : 164713 - Dépôt légal : juin 2014 - *Imprimé en France*